2023 年版全国一级建造师
市政公用工程管理与实务专题聚焦

胡宗强　主编

中国建筑工业出版社

图书在版编目（CIP）数据

2023 年版全国一级建造师市政公用工程管理与实务专题聚焦 / 胡宗强主编 . — 北京：中国建筑工业出版社，2023.5

ISBN 978-7-112-28735-2

Ⅰ. ① 2… Ⅱ. ① 胡… Ⅲ. ① 市政工程－工程管理－资格考试－自学参考资料 Ⅳ. ① TU99

中国国家版本馆 CIP 数据核字（2023）第 085703 号

责任编辑：余 帆
责任校对：张 颖

2023年版全国一级建造师
市政公用工程管理与实务专题聚焦
胡宗强 主编

*

中国建筑工业出版社出版、发行（北京海淀三里河路9号）

各地新华书店、建筑书店经销

北京鸿文瀚海文化传媒有限公司制版

北京圣夫亚美印刷有限公司印刷

*

开本：787毫米 × 1092毫米 1/16 印张：22½ 字数：562千字
2023年5月第一版 2023年5月第一次印刷
定价：**79.00元**（含增值服务）
ISBN 978-7-112-28735-2
（41135）

前言

全国一级建造师考试自2004年开始至今，历经近20次考试，考试题型已逐步发生变化，题目从单一性演变成如今的多样性、综合性，从纯文字类题目演变成配图题，从强调记忆演变成侧重应用，从管理技术分值持平到以技术分值为主导，从考核教材为主流到以现场知识为常态。针对当前考试形式和发展变化，以及广大考生提升应试能力的需求，依据现行标准规范和当前主流施工工法，以及编者多年授课经验和对历年真题的深入研究，特编写此书。本书从考试命题的角度精准把控教材核心知识点，通过历年真题的深度剖析和考点解读，帮助应试者明晰作答思路，洞察命题考核点，熟练掌握答题技巧，精准捕捉采分点，力求帮助考生攻克难关，达到事半功倍的学习效果。

《2023年版全国一级建造师市政公用工程管理与实务专题聚焦》分为考点聚焦篇、专题模块篇、能力提升篇和标准规范篇四部分内容：

1. 考点聚焦篇

本篇根据市政专业的高频考点和考试题型，将考试大纲核心考点重新梳理，对高频考点进行归纳和拓展延伸，并配备相应题目进行知识点剖析，力求帮助应试者快速创建知识体系，提高应试综合能力，即理解能力、记忆能力、分析与应用能力等。

2. 专题模块篇

本篇尽量将常见高频考点题目进行归类，并且总结归纳出每类题目的答题模板，使应试者能有针对性地演练，力争使应试者准确掌握当下考试的主流题型，并能够在作答过程中迅速捕捉到采分点。

3. 能力提升篇

本篇通过对30道选择题和10道案例题题干的深度剖析，挖掘并分析命题人出题意图、题目隐藏信息及启示，提高应试者对题目或案例背景资料的分析能力，从而获取最准确的答案。

4. 标准规范篇

本篇针对市政专业考试屡次出现超纲内容的现状，经过对真题考核方向的仔细揣摩和甄别，补充拓展部分相关法规、文件及现行标准规范，充实教材外知识点，使备考知识更加充分和完整。

本书编写过程中得到了诸多业内专家的指点，在此一并表示感谢！由于编者水平有限，时间仓促，书中难免有疏漏和不妥之处，欢迎广大读者及时批评和指正。

目录

第二篇　专题模块篇

第三篇　能力提升篇

第四篇　标准规范篇

第一篇　考点聚焦篇

第一章

城镇道路工程

考点洞察

　　作为技术部分第一个模块，道路知识考核的分值相对比较稳定，案例题考核内容一般涉及施工前的准备工作，路基、基层和面层的施工及质量检查与验收（尤其是主控项目），旧路改造，冬雨期施工以及挡土墙的相关知识。新型考核形式也可能会涉及一些道路常识，例如里程桩号和坡度的计算，附属构筑物施工等相关内容。对教材内容考核频次较高，偶尔也会出现结合案例背景资料进行能力考核的情况。

第一节　路　基

考点一：路基施工准备

1. 路基施工特点

城市道路路基工程施工处于露天作业，受自然条件影响大；在工程施工区域内的专业类型多、结构物多、各专业管线纵横交错；专业之间及社会之间配合工作多、干扰多，导致施工变化多。尤其是旧路改造工程，交通压力极大，地下管线复杂，行车安全、行人安全及树木、构筑物等保护要求高。

【案例作答提示】

路基施工的特点也是所有市政工程的属性，案例作答时一般都是从自然环境（烈日、严寒、暴风、骤雪、下雨等）、现场环境（场地狭小、用地紧张、需拆改多等）、地质环境

（受地下水影响等）和社会环境（干扰多、受政策影响多、与社会各方接洽多等）作答，核心是尽量展示出工程的各种不利因素，同时也要紧密结合案例背景资料作答。

2. 路基技术交底

（1）交底内容：

1）对机械数量、型号及安全操作要求。

2）施工人员的工种及劳动防护要求。

3）土方平衡弃土、余土计算以及中线、边线、高程等测量要求。

4）挖方段边坡、每层挖深、路床顶土方预留厚度的要求。

5）填方段填土材料、边坡、填筑层厚、每层填筑宽度的要求。

6）沿线管线保护要求。

7）路基压实度及检验要求。

8）雨期施工排水设施要求。

（2）交底程序：

需要对全体施工人员进行交底，交底以书面方式进行，由双方签字并归档。

【案例作答提示】

此处交底内容并非施工技术人员写给工人的现场交底单，而是告诉工程技术人员在给工人写交底单的时候需要从哪些角度加以阐述。技术交底在很多地方都是通用的，采分点一般围绕着人、机、料、法、环几个方向展开。

3. 路基土

（1）试验：

施工前应根据工程地质勘察报告，对路基土进行天然含水量、液限、塑限、标准击实、CBR试验，必要时应做颗粒分析、有机质含量、易溶盐含量、冻胀和膨胀量等试验。

（2）现场土方平衡：

清表后通过测量现况地面，弄清沿线缺土、弃土、余土、借土的地段和数量，便于土方平衡调度。

考点二：路基施工要求

1. 路基试验段

（1）填土路基试验段的目的：

确定路基预沉量值；合理选用压实机具；按压实度要求，确定压实遍数；确定路基宽度内每层虚铺厚度；根据土的类型、湿度、设备及场地条件，选择压实方式。

（2）石方路基试验段的目的：

确定松铺厚度、压实机具组合、压实遍数及沉降差等施工参数。

【案例作答提示】

什么是案例题采分点，采分点就是每句话中的核心和关键词，在一句话中有一些文字是铺垫，有些文字是核心，例如"试验段目的"的作答关键词就是"压实机具、压实遍数、虚铺厚度、压实方式"这些文字。我们平时学习中需要养成好习惯，弄清所学知识的采分点在哪里，这样在考试中才有可能用最精简的语言罗列出更多采分点。

2．填土路基

（1）不能用于填筑路基的土：

不应使用淤泥、沼泽土、泥炭土、冻土、有机土及含生活垃圾的土做路基填料，填土内不得含有草、树根等杂物，粒径超过100mm的土块应打碎。

（2）湿土翻晒，干土加水，接近最佳含水量。

（3）当地面坡度陡于1∶5时，需修成台阶形，每层台阶高度不宜大于300mm，宽度不应小于1.0m。

（4）分层填筑、碾压；路基填土宽度应比设计宽度每侧宽500mm。

【案例作答提示】

路基填土的土质要求属于通用考点，路基、基坑或沟槽的回填土要求都一样，一般案例题都是将不合格的土写在背景资料中，考生只要将背景资料中不合格的土挑选出来即可。

另外，近年来"修台阶"这个知识点考核方式比较隐蔽，"地面坡度陡于1∶5"这个条件可能通过文字方式描述，也可能在图形中标记出来，还有可能在图形中没有标记，但绘制的图形坡度明显很陡，此时均需要考虑"修台阶"这个施工要点。

3．挖土路基

（1）应自上向下分层开挖，严禁掏洞开挖。机械开挖时，距管道边1m范围内应采用人工开挖；在距直埋缆线2m范围内必须采用人工开挖。挖方段不得超挖，应留有碾压到设计标高的压实量。

（2）碾压时，视土的干湿程度而采取洒水或换土、晾晒等措施。

（3）过街雨水支管沟槽及检查井周围应用石灰土或石灰粉煤灰砂砾填实。

4．路基压实

（1）压实方法（式）：重力压实（静压）和振动压实两种。

（2）土质路基压实应遵循的原则："先轻后重、先静后振、先低后高、先慢后快、轮迹重叠。"压路机最快速度不宜超过4km/h。

（3）碾压应从路基边缘向中央进行，压路机轮外缘距路基边应保持安全距离。

（4）碾压不到的部位应采用小型夯压机夯实。

5．路基施工其他知识

（1）路基施工大型机械：挖掘机、推土机、压路机、洒水车、自卸汽车、装载机、平地机、铲运机等。

（2）路基施工涉及的小型夯实机具：蛙夯、手夯（木夯、铁夯）、冲击夯、平板夯等。

（3）管道覆土较浅的路基施工，应对管道进行加固，加固形式有：套管、混凝土将管道包裹（包封）、砖砌管沟。

【经典案例】

例题

背景资料：

甲公司中标某城镇道路工程，设计道路等级为城市主干路，全长560m。横断面形式为三幅路，机动车道为双向六车道。

施工过程中发生如下事件：

事件一：路基范围内有一处干涸池塘，甲公司将原始地貌杂草清理后，在挖方段取土一次性将池塘填平并碾压成型，监理工程师发现后责令甲公司返工处理。

……

问题：

指出事件一中的不妥之处，并说明理由。

参考答案：

"对池塘进行原地貌清理后用挖方段土方一次性填平并碾压成型"不妥。

或：未按照规范要求进行填土路基施工。

理由：

（1）未对池塘边坡坡度和淤泥厚度进行勘察。

（2）未对地基承载力进行检验。

（3）未编写处理方案并报驻地监理批准。

（4）未在填筑过程中进行分层填筑。

（5）未将陡于1:5的池塘边坡修筑台阶。

考点三：路基施工质量检验与验收

1. 主控项目

压实度和弯沉值。

2. 一般项目

路床纵断高程、中线偏位、平整度、宽度、横坡及路堤边坡等要求。

3. 压实度检验的方法

（1）环刀法：适用于细粒土及无机结合料稳定细粒土的密度和压实度检测。

（2）灌砂法：适用于土路基压实度检测，不宜用于填石路堤等大空隙材料的压实检测。

【经典案例】

例题

背景资料：

某公司承建一项城镇主干路工程，路基典型横断面及路基压实度分区如下图所示。

路基填筑采用合格的黏性土，项目部严格按规范规定的压实度对路基填土进行分区如下：①路床顶面以下80cm范围内为Ⅰ区；②路床顶面以下80～150cm范围为Ⅱ区；③路床顶面以下大于150cm为Ⅲ区。

问题：

写出图中各压实度分区的压实度值（重型击实）。

参考答案：

Ⅰ区压实度：≥95%；Ⅱ区压实度：≥93%；Ⅲ区压实度：≥90%。

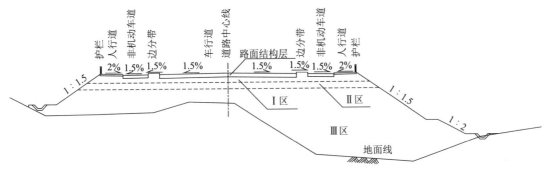

路基典型横断面及路基压实度区分示意图

 考点四：路基施工质量原因分析

路基局部出现"弹簧土"：

1. 弹簧土原因分析

（1）材料因素：①含水量大于最佳含水量。②填土不合格（颗粒过大，空隙过大，天然稠度小，液限大，塑性指数大）。③异类土壤混填。

（2）施工因素：①填土松铺厚度过大。②压路机质量偏小。③压实遍数不合理。

（3）环境因素：①软弱地基上施工（沼泽）。②未对前一层表面浮土或松软层进行处治。③雨期施工。

2. 弹簧土处理方式

翻晒、掺加石灰、换填、重新碾压；打孔后灌注石灰。

第二节 垫 层

垫层考点：

（1）水文地质条件不良的土质路堑，路基土湿度较大时，宜设置排水垫层。排水垫层应与边缘排水系统相连接，厚度宜大于150mm，宽度不宜小于基层底面内宽度。

（2）在季节性冰冻地区，道路结构设计总厚度小于最小防冻厚度要求时，根据路基干湿类型和路基填料的特点设置垫层，其差值即是垫层的厚度（见右图）。

季节性冰冻地区道路构造示意图

（3）垫层宜采用砂、砂砾等颗粒材料。

【经典案例】

例题

背景资料：

某单位承建一钢厂主干道钢筋混凝土道路工程。

该路段地层富水，地下水位较高，设计单位在道路结构层中增设了200mm厚级配碎石层。

问题：

设计单位增设的200mm厚级配碎石层应设置在道路结构中的哪个层次？说明其作用。

参考答案：

（1）垫层（或设置在土路基与基层之间）。

（2）作用：改善土基的湿度和温度状况（或提高路面结构的水稳性和抗冻胀能力），扩散荷载，减小土基所产生的变形。

第三节　基　层

考点一：基层分类

1. 柔性基层

采用热拌或冷拌沥青混合料、沥青贯入式碎石，以及不加任何结合料的粒料类等（级配碎石、级配砾石）材料铺筑的基层。

特性：不易产生温缩和干缩开裂，可以有效抑制和减少沥青路面反射裂缝的产生。但面层不得不承受大部分弯矩和荷载，对面层要求很高。

2. 刚性基层

采用普通混凝土、碾压式混凝土、贫混凝土、钢筋混凝土、连续配筋混凝土等材料铺筑的路面基层。

特性：刚度大、强度高、稳定耐久、板体性好等。

3. 半刚性基层

用无机结合料稳定土铺筑的能结成板体并具有一定抗弯强度的基层。

特性：基层整体好、承载力高、刚度大、水稳定性好，作为路面的主要承重层，可以减薄沥青面层厚度，节省工程造价。不过不可避免的会产生反射裂缝。中国现在高速公路多用这种类型基层。

主要材料：水泥稳定粒料、二灰稳定粒料。

【案例作答提示】

柔性基层和刚性基层在市政专业考试中几乎很少涉及，市政专业主要考核半刚性基层。

考点二：半刚性基层施工

1. 基层材料要求

（1）水泥：应采用初凝时间大于3h，终凝时间不小于6h的42.5级及以上普通硅酸盐水泥，32.5级及以上矿渣硅酸盐水泥、火山灰硅酸盐水泥。

（2）石灰：宜用1～3级的新石灰，其技术指标应符合规范要求；磨细生石灰，可不经消解直接使用，块灰应在使用前2～3d完成消解，未能消解的生石灰块应筛除，消解石灰的粒径不得大于10mm。

（3）粒料：用作基层时，粒料最大粒径不宜超过37.5mm；用作底基层粒料最大粒径：城市快速路、主干路不得超过37.5mm，次干路及以下道路不得超过53mm。

2. 半刚性基层施工技术总结

（1）采用厂拌（异地集中拌合）方式；强制式拌合机拌制；控制最佳含水量。

（2）运输中采取覆盖（目的是保温、保湿、防风、防雨、防扬尘、防止遗撒）措施。

（3）路基验收合格后，通过试验确定虚铺厚度，在环境温度达标情况下摊铺。

（4）碾压时含水量宜控制在最佳含水量的允许偏差范围内，混合料每层压实厚度最大200mm，最小100mm。

（5）严禁用薄层补贴的办法找平避免薄层补贴的办法：

1）事前控制：摊铺碾压时宁高勿低、宁刮勿补。

2）事中控制：实时测量，发现偏差，及时调整虚铺厚度。

3）事后控制：挖补（如实测基层面低于设计高程，将低处基层开挖、填料、找平、碾压）。

（6）压实：

1）压实系数应经试验确定。

2）碾压原则：先轻后重、先静后振、先低后高、先慢后快、轮迹重叠。

3）直线和不设超高平曲线从两侧向中心碾压，设超高的平曲线从曲线的内侧向外侧碾压。

（7）养护：

覆盖、洒水、保湿；封闭交通；最少7d。

3. 半刚性基层施工特点总结

不管是石灰土、水泥土还是二灰土，都不能作为高等级路面的基层，可以作为底基层（只要没有骨料的都不能做高等级路面的基层）。

水泥稳定粒料、二灰（石灰粉煤灰）稳定粒料可以用作高等级路面的基层和底基层（可上可下）。

4. 施工环境要求

水泥稳定土（粒料）基层宜在进入冬期前15～30d停止施工，石灰及石灰粉煤灰稳定土（粒料、钢渣）类基层宜在进入冬期前30～45d停止施工。

5. 质量检验

石灰稳定土、水泥稳定土、石灰粉煤灰稳定砂砾等无机结合料稳定基层现场质量检验项目主要有：基层压实度、7d无侧限抗压强度等。

【经典案例】

例题1

背景资料：

某公司承接一项城镇主干道新建工程，全长1.8km。全路段土路基与基层之间设置一层200mm厚级配碎石垫层，部分路段垫层顶面铺设一层土工格栅。

垫层验收完成，项目部铺设固定土工格栅和摊铺水泥稳定碎石基层，采用重型压路机进行了碾压，养护3d后进行下一道工序施工。

问题：

改正水泥稳定碎石基层施工中的错误之处。

参考答案：

（1）土工格栅验收合格后摊铺水泥稳定碎石基层。

（2）应采用先轻型、后重型压路机碾压。

（3）养护至少7d。

例题2

背景资料：

某公司中标修建城市新建主干道，全长2.5km，双向四车道，其结构从下至上为20cm厚石灰稳定碎石底基层，38cm厚水泥稳定碎石基层，8cm厚粗粒式沥青混合料底面层，6cm厚中粒式沥青混合料中面层，4cm厚细粒式沥青混合料表面层。

施工方案中，石灰稳定碎石底基层直线段由中间向两边、曲线段由外侧向内侧的方式进行碾压。

问题：

请给出正确的底基层碾压方法。

参考答案：

直线段应由两边向中间碾压，设超高的曲线段由曲线的内侧向外侧碾压；碾压时采用先轻型、后重型的压路机顺序加以碾压。

考点三：基层质量通病原因分析

1. 基层裂缝

（1）裂缝原因：

胶凝材料比例大；集料中含泥量高或细料偏多；碾压时含水量偏大；拌合不均匀；成型温度高；养护不及时；路基不均匀沉降。

（2）避免裂缝产生的措施：

1）采用塑性指数较低的土，适量掺加粉煤灰或掺砂，采用慢凝水泥；

2）控制最佳含水量；在保证水泥稳定土强度的前提下，尽可能降低水泥用量；

3）严格控制配合比，加强拌合，避免出现离析；

4）加强养护，避免水分挥发过大，养护结束后应及时铺筑下封层。

（3）裂缝处理措施：

1）采用聚合物加特种水泥，压入裂缝。

2）表面加铺高抗拉强度的聚合物网。

3）破损严重的基层，挖除更换新料施工。

2. 无机结合料离析

原因：搅拌时间短、采用连续式拌合机拌制、现场堆料时间长、反复找平、施工机械组合不当、施工中遇到下雨。

【经典案例】

例题1

背景资料：

某项目部承建一段城市道路工程，道路基层结构为200mm厚碎石垫层和340mm厚水泥稳定碎石基层。

项目部制定的施工方案中，对水泥稳定碎石基层的施工进行了详细规定：要求340mm厚的水泥稳定碎石分两次摊铺，下层厚度为200mm，上层厚度为140mm；采用15t压路机碾压；在面层施工前进行测量复检，对出现的基层少量偏差运用了薄层贴补法进行找平。

问题：

指出施工方案中的错误之处，并给出正确做法。

参考答案：

错误①：基层分层厚度不一致。

正确做法：上、下基层厚度应相同。

错误②：基层使用15t压路机碾压。

正确做法：应使用18t以上的压路机碾压。

错误③：在面层施工前进行测量复检。

正确做法：应施工过程中及时复测，发现偏差立即处理。

错误④：对基层的偏差进行薄层贴补。

正确做法：在施工中对基层偏差进行挖补处理。

例题2

背景资料：

A公司中标北方地区某郊野公园施工项目。园林主干路施工中发生了如下情况：

（1）土质路基含水率较大，项目部在现场掺加石灰进行处理后碾压成型。

（2）为不干扰邻近疗养院，振动压路机作业时取消了振动压实。

（3）路基层为级配碎石层，现场检查发现集料最大粒径约50mm；采取沥青乳液下封层养护3d后进入下一道工序施工。

问题：

指出园路施工存在哪些不妥之处并给出正确做法。

参考答案：

不妥之处：

（1）"现场掺加石灰进行处理"不妥。

（2）"振动压路机作业时取消了振动压实"不妥。

（3）"级配碎石层集料最大粒径约50mm"不妥。

（4）"基层养护3d后进入下一道工序施工"不妥。

正确做法：

（1）可以采用晾晒、换填的方法，或异地集中拌合灰土。

（2）与疗养院沟通协调振动碾压时间，或采取薄层重压措施。

（3）集料最大粒径不应大于37.5mm。

（4）基层采用下封层养护不宜小于7d。

 考点四：附属构筑物施工

1. 道路附属构筑物分部工程

道路附属构筑物分部工程包括路缘石，雨水支管与雨水口，排（截）水沟，倒虹管及涵洞，护坡，隔离墩，隔离栅，护栏，声屏障（砌体、金属），防眩板等分项工程。

2. 路缘石、雨水口及连接管识图（见下图）

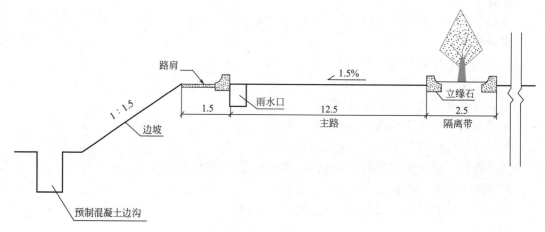

道路断面图（单位：m）

【经典案例】

例题

背景资料：

某项目部承建一项新建城镇道路工程，指令工期100d。

道路工程施工在雨水管道主管铺设、检查井砌筑完成、沟槽回填土的压实度合格后进行。项目部将道路车行道施工分成四个施工段和三个主要施工过程（包括路基挖填、路面基层、路面面层），路面基层采用二灰混合料，常温下养护7d。

在路面基层施工完成后，必须进行的工序还有C、D，然后才能进行沥青混凝土面层施工。

问题：

写出主要施工工序C、D的名称。

参考答案：

工序C为安装路缘石；工序D为雨水口及其连接管。路缘石、雨水口示意图如下所示。

路缘石　　　　　　　　　　　　雨水口及支连管

第四节　沥青混合料面层

 考点一：透层、粘层施工

1. 施工技术要求

下层干燥、洁净，无水渍、杂物；喷洒薄而均匀，无集聚无流淌。

【案例作答提示】

本条施工技术也适用于任何液体的喷洒或涂刷，如管道防锈漆、桥梁涂料防水、模板涂刷隔离剂等。

2. 粘层油涂刷部位（见下图）

下层沥青表面，沥青接槎部位，路缘石与沥青接触部位，检查井、雨水口侧边位置。

粘层油涂刷部位示意图

【经典案例】

例题

背景资料：

某公司承建城市道路改扩建工程，工程内容为在原有机动车道上加铺50mm厚改性沥青混凝土上面层。

项目部编制了各施工阶段的施工技术方案，内容有：

原机动车道加铺改性沥青路面施工，安排在两侧非机动车道施工完成并导入社会交通后，整幅分段施工，加铺前对旧机动车道面层进行铣刨、裂缝处理、井盖高度提升、清扫、喷洒（刷）粘层油等准备工作。

问题：

加铺改性沥青面层施工时，应在哪些部位喷洒（刷）粘层油？

参考答案：

应在原机动车道表面、路缘石与沥青接触的侧边、雨水口的雨水箅子与沥青接触侧边、检查井井盖侧面喷洒（刷）粘层油。

考点二：沥青混合料面层施工

1. 沥青混合料面层摊铺

（1）准备工作：运料车车厢板、摊铺机受料斗、压路机钢轮涂刷隔离剂或防粘结剂；运料车覆盖；高等级道路摊铺机前运料车至少5辆以上，摊铺前熨平板加热不低于100℃。

（2）最低摊铺温度根据铺筑层厚度、气温、沥青混合料种类、风速、下卧层表面温度等，按规范要求执行。

（3）松铺系数应根据混合料类型、施工机械和施工工艺等通过试铺试压确定。

（4）高程控制：摊铺机应采用自动找平方式。下面层宜采用钢丝绳或路缘石、平石控制高程与摊铺厚度，上面层宜用导梁或平衡梁的控制方式。

（5）摊铺速度宜控制在2~6m/min的范围内。通常采用2台或多台摊铺机前后错开10~20m呈梯队方式同步摊铺，两幅之间应有30~60mm宽度的搭接，并应避开车道轮迹带，上下层搭接位置宜错开200mm以上。

【案例作答提示】

沥青混合料面层施工经常考核教材原文知识点，沥青混合料摊铺中尤其需注意最低摊铺温度、松铺系数、高程控制等几个知识点，考核形式多为案例补充题的形式。

2. 沥青混合料面层碾压

（1）碾压温度应根据沥青和沥青混合料种类、压路机、气温、层厚等因素经试压确定。

（2）层厚要求：压实层最大厚度不宜大于100mm。

（3）初压：初压应采用钢轮压路机静压1~2遍。

（4）复压：密级配沥青混凝土混合料复压宜优先采用重型轮胎压路机进行碾压，对粗集料为主的混合料，宜优先采用振动压路机复压。

（5）终压：应紧接在复压后进行，宜选用双轮钢筒式压路机。

3．沥青混合料面层成品保护与开放交通

（1）成品保护：压路机不得在未碾压成型路段上转向、掉头、加水或停留。在当天成型的路面上，不得停放各种机械设备或车辆，不得散落矿料、油料及杂物。

（2）开放交通：热拌沥青混合料路面应待摊铺层自然降温至表面温度低于50℃后，方可开放交通。

4．改性沥青施工

（1）开始摊铺温度不低于160℃，初压开始温度不低于150℃，碾压终了温度不低于90～120℃。

（2）摊铺速度1～3m/min。松铺系数应通过试验段取得。

（3）摊铺机应采用自动找平方式，中、下面层宜采用钢丝绳或导梁引导的高程控制方式，上面层宜采用非接触式平衡梁。

（4）压实原则："紧跟、慢压、高频、低幅"。不得采用轮胎压路机碾压，防止过度碾压。

5．沥青混合料面层施工质量验收（《城镇道路工程施工与质量验收规范》CJJ 1—2008）

（1）施工质量检验与验收项目：压实度、厚度、弯沉值、平整度、宽度、中线偏位、纵断高程、横坡、井框与路面高差、抗滑性能等。

（2）施工质量验收主控项目：原材料、压实度、面层厚度、弯沉值。

1）沥青混合料面层压实度检验方法：查试验记录（马歇尔击实试件密度，试验室标准密度）。

2）面层厚度检验方法：钻孔或刨挖，用钢尺量。

3）弯沉值检验方法：弯沉仪检测。

6．沥青混合料面层接缝施工质量控制总结

（1）切：切直槎，上下层接槎错开距离（横缝1m，纵缝300～400mm）。

（2）垫：垫方木、大板（作用：保护接槎棱角）。

（3）铺：下层接缝铺土工织物（作用：防止反射裂缝）。

（4）刷：接槎刷粘层油（作用：为使新旧沥青结合更紧密）。

（5）软：用喷灯加热或堆积新沥青混合料。

（6）压：先横向骑缝碾压，再沿行车方向碾压。

【经典案例】

例题1

背景资料：

甲公司中标某城镇道路工程，设计道路等级为城市主干路，全长560m。横断面形式为三幅路，机动车道为双向六车道。路面面层结构设计采用沥青混凝土，上面层为40mm厚SMA-13，中面层为60mm厚AC-20，下面层为80mm厚AC-25。

施工过程中发生如下事件：

事件一：甲公司编制的沥青混凝土施工方案包括以下要点：

（1）上面层摊铺分左、右幅施工，每幅摊铺采用一次成型的施工方案，两台摊铺机成梯队方式推进，并保持摊铺机组前后错开40～50m距离。

（2）上面层碾压时，初压采用振动压路机，复压采用轮胎压路机，终压采用双轮钢筒式压路机。

（3）该工程属于城镇主干路，沥青混凝土面层碾压结束后需要快速开放交通，终压完成后拟洒水加快路面的降温速度。

……

问题：

指出事件一中的错误之处，并改正。

参考答案：

"摊铺机组前后错开40～50m"错误。正确做法：应前后错开10～20m距离。

"初压采用振动压路机，复压采用轮胎压路机"错误。正确做法：初压应采用钢轮压路机或关闭振动的振动压路机；复压应采用振动压路机。

"终压完成洒水降温"错误。正确做法：应待摊铺表面层自然降温至50℃后，方可开放交通。

例题2

背景资料：

某单位承建城镇主干道大修工程，工程主要内容为：①对道路破损部位进行翻挖补强；②铣刨掉40mm厚旧沥青混凝土上面层后，加铺40mm厚SMA-13沥青混凝土上面层。

道路封闭施工过程中，发生如下事件：

事件一：为保证工期，项目部完成AC-25下面层施工后对纵向接缝进行简单清扫便开始摊铺AC-20中面层，最后转换交通进行右幅施工。由于右幅道路基层没有破损现象，考虑到工期紧在沥青摊铺前对既有路面铣刨、修补后，项目部申请全路封闭施工，报告批准后开始进行上面层摊铺工作。

……

问题：

请指出沥青摊铺工作的不当之处，并给出正确做法。

参考答案：

不妥之处：接缝未进行处理。

正确做法：左幅施工采用冷接缝时，将右幅的沥青混凝土毛槎切齐，接缝处涂刷粘层油并对接槎软化再铺新料，上面层摊铺前纵向接缝处铺设土工格栅或土工布、玻纤网等土工织物，上下层接槎位置错开300～400mm。

考点三：沥青混合料面层施工质量通病

1. 路面平整度差

（1）沥青结块，粒径不匹配。

（2）基层标高、平整度差，表面未清理。

（3）基准线拉力不够，路缘石安装误差大。

（4）摊铺机自动找平装置失灵，或摊铺过程中频繁启、停。

（5）运料车装卸时撞击摊铺机。

（6）碾压时压路机随意急停、急转，加水，以及复压较早。

（7）施工缝或构造物接槎处理不好。

2. 沥青混凝土后期开裂（龟裂）（见下图）原因

（1）材料原因：沥青质量差、加热温度高、加热时间长；天然砂含量高。

（2）施工原因：摊铺中压实度不够；层厚较薄。

（3）环境原因：

1）现场环境：路基沉陷或者冻胀；基层薄层贴补或基层裂缝反射到面层。

2）自然环境：施工温度低或有风等。

沥青混凝土龟裂

第五节　水泥混凝土路面

 考点一：材料（通用考点）

1. 道路水泥

重交通以上等级道路、城市快速路、主干路应采用42.5级及以上的道路硅酸盐水泥或硅酸盐水泥、普通硅酸盐水泥；中、轻交通等级道路可采用矿渣水泥，其强度等级宜不低于32.5级。

水泥应有出厂合格证（含化学成分、物理指标），并经复验合格，方可使用。不同等级、厂牌、品种、出厂日期的水泥不得混存、混用。出厂期超过3个月或受潮的水泥，必须经过试验，合格后方可使用。

2. 细集料（砂）

宜采用质地坚硬、细度模数在2.5以上、符合级配规定的洁净粗砂、中砂，不宜使用抗磨性较差的水成岩类机制砂。城市快速路、主干路宜采用一级砂和二级砂。海砂不得直接用于混凝土面层。

3. 钢筋

钢筋的品种、规格、成分，应符合设计和国家标准规定，具有生产厂的牌号、炉号，检验报告和合格证，并经复验（含见证取样）合格。钢筋不得有锈蚀、裂纹、断伤和刻痕等缺陷。

【经典案例】

例题

背景资料：

某单位承建一钢厂主干道钢筋混凝土道路工程。

道路施工过程中发生如下事件：

事件一：雨水支管施工完成后，进入了面层施工阶段，在钢筋进场时，实习材料员当班检查了钢筋的品种、规格，均符合设计和国家现行标准规定，经复试（含见证取样）合格，却忽略了供应商没能提供的相关资料，便将钢筋投入现场施工。

……

问题：

钢筋进场时还需要检查哪些资料？

参考答案：

进场时还需要检查：钢筋成分，生产厂的牌号、炉号，检验报告和合格证。

【案例作答提示】

此知识点还可以将背景资料中的钢筋更换成混凝土管道、路缘石、橡胶止水带、各种化学管材等工程材料，而采分点基本雷同，都是材料的各种证书系列。

考点二：模板安装要求（施工通用考点，见下图）

（1）模板应安装稳固、顺直、平整，无扭曲，相邻模板连接应紧密平顺，不得错位；模板安装检验合格后表面应涂隔离剂，接头应粘贴胶带或塑料薄膜等密封。

（2）模板选择应与摊铺方式相匹配，模板的强度、刚度、断面尺寸、直顺度、板间错台等制造偏差与安装偏差不能超过规范要求。

水泥混凝土道路支模板

【案例作答提示】

施工中涉及的安装（止水钢板、橡胶止水带、管道安装，支架搭设等）均可按照正反两个方向罗列采分点。应该做到平整、直顺、稳定、牢固、垂直、居中、对称、密贴。不得出现偏斜、扭曲、错位、弯曲、松动、位移、劈裂。

考点三：水泥混凝土面层施工

1. 试验段的主要目的

（1）人员与机具的磨合，检验设备性能。

（2）验证模板强度、刚度及对高程的影响。

（3）确认最佳的混凝土配合比、坍落度。

（4）试验松铺系数、摊铺速度、振捣时间与频率。

（5）熟悉置入拉杆、传力杆的精度。

（6）确认浇筑最佳温度及切缝、拆模最佳时间。

2. 摊铺与振动

（1）摊铺前应全面检查模板的间隔、高度、润滑、支撑稳定情况和基层的平整、润湿情况及钢筋位置、传力杆装置等。

（2）混凝土面层分两次摊铺时，上层混凝土的摊铺应在下层混凝土初凝前完成，且下层厚度宜为总厚度的3/5；混凝土摊铺应与钢筋网、传力杆及边缘角隅钢筋的安放相配合；一块混凝土板应一次连续浇筑完毕，并按要求做好振捣。

（3）振动器的振动顺序为：插入式振捣器（见下图）→平板振捣器（见下图）→振动梁（重）→振动梁（轻）→无缝钢管滚杆提浆赶浆。

插入式振捣器　　　　　　　　平板振捣器

3. 水泥混凝土面层接缝

（1）传力杆：

道路横缝位置，纵向布置，采用光圆钢筋。

传力杆的固定安装方法有两种。一种是端头木模固定传力杆安装方法，另一种是支架固定传力杆安装方法。

（2）拉杆：

道路纵缝位置，横向布置，采用螺纹钢筋。

作用：将分幅浇筑的混凝土连接成整体，防止路面板错动和纵缝间隙扩大。

（3）切缝：

缩缝应垂直板面，采用切缝机施工，宽度宜为4~6mm。切缝深度：设传力杆时，不应小于面层厚度的1/3，且不得小于70mm；不设传力杆时不应小于面层厚度的1/4，且不应小于60mm。当混凝土达到设计强度的25%~30%时，采用切缝机进行切割，切割用水冷却时，应防止切缝水渗入基层和土层。水泥混凝土路面切缝如下图所示。

水泥混凝土路面切缝

（4）灌缝：

材料：树脂类、橡胶类、聚氨酯、聚氯乙烯胶泥类、改性沥青等柔性材料。

作用：防止杂物进入、防止水渗入。

要求：缝隙处理后干燥、洁净、均匀，填缝高度常温施工与路面平、冬期略低。

（5）养护与开放交通：

混凝土浇筑完成后应及时进行养护，可采取喷洒养护剂或保湿覆盖等方式；在雨天或养护用水充足的情况下，可采用保湿膜、土工毡、麻袋、草袋、草帘等覆盖物洒水湿养护方式，不宜使用围水养护。

在混凝土达到设计弯拉强度40%以后，可允许行人通过。在面层混凝土完全达到设计弯拉强度且填缝完成前，不得开放交通。

【经典案例】

例题1

背景资料：

A公司中标北方某城市的道路改造工程。结构层为：水泥混凝土面层200mm、水泥稳定级配碎石土180mm。

为避免出现施工缝，施工中利用施工设计的胀缝处作为施工缝；在路面混凝土强度达到设计强度40%时做横向切缝，经实测切缝深度为45~50mm。

道路使用四个月后，路面局部出现不规则的横向收缩裂缝，裂缝距缩缝100mm左右。

问题：

分析说明路面产生裂缝的原因。

参考答案：

路面产生裂缝的原因可能是：

（1）路面混凝土强度达到设计强度40%时才做做横向切缝，切缝时间过晚；

（2）实测切缝深度为45～50mm，切缝深度应不小于60mm，切缝过浅。

例题2

背景资料：

某单位承建一条水泥混凝土道路工程，道路全长1.2km，混凝土强度等级C30。

在道路基层验收合格后，水泥混凝土道路面层施工前，项目部把混凝土道路面层浇筑的工艺流程对施工班组做了详细的交底，交底内容如下：安装模板→装设拉杆与传力杆→混凝土拌合与①→混凝土摊铺与②→混凝土养护及接缝施工，其中特别对胀缝节点部位的技术交底如下图所示。

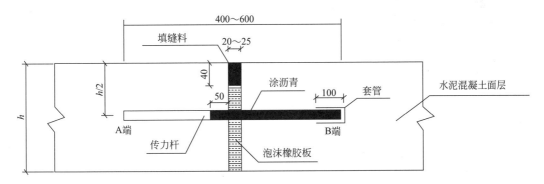

胀缝节点部位图（单位：mm）

混凝土道路面层浇筑完成后，养护了数天，气温均为（25±2）℃左右。当监理提出应当进行切缝工作的质疑时，项目部将同条件养护的混凝土试块做了试压，数据显示已达设计强度的80%。项目部抓紧安排了混凝土道路面层切缝、灌缝工作，灌缝采用聚氨酯，高度稍低于混凝土道路面板顶部2mm。

为保证"工完、料净、场清"文明施工，工人配合翻斗车直接上路进行现场废弃物清运工作。

问题：

1. 在混凝土面层浇筑工艺流程中，请指出拉杆、传力杆采用的钢筋类型。补充①、②施工工序的名称。指出上图中传力杆的哪一端为固定端。

2. 请指出混凝土面层切缝、灌缝时的不当之处，并改正。

3. 当混凝土强度达设计强度80%时能否满足翻斗车上路开展运输工作？说明理由。

参考答案：

1.（1）拉杆采用螺纹钢筋；传力杆采用光圈钢筋。

（2）①运输；②振捣。

（3）A端为固定端。

2．（1）切缝时的不当之处：混凝土强度达到设计强度80%时切缝。

改正：切缝宜在水泥混凝土强度达到设计强度25%～30%时进行。

（2）灌缝高度稍低于混凝土道路面板顶部2mm。

改正：常温施工时灌缝高度宜与板面平。

3．不满足。

理由：根据《城镇道路工程施工与质量验收规范》CJJ 1—2008规定，在面层混凝土完全达到设计弯拉强度且填缝完成前，不得开放交通。

考点四：水泥混凝土路面质量通病的原因分析

1．水泥混凝土路面横向裂缝

（1）水泥干缩性大；混凝土配合比不合理，水胶比大；材料计量不准确。

（2）混凝土施工浇筑气温高；振捣不均匀；养护不及时。

（3）基础不均匀沉降。

（4）连续浇筑长度长；切缝不及时；切缝深度浅。

（5）路面板厚度与强度不足，行车荷载大。

2．水泥混凝土路面起砂、露石子

（1）水泥品种不当或水泥用量少。

（2）使用的砂石集料级配过细，含泥量高。

（3）混凝土、砂浆搅拌时加水过量或搅拌不均匀。

（4）施工过程中过分振捣。

（5）压光时间掌握不好，次数不够，压得不实，或在终凝后压光。

（6）养护不当。

第六节　季节性施工

考点一：雨期施工要求

（1）安排在不下雨时施工；分段施工；搭设雨棚或可移动的罩棚；建立完善排水系统；加强巡视，及时疏通。

（2）路基：快速施工，分段开挖；挖方地段要留好横坡，做好截水沟，坚持当天挖完、压完；填方段应按2%～3%的横坡整平压实。

（3）基层：坚持拌多少、铺多少、压多少、完成多少；下雨来不及完成时，要尽快碾压；施工时，应排除地面积水，防止集料过湿，材料避免雨淋。

（4）水泥混凝土面层：施工前应准备好防雨棚等防雨设施。施工中遇雨时，应对已铺筑的混凝土振实成型，不应再开新作业段，并应采用覆盖等措施保护尚未硬化的混凝土面层。

【经典案例】

例题

背景资料：

某单位承建一条水泥混凝土道路工程，项目部编制了混凝土道路路面浇筑施工方案。

在混凝土道路面层浇筑时天气发生变化，为了保证工程质量，项目部紧急启动雨期突击施工预案，在混凝土道路面层浇筑现场搭设临时雨棚，工序衔接紧密，班组长在紧张的工作安排中疏漏了一些浇筑工序细节。

问题：

为保证水泥混凝土面层的雨期施工质量，请补充混凝土浇筑时所疏漏的工序细节。

参考答案：

施工中遇雨时，应立即使用防雨设施完成对已铺筑混凝土的振实成型，不应再开新作业段，并应采用覆盖等措施保护尚未硬化的混凝土面层。

 考点二：冬期施工要求

（1）当施工现场环境日平均气温连续5d稳定低于5℃，或最低环境气温低于−3℃时，应视为进入冬期施工；冬期施工备好防冻覆盖和挡风、加热、保温等物资。

（2）路基施工：

快速施工，覆盖；城市快速路、主干路的路基不得用含有冻土块的土料填筑。次干路以下道路填土材料中冻土块最大尺寸不得大于100mm，冻土块含量应小于15%。

（3）沥青混凝土面层：

适当提高沥青混合料拌合、出厂及施工温度；运输中覆盖保温；下承层保持干燥、清洁，无冰、雪、霜等；施工中工序衔接紧密；摊铺时间宜安排在一日内气温较高时进行。

（4）水泥混凝土面层冬期和高温施工要求如下表所示：

水泥混凝季节性施工要求

一	冬期	高温
原材料	加热集料（砂、石）、加热水	集料降温
外加剂	防冻剂、早强剂	缓凝剂
运输	罐车外保温	罐车外喷水、喷雾降温
浇筑现场	浇筑面干燥清洁无冰雪霜	浇筑面洒水降温
浇筑过程	快速浇筑、工序衔接紧密	
养护	覆盖保温	保湿遮阳（温差≥12℃）
浇筑时间	温度较高时段（中午）	温度较低时段（早晨、夜间）
切缝时间	比常温稍晚	比常温稍早

水泥混凝土冬期和高温施工的考点，道路、桥梁、水池等混凝土构筑物均可进行考核，考试时可按上表思路作答。

【经典案例】

例题1

背景资料：

A公司中标北方地区某郊野公园施工项目，内容包括绿化栽植、园林给水排水、夜景照明、土方工程、园路及广场铺装。合同期为4月1日—12月31日。

因拆迁因素影响，给水排水和土方工程完成后，11月中旬才进入园路和铺装施工。园林主干路施工中发生了如下情况：

（1）路基层为级配碎石层，现场检查发现集料最大粒径约50mm；采取沥青乳液下封层养护3d后进入下一道工序施工。

（2）路面层施工时天气晴朗，日最高温度为3℃，项目部在没有采取特殊措施的情况下，抢工摊铺。

翌年4月，路面出现了局部沉陷、裂缝等病害。

问题：

补充项目部应采用的园路冬期施工措施。

参考答案：

（1）级配碎石层施工应根据环境最低温度洒布防冻剂溶液，随洒布，随碾压。

（2）沥青混凝土面层施工应适当提高拌合、出厂及施工温度；运输中应覆盖保温；下承层干燥清洁，无冰、雪、霜；施工中做到快卸、快铺、快平和及时碾压、及时成型；摊铺时间安排在一日内气温较高时进行。

例题2

背景资料：

某公司中标修建城市新建主干道，全长2.5km，双向四车道，其结构从下至上为40cm厚水泥稳定碎石基层，8cm厚粗粒式沥青混合料底面层，6cm厚中粒式沥青混合料中面层，4cm厚细粒式沥青混合料表面层。

道路施工过程中发生如下事件：

事件一：路基验收完成已是深秋，为在冬期到来前完成水泥稳定碎石基层施工，项目部经过科学组织，优化方案，集中力量，按期完成基层分项工程的施工任务，同时做好了基层的防冻覆盖工作。

……

问题：

请写出进入冬期施工的气温条件，并写出基层分项工程应在冬期施工到来之前多少天完成。

参考答案：

（1）当施工现场环境日平均气温连续5d稳定低于5℃，或最低环境气温低于−3℃时，应视为进入冬期施工。

（2）应在冬期施工之前15~30d。

第七节 挡土墙

考点一：部分挡土墙形式

1. 悬臂式挡土墙（见下图）

采用钢筋混凝土材料，由立壁、墙趾板、墙踵板三部分组成；墙高时，立壁下部弯矩大，配筋多，不经济。

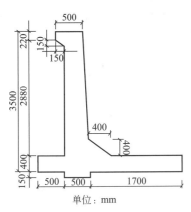

单位：mm

悬臂式挡土墙

2. 扶壁式挡土墙（见下图）

沿墙长，隔相当距离加筑肋板（扶壁），使墙面与墙踵板连接；比悬臂式受力条件好，在高墙时较悬臂式经济。

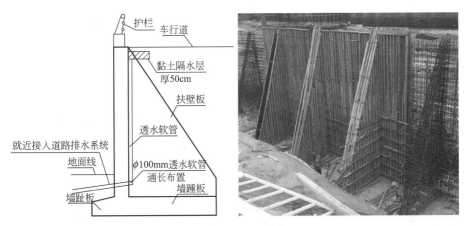

扶壁式挡土墙

3. 衡重式挡土墙（见下图）

上墙利用衡重台上填土的下压作用和全墙重心的后移增加墙体稳定；墙胸坡陡，下墙倾斜，可降低墙高，减少基础开挖。

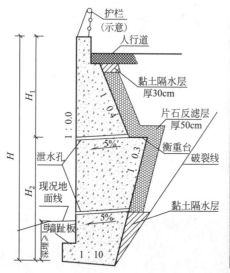

衡重式挡土墙

考点二：挡土墙部分名称和作用

（1）墙趾板：增加抗倾覆力臂（力矩）；加大墙体支撑面积从而减小地基应力；在软土地基中可避免墙体下沉。

（2）墙踵板：承接更多的土体重量，构成更大的抗倾覆力矩，平衡后方土压力，可减少墙体混凝土用量；加大墙体支撑面积从而减小地基应力，避免墙体下沉。

（3）泄水孔：排除挡土墙后方土体给水，减小土压力。

（4）反滤层：过滤泥沙，防止墙体后方土体流失。

（5）衡重台：在台上填土后，土体下压，使挡土墙的全墙重心后移，利用结构形式特点减少混凝土用量。

（6）扶壁板：提升挡土墙的强度，加大刚度。

【案例作答提示】

案例考核到挡土墙倾斜的原因，可以按照以下角度罗列采分点：土壤含水量大；未设置反滤层（或反滤层透水性差）造成泄水孔堵塞；挡土墙地基密实度未达到设计要求；墙趾板、墙踵板设计与墙高不匹配；施工精度控制不足。

【经典案例】

例题1

背景资料：

某公司承建的市政桥梁工程中，桥梁引道与现有城市次干道呈T形平面交叉，次干道路堤采用植草防护；引道位于种植滩地，线位上距离拟建桥台15m现存池塘一处；引道两侧边坡采用挡土墙支护，挡土墙横截面如下图所示。

问题：

图示挡土墙属于哪种结构形式（类型）？写出图中构造A的名称，简述其功用。

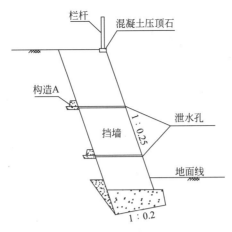

挡土墙横截面示意图

参考答案：

（1）图示挡土墙属于重力式挡土墙。

（2）图中构造A的名称是反滤层；作用：滤土排水。

例题2

背景资料：

某城镇道路局部为路堑路段，两侧采用浆砌块石重力式挡土墙护坡，挡土墙高出路面约3.5m，顶部宽度0.6m，底部宽度1.5m，基础埋深0.85m，如下图所示。在夏季连续多日降雨后，该路段一侧约20m挡土墙突然坍塌。

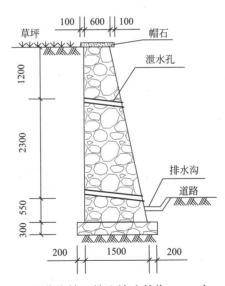

原浆砌块石挡土墙（单位：mm）

调查发现，该段挡土墙坍塌前顶部荷载无明显变化，坍塌后基础未见不均匀沉降，墙体块石砌筑砂浆饱满粘结牢固，后背填土为杂填土，泄水孔淤塞不畅。

为恢复正常交通秩序，保证交通安全，相关部门决定在原位置重建现浇钢筋混凝土重力式挡土墙，如下图所示。

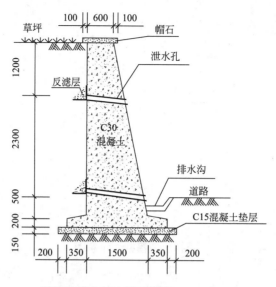

新建混凝土挡土墙（单位：mm）

问题：

1. 从受力角度分析挡土墙坍塌原因。

2. 写出混凝土重力式挡土墙的钢筋设置位置和结构形式特点。

参考答案：

1.（1）砌筑挡土墙泄水孔处未设置反滤层造成堵塞，使墙背排水不畅（积水过多）、墙背压力过大（主动土压力），导致挡土墙失稳坍塌。

（2）挡土墙高宽比设计不合理，基础埋深较浅。

2.（1）钢筋设置位置：墙背（迎土面）和墙趾（基础）处。

（2）结构形式特点：可依靠墙体自重抵挡土压力；在墙背和墙趾板设置少量钢筋提升抗剪强度；墙趾板和凸榫抵抗滑动；墙体厚度薄，节省混凝土用量。

例题3

背景资料：

A公司承建某山城道路工程，该工程K2+350m～K2+620m段道路处于半山坡位置，上坡陡峭，设计采用道路一侧为挡土墙的支护形式（如下图所示）。为保证挡土墙后的积水可以有效排除，在挡土墙上设置了PVC管道的泄水孔，且在挡土墙与土体之间砌筑片石，作为反滤层。另外在挡土墙后背的根部和顶部位置设置了黏土隔水层。

项目部编制的施工方案对挡土墙施工做了如下安排：

（1）下墙（H_2高度范围）施工工艺流程为：夯实地基→浇筑垫层→回填墙后土方及填筑黏土隔水层→砌筑片石反滤层及片石后土方回填→片石反滤层及黏土隔水层外侧水泥砂浆抹面→绑扎挡土墙钢筋→安放泄水管→支设挡土墙面板模板→浇筑混凝土→养护→拆除模板。

（2）上墙（H_1高度范围）施工工艺流程为：绑扎钢筋→安放泄水管道→支设内外模板→浇筑混凝土→养护→拆模→砌筑片石反滤层→回填土方→回填黏土隔水层→道路施工。

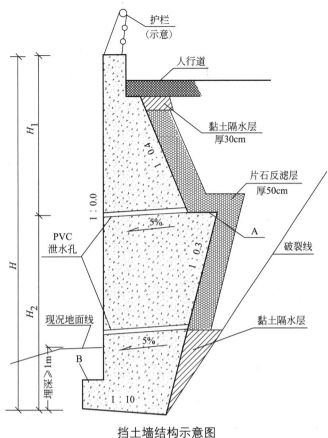

挡土墙结构示意图

开工前，项目部与现场监理根据《城镇道路工程施工与质量验收规范》CJJ 1—2008确定了本工程的分部、分项工程和检验批，作为施工质量检查、验收的基础。

问题：

1. 本工程设计的挡土墙是哪一种形式？简述这种挡土墙的特点。

2. 说出图中 A、B 的名称，简述其在挡土墙中的作用。

3. 图中上下黏土隔水层的作用是什么？

4. 简述施工单位施工方案中对上墙和下墙采取不同的施工工艺流程的理由。

5. 依据《城镇道路工程施工与质量验收规范》CJJ 1—2008，说出本工程挡土墙的分项工程有哪些？

参考答案：

1. 本工程的挡土墙为衡重式挡土墙。

该挡土墙的特点是：上墙利用衡重台上填土的下压作用和全墙重心的后移增加墙身稳定；墙胸坡陡，下墙倾斜，可降低墙高，减少基础开挖。

2. A 为衡重台，作用：利用上部填土重力使墙身重心后移而抵抗墙后土压力，力求利用被动土压力平衡主动土压力，以减少混凝土使用方量。

B 为墙趾，作用是：增加抗倾覆力臂而获得更大的抗倾覆力矩；加大墙体支撑面积从而减小地基应力。

3. 上部黏土隔水层作用是对片石反滤层与基层起隔离作用，防止地表水顺基层直接进入到片石反滤层中，造成片石反滤层被泥土灌缝而造成过滤不畅通。

下部黏土隔水层的作用是保证挡土墙的水全部从泄水孔排除，避免水渗入挡土墙基础位置。

解析： 本题在挡土墙后上下均设置了黏土隔水层，但目的不同。上部道路基层下面的黏土隔水层主要是将基层与挡土墙后面的片石反滤层隔开，因为基层材料多为粒料类，直接摊铺在片石上，会造成粒料中的细料以及一些胶凝性材料（石灰、粉煤灰、水泥等）将片石缝隙填充，造成反滤层不能起到过滤作用，使进入挡土墙后土体中的水不能及时排除。另外在片石反滤层与基层之间设置黏土隔水层也可有效防止路面水直接进入到挡土墙背后，避免路面因透水而塌陷。而挡土墙最下部黏土隔水层的作用就是防止已经进入到墙体后方土体的水渗透到挡土墙基础中，尽可能将墙后土体中的水沿着泄水孔排除。

4. 下墙整体重心比较靠后，如果施工中直接支模浇筑混凝土，可能造成墙体后移失稳。故采用墙后土体先回填、砌筑片石、水泥砂浆抹面后作为挡土墙单侧外模，再绑钢筋后支设另一侧模板的措施。

上墙施工时，因上墙角度与下墙相反，且下墙施工完成后，墙体的整体稳定性可以得到保证，故采用墙体正常施工顺序。最后再进行片石反滤层砌筑和土方回填的方式施工。

解析： 本题目中上墙施工属于是常规施工方法。下墙施工方式较为特殊，属于先施工单侧"模板"，采取这种施工方式主要是由衡重式挡土墙结构特点决定的，因为衡重式挡土墙结构外立面一侧垂直而朝向填土一侧向填土方向倾斜，如下墙倾角较小还可以按照常规侧墙施工顺序（绑筋、支模、浇筑、养护、拆模、砌筑片石、回填土）进行，但是下墙向填土方向倾角较大（见下列图）时，如果依然按照常规施工方法进行施工，很可能造成挡土墙因填土一侧无有效的支撑而造成向填土方向倾斜。

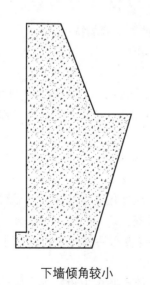

下墙倾角较小　　　　　　　　　下墙倾角较大

5.本工程挡土墙分项工程有：地基；基础；墙（钢筋、模板、混凝土）；滤层、泄水孔；回填土；栏杆。

解析：本题目中，在图形上可以看到有栏杆、反滤层、泄水孔、回填土和墙体本身，考试时即便不能完全写出规范内容，也可以从图形上得到这些内容。挡土墙分项工程划分参见下表。

《城镇道路工程施工与质量验收规范》CJJ 1—2008

分部工程	子分部工程	分项工程	检验批
挡土墙	现浇钢筋混凝土挡土墙	地基	每道挡土墙地基或分段
		基础	每道挡土墙基础或分段
		墙（模板、钢筋、混凝土）	每道墙体或分段
		滤层、泄水孔	每道墙体或分段
		回填土	每道墙体或分段
		帽石	每道墙体或分段
		栏杆	每道墙体或分段
	装配式钢筋混凝土挡土墙	挡土墙板预制	每道墙体或分段
		地基	每道挡土墙地基或分段
		基础（模板、钢筋、混凝土）	每道基础或分段
		墙板安装（含焊接）	每道墙体或分段
		滤层、泄水孔	每道墙体或分段
		回填土	每道墙体或分段
		帽石	每道墙体或分段
		栏杆	每道墙体或分段
	砌筑挡土墙	地基	每道墙体地基或分段
		基础（砌筑、混凝土）	每道基础或分段
		墙体砌筑	每道墙体或分段
		滤层、泄水孔	每道墙体或分段
		回填土	每道墙体或分段
		帽石	每道墙体或分段
	加筋土挡土墙	地基	每道挡土墙地基或分段
		基础（模板、钢筋、混凝土）	每道基础或分段
		加筋挡土墙砌块与筋带安装	每道墙体或分段
		滤层、泄水孔	每道墙体或分段
		回填土	每道墙体或分段
		帽石	每道墙体或分段
		栏杆	每道墙体或分段

第八节　道路大修维护及路面改造

 考点一：基底处理要求

水泥混凝土面层加铺沥青混凝土面层，基底处理方法有两种：一种是开挖式基底处理，即换填基底材料；另一种是非开挖式基底处理，即注浆填充脱空部位的空洞。

（1）开挖式基底处理：

对于原水泥混凝土路面局部断裂或碎裂部位，将破坏部位凿除，换填基底并压实后，重新浇筑混凝土。这种处理方法适合交通不繁忙的路段。

（2）非开挖式基底处理：

对于脱空部位的空洞，采用注浆的方法进行基底处理，通过试验确定注浆压力、初凝时间、注浆流量、浆液扩散半径等参数。处理前应采用探地雷达进行详细探查，测出路面板下松散、脱空和既有管线附近沉降区域。

（3）原有水泥混凝土路面调查：

调查一般采用地质雷达、弯沉或者取芯检测等手段。

 考点二：加铺沥青混凝土面层要求

（1）原有水泥混凝土路面作为道路基层加铺沥青混凝土面层时，应注意原有雨水管以及检查井的位置和高程，为配合沥青混凝土加铺应将检查井高程进行调整。

（2）在加铺沥青混凝土前可以采用洒布沥青粘层油、摊铺土工布等柔性材料的方式对旧路面进行处理。

（3）按高程控制、分层摊铺，每层最大厚度不宜超过100mm。

【经典案例】

例题

背景资料：

某项目部在10月中旬中标南方某城市道路改造二期工程，合同工期3个月，合同工程量为：道路改造部分长300m、宽45m，既有水泥混凝土路面加铺沥青混凝土面层与一期路面顺接。

项目部根据现场情况编制了相应的施工方案。

道路改造部分：对既有水泥混凝土路面进行充分调查后，作出以下结论：

（1）对有破损、脱空的既有水泥混凝土路面，全部挖除，重新浇筑。

（2）新建污水管线采用开挖埋管。

该方案报监理工程师审批没能通过被退回，要求进行修改后上报。项目部认真研究后发现以下问题：

（1）既有水泥混凝土路面的破损、脱空部位不应全部挖除，应先进行维修。

（2）施工方案中缺少既有水泥混凝土路面作为道路基层加铺沥青混凝土具体做法。

问题：

1.对已确定的破损、脱空部位进行基底处理的方法有几种？分别是什么方法？

2.对旧水泥混凝土路面进行调查时，采用何种手段查明路基的相关情况？

3.既有水泥混凝土路面作为道路基层加铺沥青混凝土前，哪些构造物的高程需做调整？

参考答案：

1.有两种方法：

（1）开挖式基底处理，即换填基底材料。

（2）非开挖式基底处理，即注浆填充脱空部位的空洞。

2.可以采用地质雷达（或探地雷达）、弯沉或取芯检测等手段。

3.检查井（检查井井座及井盖）；雨水口；路缘石（平石）等。

第二章

城市桥梁工程

市政专业考试中案例题考核核心是技术，而技术当中考核最多的当属桥梁，考核内容较多的有桩基、支架、吊装、悬臂浇筑等知识点，考试形式会涉及质量通病的原因分析、预防办法及处理措施，图形计算，工序题，机械名称，材料检查验收等。近年来，桥梁知识点经常会与基坑、混凝土结构等内容联合起来进行考核，且经常考核一些现场施工常识，而这些知识点在教材中却并未涉及，因此备考中桥梁章节需要给予足够的重视。

第一节　桥梁结构形式及通用施工技术

考点一：桥梁图形名称、作用及施工要求（参见下列图）

【案例作答提示】

（1）耳墙（侧墙）作用：是挡土及约束路基的结构，防止坍坡及冲刷，是桥头的组成部分。

（2）背墙（前墙）作用：支撑桥头搭板并分隔桥板与路基。

（3）挡块（防震挡块）作用：防止主梁在横桥向发生落梁。

（4）系梁的作用：把两个（或多个）桩或墩连成整体受力，增加横向稳定性。

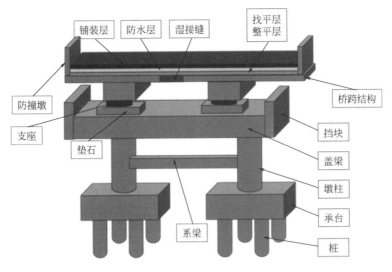

桥梁各部位名称

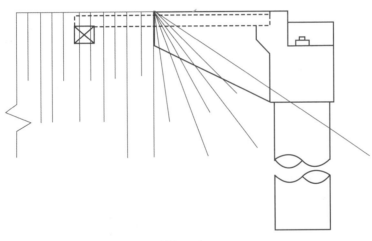

桥台示意图

不同形式的桥台

【经典案例】
例题1
背景资料：

某施工单位承接了一项平行分离式桥梁工程，桥梁两端均为重力式U形桥台，基础均为4根钻孔灌注桩，其中1号桥台支座顶设计高程为56.00m，桩底设计高程为36.45m，桥台剖面如下图所示。

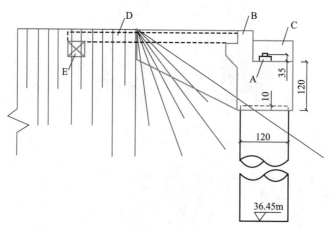

桥台剖面示意图（单位：cm）

问题：

写出图中A、B、C、D、E的名称，并说明E的作用。

参考答案：

（1）A的名称是垫石；B的名称是背墙（前墙）；C的名称是桥台挡块；D的名称是桥头搭板（桥台搭板）；E的名称是枕梁。

（2）E（枕梁）的作用：作为搭板的基础，使搭板与道路连接更加顺畅。

例题2
背景资料：

某公司承建一座城市桥梁。上部结构采用20m预应力混凝土简支板梁；下部结构采用重力式U形桥台，明挖扩大基础。地质勘察报告揭示桥台处地质自上而下依次为杂填土、粉质黏土、黏土、强风化岩、中风化岩、微风化岩。桥台立面如下图所示。

问题：

1.写出图中结构A、B的名称。

2.简述桥台在桥梁结构中的作用。

参考答案：

1.结构A的名称是台帽；结构B的名称是锥形护坡。

2.桥台的作用：桥台一边与路堤相接，以防止路堤坍塌；另一边支承桥跨结构的端部，传递上部结构荷载至地基。

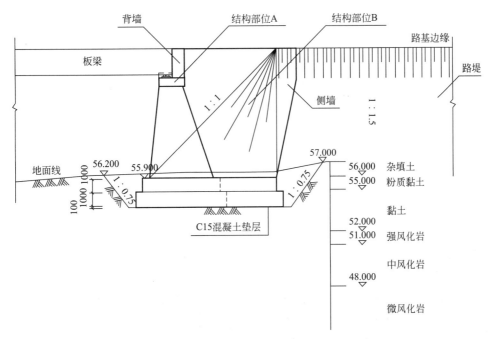

桥台立面布置与基坑开挖断面示意图（标高单位：m；尺寸单位：mm）

例题3

背景资料：

某公司承建一座城郊跨线桥工程，双向四车道，桥面宽度30m，横断面路幅划分为2m（人行道）+5m（非机动车道）+16m（车行道）+5m（非机动车道）+2m（人行道）。上部结构为5×20m预制预应力混凝土简支空心板梁；下部结构为构造A及ϕ130cm圆柱式墩，基础采用ϕ150cm钢筋混凝土钻孔灌注桩；重力式U形桥台；桥面铺装结构层包括10cm厚沥青混凝土、构造B、防水层。桥梁立面如下图所示。

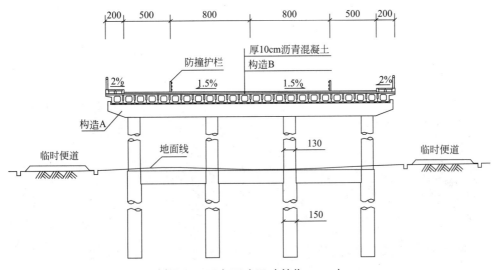

桥梁立面示意图（尺寸单位：cm）

项目部编制的施工组织设计明确如下事项：

（1）桥梁的主要施工工序编号为：①桩基、②支座垫石、③墩台、④安装空心板梁、⑤构造A、⑥防水层、⑦现浇构造B、⑧安装支座、⑨现浇湿接缝、⑩摊铺沥青混凝土及其他；施工工艺流程为：①桩基→③墩台→⑤构造A→②支座垫石→⑧安装支座→④安装空心板梁→C→D→E→⑩摊铺沥青混凝土及其他。

问题：

1．写出图中构造B的名称。

2．写出施工工艺流程中C、D、E的名称或工序编号。

参考答案：

1．构造B的名称是混凝土整平层（找平层）。

解析：整平层又称找平层，也称作调平层，一般是指在桥面防水下面浇筑的一层8～10cm的钢筋混凝土。整平层也是桥面防水的基层（见下图）。

整平层施工示意图

2．施工工序C的名称是⑨现浇湿接缝；

施工工序D的名称是⑦混凝土整平层（混凝土找平层、现浇构造B）；

施工工序E的名称是⑥防水层。

解析：本题待选的工序有三个：⑥防水层、⑦现浇构造B和⑨现浇湿接缝。在案例背景资料描述中有"桥面铺装结构层包括10cm厚沥青混凝土、构造B、防水层"，现浇湿接缝施工是在桥面铺装层之前，也就是说，现浇湿接缝一定在防水层和构造B这两个工序之前，所以C工序为⑨现浇湿接缝，在第1小问中已经分析出现浇构造B这个工序为整平层（找平层），整平层也是桥面防水层的基层，所以⑦现浇构造B在防水层之前。桥梁湿接缝参见下图。

浇筑湿接缝混凝土

考点二：桥梁相关术语

桥梁相关术语在以往考试中主要以选择题的形式进行考核，随着图形题成为考试的主流形式，未来会将桥梁相关术语与图形相结合考核简单的计算题（参见下图）。

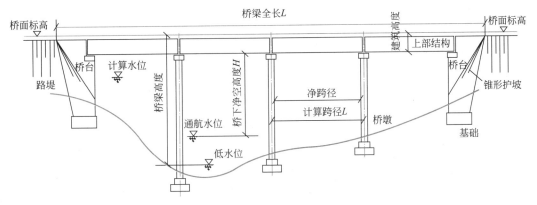

桥梁相关术语

（1）净跨径：相邻两个桥墩（或桥台）之间的净距。

（2）计算跨径：对于具有支座的桥梁，是指桥跨结构相邻两个支座中心之间的距离。

（3）桥梁高度：指桥面与低水位之间的高差，或指桥面与桥下线路路面之间的距离，简称桥高。

（4）桥梁全长：简称桥长，是桥梁两端两个桥台的侧墙或八字墙后端点之间的距离。

（5）桥下净空高度：设计洪水位、计算通航水位或桥下线路路面至桥跨结构最下缘之间的距离。

（6）建筑高度：桥上行车路面（或轨顶）标高至桥跨结构最下缘之间的距离。

【经典案例】

例题 1

背景资料：

甲公司中标跨河桥梁工程，工程规划桥梁建成后河道保持通航，要求桥下净空高度不低于 10m（如右图所示）。

问题：

（如果不考虑预拱度与道路坡度）本工程柱顶标高 h 最小应为多少米。

参考答案：

桥跨最下缘要求设计高程：3.72+10=13.72m；

墩柱顶设计高程：13.72−1.4−0.3=12.02m。

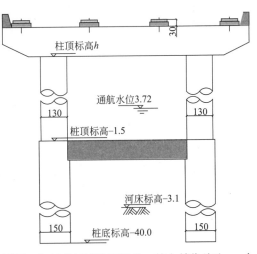

桥梁下部结构图（除高程外，其余单位均为 cm）

解析：桥下净空的定义是指设计洪水位、计算通航水位或桥下线路路面至桥跨结构最下缘之间的距离。这里的桥跨结构是指桥梁上部结构，是在支座以上，千万不能认为是通航水位到盖梁最下缘之间的距离。

例题2

背景资料：

某工程公司承建一座城市跨河桥梁工程。河道宽36m、水深2m，流速较大，两岸平坦开阔。桥梁为三跨（35+50+35）m预应力混凝土连续箱梁，总长120m。

问题：

按桥梁总长或单孔跨径大小分类，该桥梁属于哪种类型？

参考答案：

属于大桥。

理由：多孔跨径总长120m，单孔最大跨径为50m。桥梁按长度分类见下表。

桥梁按长度分类表

桥梁分类	多孔跨径总长 L（m）	单孔跨径 L_0（m）
特大桥	$L > 1000$	$L_0 > 150$
大桥	$1000 \geq L \geq 100$	$150 \geq L_0 \geq 40$
中桥	$100 > L > 30$	$40 > L_0 \geq 20$
小桥	$30 \geq L \geq 8$	$20 > L_0 \geq 5$

例题3

背景资料：

某立交桥工程，该桥为平行分离式立交桥，1号、2号桥台与3号、4号桥台完全相同，如下图所示，1号、2号桥台支座中心线里程桩号为K1+160m，3号、4号桥台支座中心线里程桩号为K2+760m。

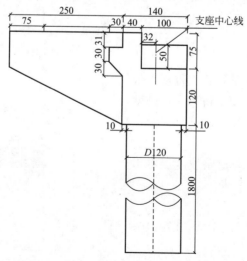

桥台截面图（高程单位：m，尺寸单位：cm）

问题：

本工程桥梁全长为多少米？

参考答案：

桥梁全长为2760–1160+（2.5+0.32+0.4）×2=1606.44m。

考点三：桥梁附属设施

1. 桥梁附属设施

包括桥面系（桥面铺装、防水排水系统、栏杆或防撞栏杆以及灯光照明等）、伸缩缝、桥头搭板和锥形护坡等。

2. 桥面系主要施工工序

梁板施工完毕（包括现浇或装配式）→防撞墩施工（见下图）→整平层→防水施工→桥面铺装（见下图）→伸缩装置（伸缩缝）安装（见下图）。

防撞墩、整平层、伸缩缝施工图

3. 桥梁防水

（1）防水基层（混凝土基层）检测主控项目是含水率、粗糙度、平整度。

（2）防水卷材施工：

1）卷材防水层铺设前应先做好节点、转角、排水口等部位的局部处理，然后再进行大面积铺设。

2）施工环境要求：雨、雪、五级以上大风严禁施工，基面温度必须高于0℃，卷材与环境温度应高于5℃。

3）铺设防水卷材任何区域不得多于3层，搭接接头应错开500mm以上，严禁沿道路宽度方向搭接形成通缝。接头处卷材的搭接宽度沿卷材的长度方向应为150mm，沿卷材的宽度方向应为100mm。

4）防水层施工现场检测主控项目为粘结强度和涂料厚度。

5）防水材料与动火证相关内容。

①防水卷材进场需对外观验收，外观不能有折痕、撕裂、孔洞、融化等缺陷；检查防

水卷材的产品合格证、质量证明书和检测报告；对进场的卷材见证取样做复试。

②防水施工中需使用喷灯，应由专职人员开具动火证，动火证上应载明动火时间、动火地点、动火内容、灭火器材。

4. 伸缩缝及伸缩装置（见下图）

伸缩缝及伸缩装置示意图

（1）作用：调节由车辆荷载和桥梁建筑材料引起的上部结构之间的位移和连结。

（2）伸缩装置施工安装：

1）伸缩装置质量检查。

2）测量放线，切割已铺筑沥青混凝土。

3）检查预埋钢筋规格数量位置，并将预留槽凿毛清理。

4）调运就位安装，找平焊接固定。

5）用泡沫塑料将伸缩缝间隙处填塞，浇筑混凝土。

6）预留槽混凝土强度达到100%后开放交通。

【经典案例】

例题1

背景资料：

某公司承建一座城市快速路跨河桥梁，该桥由主桥、南引桥和北引桥组成，为东、西双幅分离式结构，主桥中跨下为通航航道。主桥的上部结构采用三跨式预应力混凝土连续刚构，跨径组合为75m+120m+75m；南、北引桥的上部结构均采用等截面预应力混凝土连续箱梁，跨径组合为（30m×3）×5，如下图所示。

项目部编制的施工方案有如下内容：

防撞护栏施工进度计划安排，拟组织2个施工班组同步开展施工，每个施工班组投入1套钢模板，每套钢模板长91m，每套钢模板的施工周转效率为3d。施工时，钢模板两端各0.5m作为导向模板使用。

问题：

根据施工方案，列式计算防撞护栏的施工时间（忽略伸缩缝位置对护栏占用的影响）。

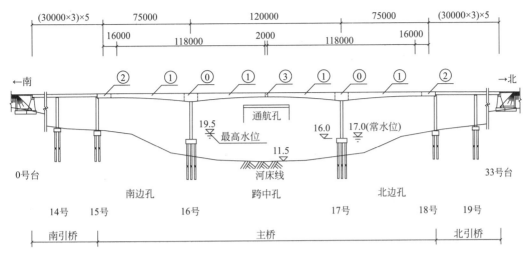

南边孔　　跨中孔　　北边孔

桥梁立面布置及主桥上部结构施工区段划分示意图（高程单位：m；尺寸单位：mm）

参考答案：

（1）护栏总长度：（75+120+75+30×15×2）×2×2=1170×2×2=4680m；

（2）施工时间：4680÷〔（91−2×0.5）×2〕×3=4680÷180×3=78d。

考点四：模板、支架和拱架

1. 支架基础

（1）处理方式：夯实、换填、排水、预压、硬化。

（2）支架地基预压目的：检验支架基础处理程度，确保支架预压时支架基础不失稳，防止支架基础沉降导致混凝土结构开裂。

（3）支架地基预压荷载为：（模板＋支架＋混凝土恒载）×1.2。

（4）地基预压合格标准：各监测点连续24h的沉降量平均值小于1mm；各监测点连续72h的沉降量平均值小于5mm。

2. 支架

（1）支架计算：承载力（强度）、刚度、稳定性；地基承载力。

（2）支架施工预拱度考虑的因素：设计文件规定的结构预拱度；支架承受全部施工荷载引起的弹性变形；受载后由于杆件接头处的挤压和卸落设备压缩而产生的非弹性变形；支架拱架基础受载后的沉降。

（3）支架预压：

1）支架预压目的：检验支架的安全性和收集施工沉降数据，消除支架杆件拼装间隙；检查支架和地基的承载能力。

2）支架预压荷载：支架预压荷载不应小于支架承受的混凝土结构恒载与模板重量之和的1.1倍。

3）支架预压合格标准：各监测点最初24h的沉降量平均值小于1mm；各监测点最初

72h的沉降量平均值小于5mm。

（4）支架杆件：

横杆、立杆、扫地杆、斜撑、抛撑、剪刀撑、可调底座、可调顶托。

（5）门洞支架安全防护措施：

1）设置限高、限宽、限速及其他安全警示标志。

2）设置防撞设施。

3）夜间设置照明设施，反光标志和警示红灯。

4）洞口上方必须满铺（密铺）脚手板，平台下应设置水平安全网。

5）专人巡视检查，定期维护。

（6）支架搭设与拆除：

1）对单位要求：有相应资质、业绩、施工人员、技术力量、类似工程经验，没有不良记录。

2）对人员要求：持证、培训、交底、体检、劳动保护（安全帽、安全带、防滑鞋）。

3）对安全要求：专人指挥；设定警戒区域；由上而下逐层拆除；模板、杆件和配件拆除时严禁敲击、抛扔，拆除后分类码放。

4）环境要求：支架不能在大雨、大雪、大风、大雾中进行搭拆。

（7）模板、支架和拱架拆除应符合下列规定：

1）非承重侧模应在混凝土强度能保证结构棱角不损坏时方可拆除，混凝土强度宜为2.5MPa及以上。

2）芯模和预留孔道内模应在混凝土抗压强度能保证结构表面不发生塌陷和裂缝时，方可拔出。

3）钢筋混凝土结构的承重模板、支架，应在混凝土强度能承受其自重荷载及其他可能的叠加荷载时，方可拆除。

4）模板、支架和拱架拆除应遵循"先支后拆、后支先拆"的原则。简支梁、连续梁结构的模板应从跨中向支座方向依次循环卸落；悬臂梁结构的模板宜从悬臂端开始顺序卸落。

5）预应力混凝土结构的侧模应在预应力张拉前拆除；底模应在结构建立预应力后拆除。

（8）模板、支架和拱架施工设计应包括下列内容：

1）工程概况和工程结构简图。

2）结构设计的依据和设计计算书。

3）总装图和细部构造图。

4）制作、安装的质量及精度要求。

5）安装、拆除时的安全技术措施及注意事项。

6）材料的性能要求及材料数量表。

7）设计说明书和使用说明书。

【经典案例】

例题1

背景资料：

某市政桥梁工程采用钻孔灌注桩基础；上部结构为预应力混凝土连续箱梁，采用钢管支架法施工。支架地基表层为4.5m厚杂填土，地下水位位于地面以下0.5m。

箱梁混凝土浇筑后，支架出现沉降，最大达5cm，造成质量事故。经验算，钢管支架本身的刚度和强度满足要求。

问题：

支架出现沉降的最可能原因是什么？应采取哪些措施避免这种沉降？

参考答案：

（1）支架出现沉降的最可能原因是：

地下水下降，地基处理未达到支架承载力要求，受支架及其上部施工荷载重压。

（2）避免沉降应采取的措施：

提前降低地下水位，夯实地基，将地基土换填为级配砂石材料，在搭设支架前在支架范围内浇筑混凝土，地基周围设置排水设施，对地基进行预压试验等。

例题2

背景资料：

某城市桥梁工程，采用钻孔灌注桩基础，承台最大尺寸为：长8m、宽6m、高3m，梁体为现浇预应力钢筋混凝土箱梁。跨越既有道路部分，梁跨度30m，支架高20m。

跨越既有道路部分为现浇梁施工，采用支撑间距较大的门洞支架，为此编制了专项施工方案，并对支架强度作了验算。

问题：

关于支架还应补充哪些方面的验算？

参考答案：

关于支架还应补充的验算有：

（1）支架刚度和稳定性；

（2）支架及地基承载力；

（3）支架的预拱度。

例题3

背景资料：

某公司承接一座城市跨河桥A标，为上、下行分立的两幅桥，上部结构为现浇预应力混凝土连续箱梁结构，跨径为70m＋120m＋70m。

A标两幅桥的上部结构采用碗扣式支架施工，由于所跨越河道流量较小、水面窄，项目部施工设计采用双孔管涵导流，回填河道并压实处理后作为支架基础，待上部结构施工完毕以后挖除，恢复原状。支架施工前，采用1.1倍的施工荷载对支架基础进行预压。支架搭设时，预留拱度考虑承受施工荷载后支架产生的弹性变形。

问题：

1. 支架预留拱度还应考虑哪些变形？

2. 支架施工前对支架基础预压的主要目的是什么？

参考答案：

1. 支架预留拱度还应考虑的变形有：设计文件规定的结构预拱度，支架受力产生的非弹性变形，支架基础沉陷，支架的预压和结构物本身受力后各种变形。

2. 支架基础预压主要目的：检验支架基础处理程度，确保支架预压时支架基础不失稳，防止支架基础沉降导致混凝土结构开裂。

例题4

背景资料：

某公司承建一项城市桥梁工程，设计为双幅分离式四车道，下部结构为墩柱式桥墩，上部结构为简支梁。该桥盖梁采取支架法施工，项目部编制了盖梁支架模板搭设安装专项方案。包括如下内容：采用盘扣式钢管满堂支架；对支架强度进行计算，考虑了模板荷载、支架自重和盖梁钢筋混凝土的自重；核定地基承载力；对支架搭设范围的地面进行平整预压后搭设支架。盖梁模板支架搭设示意图如下所示。

架子工未完成全部斜撑搭设被工长查出要求补齐。现场支架模板安装完成后，项目部拟立即开始混凝土浇筑，被监理叫停下达了暂停施工通知，并提出整改要求。

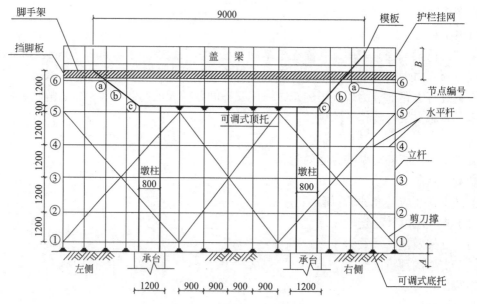

盖梁支架搭设示意图（单位：mm）

问题：

1. 写出支架设计中除强度外还应验算的内容。

2. 指出支架搭设过程中存在的问题。

3. 指出图中 A、B 的数值。

4. 写出示意图左侧支架需要补充两根斜撑两端的对应节点编号。

参考答案：

1. 还应验算支架的刚度、抗倾覆稳定性。

2. 存在的问题：①支架基础预压后未硬化，且未设置排水设施。②支架基础未安放垫木（垫板）。③斜撑不足（或缺少斜撑）。④支架未进行预压。⑤未设置水平安全网。⑥未设置防倾覆设施。

3. $A \not> 550\text{mm}$，$B \not< 1500\text{mm}$。

解析：盘扣式支架脚手架依据《建筑施工承插型盘扣式钢管脚手架安全技术标准》

JGJ/T 231—2021，本规程6.2.5规定：作为扫地杆的最底层水平杆中心线离可调底座底板不应大于550mm。本规程7.5.5规定：作业架顶层的外侧防护栏杆高出顶层作业层的高度不应小于1500mm。

4．左侧支架需要补充两根斜撑两端的对应节点编号是：a——⑤；b——④

 考点五：钢筋施工

1．钢筋验收

钢筋应按不同钢种、等级、牌号、规格及生产厂家分批验收，确认合格后方可使用。

2．钢筋存放

（1）钢筋在运输、储存、加工过程中应防止锈蚀、污染和变形。

（2）在工地存放时应按不同品种、规格、分批分别堆置整齐，不得混杂，并应设立识别标志，存放时间宜不超过6个月；存放场地应有防、排水设施，且钢筋不得直接置于地面，应垫高或堆置在台座上，顶部采用合适的材料覆盖，防水浸、雨淋。

3．钢筋连接

（1）钢筋接头宜采用焊接接头或机械连接接头。

（2）焊接接头应优先选择闪光对焊。

（3）当普通混凝土中钢筋直径等于或小于22mm时，在无焊接条件时，可采用绑扎连接，但受拉构件中的主钢筋不得采用绑扎连接。

（4）在同一根钢筋上宜少设接头。钢筋接头应设在受力较小区段，不宜位于构件的最大弯矩处。

（5）施工中钢筋受力分不清受拉、受压的，按受拉处理。

4．钢筋骨架和钢筋网的组成与安装

（1）钢筋骨架的多层钢筋之间，应用短钢筋支垫，确保位置准确。

（2）直螺纹接头连接时，对丝头采用直螺纹量规检验，通规应能顺利旋入并达到要求的拧入长度，止规旋入不得超过3p。接头安装后用扭力扳手校核拧紧扭矩。接头现场抽检项目应包括极限抗拉强度试验、加工和安装质量检验。

（3）普通钢筋和预应力直线形钢筋的最小混凝土保护层厚度不得小于钢筋公称直径，后张法构件预应力直线形钢筋不得小于其管道直径的1/2。

（4）应在钢筋与模板之间设置垫块，确保钢筋的混凝土保护层厚度，垫块应与钢筋绑扎牢固、错开布置。混凝土垫块应具有不低于结构本体混凝土的强度，并应有足够的密实性。

（5）混凝土浇筑前，应对垫块的位置、数量和紧固程度进行检查。

【经典案例】

例题

背景资料：

某公司承建一项城市主干路工程，长度2.4km，在桩号K1+180～K1+196位置与铁路斜交，采用四跨地道桥顶进下穿铁路的方案。为保证铁路正常通行，施工前由铁路管理部门对铁路线进行加固。顶进工作坑顶进面采用放坡加网喷混凝土方式支护，其余三面采用钻孔灌注桩加桩间网喷支护。

混凝土钻孔灌注桩施工过程包括以下内容：采用旋挖钻成孔，桩顶设置冠梁。钢筋笼主筋采用直螺纹套筒连接，桩顶锚固钢筋按伸入冠梁长度500mm进行预留，混凝土浇筑至桩顶设计高程后，立即开始相邻桩的施工。

问题：

直螺纹连接套筒进场需要提供哪些报告？写出钢筋丝头加工和连接件检测专用工具的名称。

参考答案：

（1）型式检验报告；套筒机械性能检验报告。

（2）检测专用工具：通止规（通规、止规），钢筋数显扭力（矩）扳手。

考点六：混凝土施工

混凝土抗压试模

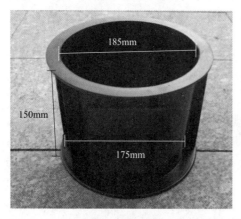

混凝土抗渗试模

1. 在进行混凝土强度试配和质量评定时，混凝土的抗压强度应以边长为150mm的立方体标准试件测定。

【案例作答提示】

混凝土抗压强度：用C表示，以边长为150mm的立方体标准试件测定（见左上图）。

混凝土抗渗等级：用P表示，试件上口直径175mm、下口直径185mm、高150mm；还有一种圆柱形的抗渗试块，尺寸为直径150mm、高150mm（见左下图）。

2. 混凝土施工

（1）在混凝土生产过程中，对骨料的含水率的检测，每一工作班不应少于一次。雨期施工应增加测定次数，根据骨料实际含水量调整砂石料和水的用量。

（2）混凝土拌合物的坍落度应在搅拌地点和浇筑地点分别随机取样检测。如混凝土拌合物从搅拌机出料起至浇筑入模的时间不超过15min时，其坍落度可仅在搅拌地点检测。

（3）严禁在运输过程中向混凝土拌合物中加水。

（4）预拌混凝土从搅拌机卸入搅拌运输车至卸料时的运输时间不宜大于90min，如需延长运送时间，则应采取相应的有效技术措施，并应通过试验验证。

（5）在原混凝土面上浇筑新混凝土时，相接面应凿毛，并清洗干净，表面湿润但不得有积水。

（6）混凝土运输、浇筑及间歇的全部时间不应超过混凝土的初凝时间。同一施工段的混凝土应连续浇筑，并应在底层混凝土初凝之前将上一层混凝土浇筑完毕。

（7）采用振捣器振捣混凝土时，每一振点的振捣延续时间，应以混凝土表面呈现浮浆、不出现气泡和不再沉落为准。

（8）混凝土浇筑完成后，应在收浆后尽快予以覆盖和洒水养护。采用塑料膜覆盖养护时，应在混凝土浇筑完成后及时覆盖严密，保证膜内有足够的凝结水。当气温低于5℃时，应采取保温措施，不得对混凝土洒水养护。

【经典案例】

例题1

背景资料：

某桥梁工程，上部结构为预应力混凝土空心板。

项目部编制的空心板专项施工方案有如下内容：

空心板浇筑混凝土施工时，项目部对混凝土拌合物进行质量控制，分别在混凝土拌合站和预制厂浇筑地点随机取样检测混凝土拌合物的坍落度，其值分别为A和B，并对坍落度测值进行评定。

问题：

指出施工方案中坍落度值A、B的大小关系；混凝土质量评定时应使用哪个数值？

参考答案：

（1）坍落度值A大于B（或坍落度值$B<A$）。

（2）混凝土质量评定时应使用B值。

例题2

背景资料：

某公司承建一项城市污水处理工程，包括调蓄池、泵房、排水管道等，混凝土均采用泵送商品混凝土。

池壁混凝土浇筑过程中，有一辆商品混凝土运输车因交通堵塞，混凝土运至现场时间过长，坍落度损失较大，泵车泵送困难，施工员安排工人向混凝土运输车罐体内直接加水后完成了浇筑工作。

为确保调蓄池混凝土的质量，施工单位加强了混凝土浇筑和养护等各环节的控制，以确保实现设计的使用功能。

问题：

1.施工员安排向罐内加水的做法是否正确？应如何处理？

2.施工单位除了混凝土的浇筑和养护控制外，还应从哪些环节加以控制以确保混凝土质量？

参考答案：

1.不正确，正确做法：应加入原水灰比的水泥浆或二次掺加减水剂进行搅拌，严禁直接加水。

2.施工单位还应从原材料质量（粗细集料、水泥、外加剂）、配合比、混凝土搅拌、混凝土运输、混凝土振捣等环节加以控制，以确保混凝土质量。

 考点七：预应力混凝土施工

1. 材料检查及存放

（1）预应力筋进场时，应对其质量证明文件、包装、标志和规格进行检验。存放的仓库应干燥、防潮、通风良好、无腐蚀气体和介质。存放在室外时不得直接堆放在地面上，必须垫高、覆盖、防腐蚀、防雨露，时间不宜超过6个月。

（2）管道进场时，应检查出厂合格证和质量保证书，核对其类别、型号、规格及数量，应对外观、尺寸、集中荷载下的径向刚度、荷载作用后的抗渗及抗弯曲渗漏等进行检验。检验方法应按有关规范、标准进行。

（3）锚具、夹具及连接器进场验收时，应按出厂合格证和质量证明书核查其锚固性能类别、型号、规格、数量，确认无误后进行外观检查、硬度检验和静载锚固性能试验。

2. 预应力张拉施工

（1）混凝土强度应符合设计要求（不得低于强度设计值的75%）；将限制位移的模板拆除后，进行张拉。

（2）预应力筋的张拉顺序应符合设计要求。当设计无要求时，可采取分批、分阶段对称张拉。宜先中间，后上、下或两侧。

（3）预应力筋采用应力控制方法张拉时，应以伸长值进行校核。设计无要求时，实际伸长值与理论伸长值之差应控制在6%以内。

（4）曲线预应力筋或长度大于等于25m的直线预应力筋，宜在两端张拉；长度小于25m的直线预应力筋，可在一端张拉。当同一截面中有多束一端张拉的预应力筋时，张拉端宜均匀交错地设置在结构的两端。

（5）张拉前应根据设计要求对孔道的摩阻损失进行实测，以便确定张拉控制应力值，并确定预应力筋的理论伸长值。

（6）预应力筋放张顺序应符合设计要求，设计未要求时，应分阶段、对称、交错地放张。

【案例作答提示】

后张法预应力张拉理论伸长值与实际伸长值之差超过6%的原因：

混凝土强度未达到设计要求；承压板后混凝土密实度差；钢绞线伸长模量与理论值不匹配；孔道安装线形偏差；理论值计算错误；起始计量应力值偏差；量测误差。

3. 预应力混凝土配制与浇筑

（1）预应力混凝土应优先采用硅酸盐水泥、普通硅酸盐水泥，不宜使用矿渣硅酸盐水泥，不得使用火山灰质硅酸盐水泥及粉煤灰硅酸盐水泥。

（2）混凝土中严禁使用含氯化物的外加剂及引气剂或引气型减水剂。

（3）对先张构件应避免振动器碰撞预应力筋，对后张构件应避免振动器碰撞预应力筋的管道。

【经典案例】

例题1

背景资料：

某公司承建一座城市互通工程，工程内容包括①主线跨线桥（Ⅰ、Ⅱ）、②左匝道跨线桥、③左匝道一、④右匝道一、⑤右匝道二这五个子单位工程。两座跨线桥均为预应力混凝土连续箱梁桥，其余匝道均为道路工程。

主线桥Ⅰ的第2联为（30m+48m+30m）预应力混凝土连续箱梁，其预应力张拉端钢绞线束横断面布置如下图所示。

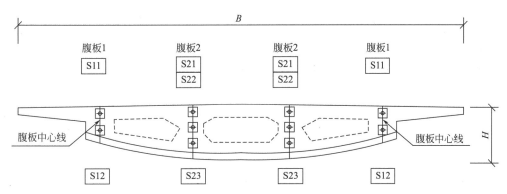

主线跨线桥Ⅰ第2联箱梁预应力张拉端钢绞线束横断面布置示意图

根据工程特点，施工单位编制的总体施工组织设计中，编制了主线跨线桥Ⅰ的第2联箱梁预应力施工方案如下：

（1）该预应力管道的竖向布置为曲线形式，确定了排气孔和排水孔在管道中的位置。

（2）预应力钢绞线的张拉采用两端张拉方式。

（3）确定了预应力钢绞线张拉顺序的原则和各钢绞线束的张拉顺序。

问题：

1.预应力管道的排气孔和排水孔分别设置在管道的哪些位置？

2.写出预应力钢绞线张拉顺序的原则，并给出图中各钢绞线束的张拉顺序（用图中所示的钢绞线束的代号"S11 ~ S23"及"→"表示）。

参考答案：

1.预应力管道的排气孔应设置在曲线管道的波峰位置（最高处），排水孔应设置在曲线管道的最低位置。

2.（1）张拉原则：采取分批、分阶段对称张拉。宜先中间，后上、下或两侧。

（2）张拉顺序为：S22→S21→S23→S11→S12（或：S22→S21、S23→S11、S12）。

例题2

背景资料：

某公司承建一座城市桥梁工程。该桥上部结构为16×20m的预应力混凝土空心板，每跨布置空心板30片。

进场后，项目编制了实施性总体施工组织设计，内容包括：

（1）根据现场条件和设计图纸要求，建设空心板预制场。预制台座采用槽式长线台座，横向连续设置8条预制台座，每条台座1次可预制空心板4片，预制台座构造如下图所示。

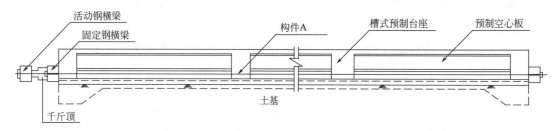

活动钢横梁
固定钢横梁
构件A
槽式预制台座
预制空心板
千斤顶
土基

预制台座纵断面示意图

（2）将空心板的预制工作分解成①清理模板、台座，②涂刷隔离剂，③钢筋、钢绞线安装，④切除多余钢绞线，⑤隔离套管封堵，⑥整体放张，⑦整体张拉，⑧拆除模板，⑨安装模板，⑩浇筑混凝土，⑪养护，⑫吊运存放这12道施工工序，并确定了施工工艺流程如右图所示（注：①~⑫为各道施工工序代号）。

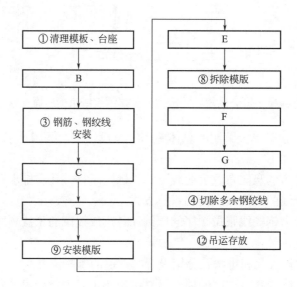

空心板预制施工工艺流程框图

问题：

1. 根据预制台座纵断面示意图的结构形式，指出该空心板的预应力体系属于哪种形式？写出结构A的名称。

2. 写出空心板预制施工工艺流程框图中施工工序B、C、D、E、F、G的名称（选用背景资料给出的施工工序的①~⑫的代号或名称作答）。

参考答案：

1. 空心板的预应力体系属于预应力先张法体系。

构件A的名称是钢绞线（或预应力筋）。

2. B工序的名称是②涂刷隔离剂；C工序的名称是⑦整体张拉；D工序的名称是⑤隔离套管封堵；E工序的名称是⑩浇筑混凝土；F工序的名称是⑪养护；G工序的名称是⑥整体放张。

第二节 桥梁下部结构

 考点一：河道中施工桥梁采取的措施

在跨河桥下部结构施工过程中，涉及的施工措施有围堰、筑岛，导流管、导流明渠，水上作业平台等，而相关知识点在教材中介绍篇幅有限，需要在备考时做相应的补充。

1. 围堰选择

（1）水浅，流速低的河道情况采用土围堰或土袋围堰。

（2）河床平坦且土质较好，采用钢板桩围堰。

（3）高桩承台一般用套箱围堰（有底套箱）。

2. 围堰或筑岛相关的要求

已经在相关部门（河道管理部门、航运部门、水利部门、海事部门）办理了相关手续。围堰位置准确，范围满足施工要求，高度高出最高水位（包括浪高）0.5～0.7m，材料（土质）不污染河道，堰体安全可靠、满足抗冲刷要求；不能对通航造成影响。

3. 导流渠、导流管涵

一般河道水深较浅的情况可采用导流方式。若施工现场平坦开阔，且有一定空间首选导流明渠方式，否则应采用直接在河道中埋置导流管涵的形式。

【经典案例】

例题1

背景资料：

某公司承接一座城市跨河桥A标，为上、下行分立的两幅桥。

A标两幅桥的上部结构采用碗扣式支架施工，由于所跨越河道流量较小、水面窄，项目部施工设计采用双孔管涵导流，回填河道并压实处理后作为支架基础，待上部结构施工完毕以后挖除，恢复原状。

问题：

该公司项目部设计导流管涵时，必须考虑哪些要求？

参考答案：

项目部设计导流管涵时，必须考虑下列要求：

（1）管涵过水面积（直径）必须满足施工期间河水最大流量要求。

（2）管涵强度（管材、管壁厚度）必须满足上部荷载要求。

（3）管涵长度必须满足支架地基宽度要求。

（4）管涵设置位置避开桥梁基础。

例题2

背景资料：

某工程公司承建一座城市跨河桥梁工程。河道宽36m、水深2m，流速较大，两岸平坦开阔。桥梁为三跨（35+50+35）m预应力混凝土连续箱梁，总长120m。

经方案比选，确定导流方案为：在施工位置的河道上下游设置挡水围堰，将河水明渠导流于桥梁施工区域外，在围堰内施工桥梁下部结构。上部结构采用模板支架现浇法施工。

问题：

简述导流方案选择的理由。

参考答案：

（1）现场具备导流条件（河道窄、水浅、两岸平坦开阔）。

（2）导流明渠过流能力大、造价较低、施工简单。

（3）相比水上作业，支架法旱地作业更易保证桥梁施工安全。

例题3

背景资料：

某公司承建一座城市快速路跨河桥梁（见下图），该桥由主桥、南引桥和北引桥组成，分东、西双幅分离式结构，主桥中跨下为通航航道，施工期间航道不中断。下部结构墩柱基础采用混凝土钻孔灌注桩，重力式U形桥台；河床地质自上而下为3m厚淤泥质黏土层、5m厚砂土层、2m厚砂层、6m厚卵砾石层等；河道最高水位（含浪高）高程为19.5m，水流流速为1.8m/s。

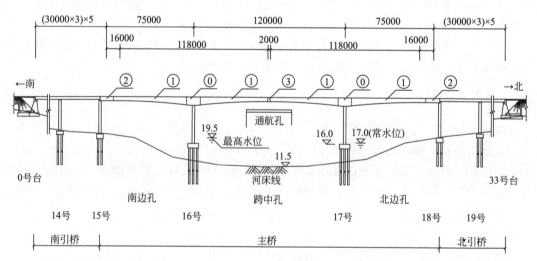

桥梁立面布置及主桥上部结构施工区段划分示意图（高程单位：m，尺寸单位：mm）

项目部编制的施工方案有如下内容：

根据桥位地质、水文、环境保护、通航要求等情况，拟定主桥水中承台的围堰施工方案，并确定了围堰的顶面高程。

问题：

指出主桥第16、17号墩承台施工最适宜的围堰类型；围堰顶高程至少应为多少米？

问题：

（1）承台施工最适宜的围堰类型：钢套箱（筒）围堰（或钢板桩围堰）；

（2）围堰顶高程至少应为20.0～20.2m。

 考点二：桥梁桩基

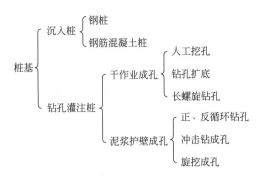

一、沉入桩施工

（1）沉桩方式：

锤击沉桩：适用于黏性土、砂类土。

振动沉桩：适用于密实的黏性土、砾石、风化岩。

射水沉桩：在黏土中慎用，周围有重要建筑物时不宜采用。射水是一种辅助沉桩手段。

静力压桩：适用于软黏土、淤泥质土。

钻孔埋桩：宜用于黏土、砂土、碎石土且河床覆土较厚的情况。

（2）贯入度应通过试桩或做沉桩试验后会同监理及设计单位研究确定。

（3）沉桩时，桩锤、桩帽或送桩帽应和桩身在同一中心线上。施工中若锤击有困难时，可在管内助沉。在黏性土中应慎用射水沉桩；在重要建筑物附近不宜采用射水沉桩。

（4）沉桩顺序：对于密集桩群，自中间向两个方向或四周对称施打；根据基础的设计标高，宜先深后浅；根据桩的规格，宜先大后小，先长后短。

（5）桩终止锤击的控制应视桩端土质而定，一般情况下以控制桩端设计标高为主，贯入度为辅。

【经典案例】

例题

背景资料：

某项目部承接一项河道整治项目，其中一段景观挡土墙，第一施工段临河侧需沉6根基础方桩，基础方桩按"梅花形"布置。项目部根据方案使用柴油锤沉桩，遭附近居民投诉，监理随即叫停，要求更换沉桩方式。

问题：

监理叫停施工是否合理？柴油锤沉桩有哪些原因会影响居民？可以更换哪几种沉桩方式？

参考答案：

（1）监理叫停施工合理。

（2）原因：柴油机产生的废气和噪声；锤头锤击桩（或桩帽）产生的噪声。

（3）可以更换为振动沉桩、静力压桩或钻孔埋桩。

二、钻孔灌注桩施工

1. 人工挖孔

（1）施工流程：

测量定位→首节桩孔开挖→桩中心位置检测→绑筋、支模、浇筑锁口及护壁混凝土→安装吊桶→第二节桩孔开挖→绑筋、支模、浇筑护壁混凝土→依次向下循环作业至桩底→终孔验收→钢筋笼制作、安装→浇筑桩身混凝土。

（2）人工挖孔桩的孔径（不含孔壁）不得小于1.2m，挖孔深度不宜超过15m。

（3）孔口处应设置高出地面不小于300mm的护圈，并应设置临时排水沟；采用混凝土或钢筋混凝土支护孔壁技术，护壁的厚度、拉结钢筋、配筋、混凝土强度等级均应符合设计要求；井圈中心线与设计轴线的偏差不得大于20mm；上下节护壁混凝土的搭接长度不得小于50mm；每节护壁必须振捣密实，并应当日施工完毕；应根据土层渗水情况使用速凝剂；护壁模板的拆除应在灌注混凝土24h之后，强度大于5MPa以上后拆除。

（4）施工中应采取防坠落、坍塌、缺氧和有毒、有害气体中毒的措施。

（5）每日开工前必须检测井下的有毒、有害气体。桩孔开挖深度超过10m时，应有专门向井下送风的设备。

（6）孔口四周必须设置护栏，护栏高度宜为0.8m；挖出的土石方应及时运离孔口，不得堆放在孔口周边1m范围内，机动车辆的通行不得对井壁的安全造成影响。

（7）挖孔达到设计深度后，应进行孔底处理。必须做到孔底表面无松渣。

【经典案例】

例题

背景资料：

某施工单位承建城镇道路改扩建工程，全程2km；工程项目主要包括新建人行天桥一座，人行天桥桩基共计12根，为人工挖孔桩灌注桩。

施工过程中发生如下事件：

事件一：专项施工方案中，钢筋混凝土护壁技术要求：井圈中心线与设计轴线的偏差不得大于20mm，上下节护壁搭接长度不小于50mm，护壁模板的拆除应在灌注混凝土24h之后，强度大于5MPa时方可进行。

……

问题：

补充事件一中钢筋混凝土护壁支护的技术要求。

参考答案：

还应补充：采用混凝土或钢筋混凝土支护孔壁技术，护壁的厚度、拉接钢筋、配筋、混凝土强度等级均应符合设计要求；每节护壁必须保证振捣密实，并应当日施工完毕；应根据土层渗水情况使用速凝剂。

2. 泥浆护壁成孔

（1）桩基施工流程：

平整场地→布置泥浆池→测放孔位→埋设护筒→钻机就位并安装→钻孔→钻孔中故障的处理→成孔→验孔→一次清孔→安放钢筋笼→安放导管及储料漏斗→二次清孔→灌注水

下混凝土（同步起卸导管）→护筒拔出→成桩。

（2）护筒（见下图）：

1）护筒作用：定位、导向、稳定孔口地层、作为验孔基准、防止地表水流入孔内。

2）护筒埋设深度应符合有关规定。护筒顶面宜高出施工水位或地下水位2m，并宜高出施工地面0.3m。

钢护筒

（3）泥浆：

1）泥浆的作用：护壁，携渣，软化地层，润滑、冷却钻具。

2）泥浆处置：现场应设置泥浆池和泥浆收集设施，泥浆宜在循环处理后重复使用，减小排放量，对重要工程的钻孔桩施工，宜采用泥沙分离器进行泥浆的循环。施工完成后废弃的泥浆应采取先集中沉淀再处理的措施，严禁随意排放污染环境。

3．各类钻机

（1）正、反循环钻机：

1）正循环钻机特点：护壁效果好，孔内悬浮的砂粒多，桩基较长且大孔径情况下不宜采用正循环钻机。

2）反循环钻机特点：清孔彻底，但护壁效果较差，在土质较差情况不宜采用。

3）孔底沉渣厚度：端承桩不应大于100mm，摩擦桩不应大于300mm。

4）正、反循环钻机各部位名称（见下列图）：

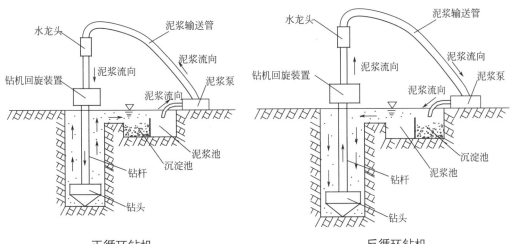

正循环钻机　　　　　　　　　　　反循环钻机

（2）冲击钻：

1）冲击钻开孔时，应低锤密击，反复冲击造壁，保持孔内泥浆面稳定。

2）每钻进4～5m应验孔一次，在更换钻头前或容易缩孔处，均应验孔并应做记录。

3）排渣过程中应及时补给泥浆。

4）稳定性差的孔壁应采用泥浆循环或抽渣筒排渣。

5）适用于各种地层。

（3）旋挖钻机：

1）旋挖钻成孔灌注桩应根据不同的地层情况及地下水位埋深，采用不同的成孔工艺。

2）旋挖钻机成孔应采用跳挖方式，并根据钻进速度同步补充泥浆，保持所需的泥浆面高度不变。

3）旋挖钻机钻孔施工应注意事项：

①采用跳挖法施工；控制泥浆液面，根据进度同步补充泥浆；保证钻杆垂直；控制钻进速度；桶式钻斗提升钻渣过程中注意尽量不要触碰孔壁和护筒。

②旋挖钻机施工出现各类质量问题的原因：

钻进速度快、泥浆稠度小、钻杆不垂直、钻斗提升速度快、孔内外泥浆液面高差不足、提升钻斗触碰孔壁护筒。

【经典案例】

例题1

背景资料：

某公司承建一座跨河城市桥梁。基础均采用直径1500mm钢筋混凝土钻孔灌注桩，设计为端承桩，桩底嵌入中风化岩层2D（D为桩基直径）；桩顶采用盖梁连结；盖梁高度为1200mm、顶面标高为20.000m。河床地层揭示依次为淤泥、淤泥质黏土、黏土、泥岩、强风化岩、中风化岩。

项目部编制的桩基施工方案明确如下内容：

（1）根据桩基设计类型及桥位水文、地质等情况，设备选用"2000型"正循环回转钻机施工（另配牙轮钻头等），成桩方式未定。

（2）由于设计对孔底沉渣厚度未做具体要求，灌注水下混凝土前，进行二次清孔，当孔底沉渣厚度满足规范要求后，开始灌注水下混凝土。

问题：

1．施工方案（1）中，指出项目部选择钻机类型的理由及成桩方式。

2．在施工方案（2）中，指出孔底沉渣厚度的最大允许值。

参考答案：

1．（1）选择钻机类型的理由：由图可知持力层为中风化岩层，牙轮钻头可以在岩层中钻进；上部结构为淤泥、淤泥质黏土、黏土、泥岩，正循环回转钻机能满足现场地质钻进要求且保证护壁效果。

（2）成桩方式为泥浆护壁成孔桩。

2．规范规定端承桩孔底沉渣厚度允许最大值为100mm。

例题2

背景资料：

某城市桥梁工程，上部结构为预应力混凝土连续箱梁，基础为直径1200mm钻孔灌注桩，桩基持力层为中风化岩，设计要求进入中风化岩层3m。

该公司现有的钻孔机械为回旋钻机、冲击钻机、长螺旋钻机各若干台提供本工程选用。

施工过程中，发生如下事件：

事件一：施工准备工作完成后，经验收合格开始钻孔，钻机成孔时，直接钻进至桩底，钻进完成后请监理单位验收终孔。

……

问题：

1. 就公司现有桩基成孔设备进行比选，并根据钻机适用性说明理由。

2. 事件一中直接钻进至桩底做法不妥，给出正确做法。

参考答案：

1. 应选用冲击钻机。

理由：回旋钻机适用于各类土及含有部分卵石土和软岩；长螺旋钻机适用于地下水位以上的各类土层、强风化岩，最大钻孔直径为800mm，且为干作业成孔；冲击钻机适用于各类土、碎石和风化岩层。

2. 正确做法是：①使用冲击钻成孔时，每钻进4～5m应验孔一次；②进入中风化岩3m后需要对岩样判断，持力层满足设计要求方可确认为终孔。

4. 成孔

（1）钻孔相关规定：

成桩施工场地应平整、坚实；保证各种设备与高压线保持足够的安全距离；严禁人员靠近或触摸旋转钻杆；钻具悬空时严禁下方有人；相邻桩之间净距小于5m时，邻桩混凝土强度达5MPa后，方可进行钻孔施工，或间隔钻孔施工。

（2）成孔质量通病：

1）钻孔垂直度不符合规范要求（钻孔偏斜）：

① 主要原因：场地不平整、密实度差；钻杆弯曲、接头间隙大；钻头磨损；遇软硬地层交界面或倾斜岩层面钻压过高。

②预防措施：压实、平整施工场地；及时修补、更换磨损钻头；钻杆保持垂直，发现偏差及时调整；接头间隙及时处理；遇到软硬交替的地层降低钻进速度或加扶正器。

2）塌孔与缩径：

①主要原因：塌孔与缩径产生的原因基本相同，主要是地层复杂、钻进速度过快、护壁泥浆性能差、成孔后放置时间过长没有灌注混凝土等原因所致。

②塌孔还有以下原因：护筒埋置较浅；钻进时中途停钻时间较长；孔内水头未能保持在孔外水位或地下水位线以上2.0m；提升钻头或掉放钢筋笼时碰撞孔壁；钻孔附近有大型设备或车辆震动；

③预防措施：放慢钻进速度，改善泥浆性能并加大泥浆稠度，安放钢筋笼后立即灌注混凝土。

（3）成孔后检查：

当钻孔深度达到设计孔深时，对孔位、孔径、孔深、垂直度、沉渣厚度以及地质情况进行检查。其中地质情况、孔径、孔深为主控项目。

【经典案例】

例题

背景资料：

某市政跨河桥上部结构为长13m的单跨简支预制板梁，下部结构由灌注桩基础、承台和台身构成。

在施工过程中，发生了以下事件：

事件一：在进行1号基础灌注桩施工时，由于施工单位操作不当，造成灌注桩钻孔偏斜，为处理此质量事故，造成3万元损失，工期延长了5d。

……

问题：

事件一中造成钻孔偏斜的原因可能有哪些？

参考答案：

事件一中造成钻孔偏斜的原因可能是：①钻头磨损未修补更换；②场地不平整未进行找平；③钻杆弯曲、接头间隙较大未进行处理；④遇到软硬交替的地层未降低钻进的速度。

5. 钢筋骨架（钢筋笼）

（1）加工钢筋骨架的焊工要求：

有符合焊接范围且在有效期内的证书，上岗前进行了安全技术交底，并有合格的劳动保护（防护面罩、防护手套、焊接防护服、绝缘防护鞋、护目镜），焊接前由专职安全员开具动火证（动火证应载明动火时间、动火地点、动火人、看火人、动火内容、灭火器材）。

（2）钢筋笼验收、存放：

1）加工完成的钢筋笼经检验合格后悬挂检验合格标识牌，并应标识使用的具体位置。

2）钢筋笼高度不得超过2m，码放层数不宜超过3层，且采取支垫、覆盖措施。

（3）吊放安装要点：

1）验算或计算：验算地基承载力；验算被吊构件强度、刚度稳定性；验算吊具（起重夹角、最大起重量等）；验算吊点位置。

2）试吊：检查地基承载力；检查被吊构件有无变形破损；检查钢丝绳捆扎情况和制动性能；检查吊具异常情况。

3）双机抬吊：两台起重机应性能相似、保持同步、吊钩滑轮组保持垂直。

4）操作人员持证、培训、考试、交底。

5）坚持三定（定机、定人、定岗）制度，不得违章指挥、违章作业。

6）吊机大臂下不得站人或有行人通行，与高压线保持安全距离。

7）发生事故后，遵循四不放过原则。

6. 灌注混凝土

（1）混凝土到场后需要检查：开盘鉴定书、出厂时间、到场时间、外观；测试混凝土坍落度；留置混凝土试块。

（2）灌注桩各工序应连续施工，钢筋笼放入泥浆后4h内必须浇筑混凝土。

（3）桩顶混凝土浇筑完成后应高出设计高程0.5~1m，确保桩头浮浆层凿除后桩基面混凝土达到设计强度。

（4）混凝土配合比应通过试验确定，须具备良好的和易性，坍落度宜为180~220mm。

（5）开始灌注混凝土时，导管底部至孔底的距离宜为300~500mm；导管首次埋入混凝土灌注面以下不应少于1.0m；在灌注过程中，导管埋入混凝土深度宜为2~6m。

（6）灌注水下混凝土必须连续施工，中途停顿时间不宜大于30min。

【经典案例】

例题

背景资料：

某公司项目部施工的桥梁基础工程，灌注桩混凝土强度为C25，直径1200mm，桩长18m，承台、桥台的位置如下图所示。

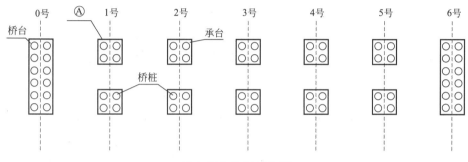

承台桥台位置示意图

承台的桩位编号如右图所示。

事件一：项目部对已加工好的钢筋笼做了相应标识，并且设置了桩顶定位吊环连接筋，钻机成孔、清孔后，监理工程师验收合格，立刻组织吊车吊放钢筋笼和导管，导管底部距孔底0.5m。

事件二：经计算，编号为3－1－1的钻孔灌注桩混凝土用量为Am³，商品混凝土到达现场后施工人员通过在导管内安放隔水球、导管顶部放置储灰斗等措施灌注了首罐混凝土，经测量导管埋入混凝土的深度为2m。

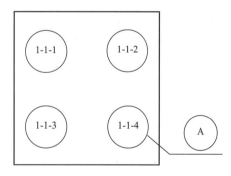

注：1–1–4表示1轴–1号
承台–4号桩

承台钻孔编号图

问题：

1. 钢筋笼标识应有哪些内容？

2. 事件一中吊放钢筋笼入孔时桩顶高程定位连接筋长度如何定，用计算公式（文字）表示？

3. 按照灌注桩施工技术要求，事件二中A值和首罐混凝土最小用量各为多少？

4. 混凝土灌注前项目部质检员对到达现场商品混凝土应做哪些工作？

参考答案：

1. 钢筋笼标识应有：轴号、承台（桥台）编号、桩号、钢筋笼节段号；检验合格的标识牌。

2. 连接筋长度为：孔口垫木顶高程−桩顶高程−预留筋长度+焊口搭接长度。

3. A 值：

$A = \pi R^2 h$，而 $h = $ 桩长+超灌量（超灌量为 0.5～1m）；

$3.14 \times 0.6^2 \times (18+0.5) = 20.9m^3$；

$3.14 \times 0.6^2 \times (18+1) = 21.5m^3$；

所以 A 值为 20.9～21.5m³。

首罐混凝土最小用量：

$3.14 \times 0.6^2 \times (2+0.5) = 2.83m^3$。

4. 检查混凝土的开盘鉴定书；查验混凝土出厂时间、到场时间和混凝土外观；测试混凝土的坍落度；留置混凝土试块等工作。

7. 灌注混凝土施工质量通病

（1）灌注混凝土时堵管：

主要原因：导管破漏、导管底距孔底深度太小、导管内壁不光滑、二次清孔后灌注混凝土的准备时间太长、隔水栓不规范、混凝土配制质量差（初凝时间短、坍落度小）、灌注过程中灌注导管埋深过大。

预防措施：导管拼接严密；导管距孔底距离适中；导管内壁清理干净；二次清孔后尽快灌注混凝土；使用规范隔水栓；保证灌注混凝土质量（坍落度不能太小、初凝时间不能太短）；灌注过程中保证导管在混凝土中的合理埋深。

（2）灌注混凝土过程中钢筋笼上浮：

主要原因：混凝土初凝时间短、坍落度小；孔内悬浮砂砾多；到钢筋笼底部时灌注速度快。另外，泥浆稠度过大；钢筋笼或导管倾斜，提升导管过程中挂住钢筋笼；灌注混凝土时间过长；钢筋笼未固定等也会造成钢筋笼上浮。

预防措施：混凝土控制坍落度，清孔彻底，控制灌注速度。另外，灌注前控制泥浆稠度及混凝土坍落度和初凝、终凝时间，增加混凝土和易性；部分主筋下部可加长至孔底，并将末端弯起或加工成圆圈状；在满足设计要求前提下，适当减少钢筋笼下部的箍筋和加强筋的数量；将钢筋笼顶部吊环筋与钻机或护筒焊接固定；注意提升导管需要进行"试提"，切勿挂住钢筋笼。

（3）桩身混凝土强度低或混凝土离析：

主要原因：施工现场混凝土配合比控制不严、搅拌时间不够和水泥质量差。

预防措施：把好进场水泥的质量关，控制好施工现场混凝土配合比，掌握好搅拌时间和混凝土的和易性。

（4）桩身混凝土夹渣或断桩：

主要原因：初灌混凝土量不够；混凝土灌注过程拔管长度控制不准；混凝土初凝和终凝时间太短，或灌注时间太长；清孔时孔内泥浆悬浮的砂粒太多。

预防措施：专人指挥拔管，保证初灌量合理，计算灌入量与实测相结合，控制导管的埋置深度在 2～6m，保证混凝土初凝和终凝时间及坍落度、清孔彻底。

（5）桩顶混凝土不密实或强度达不到设计要求：

主要原因：超灌高度不够、混凝土浮浆太多、孔内混凝土面测定不准。

预防措施：桩顶混凝土灌注完成后应高出设计标高0.5～1m。对于大体积混凝土的桩，桩顶10m内的混凝土还应适当调整配合比，增大碎石含量，减少桩顶浮浆。在灌注最后阶段，孔内混凝土面测定应采用硬杆筒式取样法测定。

（6）混凝土灌注过程因故中断：

混凝土灌注过程中断的原因较多，在采取抢救措施后仍无法恢复正常灌注的情况下，可采用如下方法进行处理：

1）若刚开灌不久，孔内混凝土较少，可拔起导管和吊起钢筋骨架，重新钻孔至原孔底，安装钢筋骨架并清孔后再开始灌注混凝土。

2）迅速拔出导管，清理导管内积存混凝土和检查导管后，重新安装导管和隔水栓，然后按初灌的方法灌注混凝土，待隔水栓完全排出导管后，立即将导管插入原混凝土内，此后可按正常的灌注方法继续灌注混凝土。此法的处理过程必须在混凝土的初凝时间内完成。

【经典案例】

例题1

背景资料：

某城市引水工程，工作井围护结构为ϕ800mm钻孔灌注桩，设四道支撑。工作井挖土前，经检测发现三根钻孔灌注桩桩身强度偏低，造成围护结构达不到设计要求。调查结果表明混凝土的粗、细骨料合格。

问题：

钻孔灌注桩桩身强度偏低的原因可能有哪些？应如何补救？

参考答案：

强度偏低的原因：水泥质量差；混凝土配合比计量控制不严；搅拌时间不足；混凝土离析。

补救措施：在桩强度偏低处补桩；桩周围土壤注浆；在桩强度偏低的位置多加支撑。

例题2

背景资料：

某城市跨线桥工程，桥梁基础采用直径1.5m的钻孔桩，工程地质资料反映：地面以下2m为素填土，素填土以下为粉砂土。

第一根钻孔桩成孔后进入后续工序施工，二次清孔合格后，项目部通知商品混凝土厂家供应混凝土并准备水下混凝土灌注工作。首批混凝土灌注时发生堵管现象，项目部立即按要求进行了处理。

问题：

分析堵管发生的可能原因，给出在确保桩质量的条件下合适的处理措施。

参考答案：

（1）本工程地质差，二次清孔后无泥浆支撑孔壁，而又未及时灌注混凝土，造成坍孔使孔底沉渣过厚，导致隔水栓无法顺利从导管底部翻出而产生堵管。

（2）处理措施：可拔起导管用泵吸反循环清孔；情况严重的需要吊起钢筋骨架，重新钻孔至原孔底，安装钢筋骨架和清孔后再开始灌注混凝土。

考点三：承台、墩台（桥墩、桥台）、盖梁

1．承台、墩台

（1）施工流程：

开挖→剔凿桩头→桩头试验→施工基底垫层→绑扎钢筋→支设模板→浇筑混凝土→拆模回填。

（2）大体积混凝土预防裂缝措施：

1）采用水化热低的水泥，并尽可能降低用量。

2）控制集料的级配及其含泥量。

3）选用合适的缓凝剂、减水剂等外加剂。

4）控制好混凝土坍落度，不宜大于180mm。

5）避免过振和漏振，并做好二次振捣。

6）整体连续浇筑层厚宜为300～500mm；整体分层或推移式连续浇筑层间间歇时间不大于混凝土初凝时间。

7）分层间歇浇筑施工缝应进行凿毛、清理、保持湿润且不积水。

8）新浇筑混凝土振捣密实，清除混凝土表面泌水，浇筑面多次抹压。

9）混凝土浇筑完毕后专人负责温度控制养护工作，及时覆盖、喷雾。

10）混凝土养护与拆模时，中心与表面之间、表面与外界气温之间的温差均不超过20℃。

11）在混凝土内部预埋水管通冷却水降温；模板和混凝土外部采用覆盖薄膜、土工布、麻袋等措施保温；且应经常检查、保持湿润，养护时间不少于14d，拆模后立即回填或再覆盖养护。

（3）裂缝分类：

1）表面裂缝主要是温度裂缝，一般危害性较小，但影响外观质量。

2）深层裂缝部分地切断了结构断面，对结构耐久性产生一定危害。

3）贯穿裂缝切断了结构的断面，可能破坏结构的整体性和稳定性，其危害性是较严重的。

4）非沉陷裂缝产生的原因：水泥水化热影响；内外约束条件的影响；外界气温变化的影响；混凝土的收缩变形。

2．盖梁

地基处理→搭支架或抱箍桁架→铺设底板→绑扎钢筋→预应力孔道→安装侧模板→浇筑混凝土→拆除侧模→张拉预应力→垫石支座。

【经典案例】

例题1

背景资料：

某公司承建一座城郊跨线桥工程，双向四车道，桥面宽度30m，横断面路幅划分为2m（人行道）+5m（非机动车道）+16m（车行道）+5m（非机动车道）+2m（人行道）。上部结构为5×20m预制预应力混凝土简支空心板梁；下部结构为构造A及φ130cm圆柱

式墩，基础采用φ150cm钢筋混凝土钻孔灌注桩；重力式U形桥台；桥面铺装结构层包括10cm厚沥青混凝土、构造B、防水层。桥梁立面如下图所示。

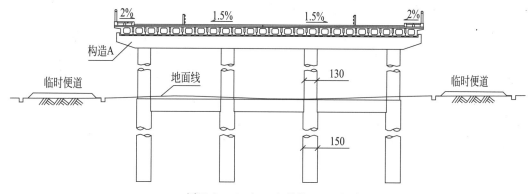

桥梁立面示意图（单位：cm）

问题：

写出图中构造A的名称及作用。

参考答案：

构造A的名称是盖梁（或帽梁）。

作用：支撑桥梁上部结构，并将全部荷载传到下部结构。

解析：盖梁指的是为支承、分布和传递上部结构的荷载而在排桩或墩顶部设置的横梁（多为钢筋混凝土结构），又称帽梁。有桥桩直接连接盖梁的，也有桥桩接立柱后再连接盖梁的。

例题2

背景资料：

某公司中标一座城市跨河桥梁，该桥跨河部分总长101.5m，上部结构为30m+41.5m+30m三跨预应力混凝土连续箱梁，采用支架现浇法施工。

项目部编制了混凝土浇筑施工方案，其中混凝土裂缝控制措施有：

（1）优化配合比，选择水化热较低的水泥，降低水泥水化热产生的热量；

（2）选择一天中气温较低的时候浇筑混凝土；

（3）对支架进行检测和维护，防止支架下沉变形；

（4）夏季施工保证混凝土养护用水及资源供给。

问题：

对工程混凝土裂缝的控制措施进行补充。

参考答案：

（1）适当降低水泥用量。

（2）严格控制集料的级配及其含泥量。

（3）选用合适的缓凝剂等外加剂。

（4）控制混凝土坍落度。

（5）采取分层浇筑混凝土。

（6）加强振捣，既不过振也不漏振。

（7）加强测温，控制混凝土内外温差。

（8）拆模后及时覆盖保湿。

解析：本题需要自己归纳总结，紧扣案例背景资料回答，切不能完全照搬大体积混凝土防裂缝措施内容。因为抛毛石、通冷水管等专门针对大体积混凝土的措施不适合本题目的案例背景资料（三跨预应力混凝土连续箱梁）。

第三节　桥梁上部结构

考点一：上部结构名称

1. 湿接缝、湿接头、横隔板（见下列图）

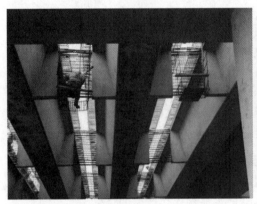

| 横隔板 | 湿接头与湿接缝 |

2. 一联、一孔（一跨）（下见图）

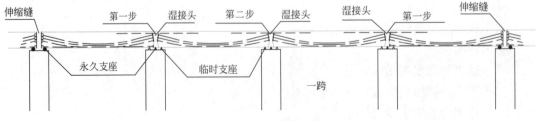

4×25m 一联示意图

考点二：装配式梁

1. 预制梁（板）场

（1）要求预制场地坚实、平整、有排水设施，且经过硬化处理。

（2）预制台座的地基应具有足够的承载力；间距应能满足施工作业要求；表面应光滑、平整。用于预制后张预应力混凝土梁、板时，宜对台座两端及适当范围内的地基进行特殊加固处理。

（3）预制T梁流程：绑扎钢筋及预应力孔道→支设模板→浇筑混凝土→拆模→养护→穿钢绞线束→张拉→压浆、封锚。

（4）预制箱梁流程：底板、腹板钢筋及预应力孔道→安装侧模→安装端模→安装内模→顶板钢筋预应力孔道→浇筑混凝土→养护→拆除模板（内模、侧模、端模）→继续养护→施加预应力→压浆、封锚。

2. 梁板运输

将预制梁板从预制场向现场运输会涉及较多通用知识。如对运输线路的调查，对运输大梁的道路进行临时加固，在运输大梁的时间段内对道路进行封闭并办理相关手续，请交警协助通行。

3. 标识

大梁吊装前，需将待吊装大梁的端头进行中心线标识。在盖梁上也需要标识出大梁就位的中线、边线，端头线和高程线。

4. 吊装

（1）依照吊装机具不同，梁板架设方法分为起重机架梁法、跨墩龙门吊架梁法和穿巷式架桥机架梁法。

（2）吊装的其他通用知识见桩基知识点中钢筋笼安装内容。

【案例作答提示】

若工程所用梁板断面小、用量较少、需定时吊装并有施工便道时，可采用起重机；若工程所需梁数量多，施工场地相对宽阔时一般采用跨墩龙门吊；当工程为跨越铁路、山涧、河流等情况，一般可考虑穿巷式架桥机。

5. 先简支后连续梁的安装

（1）施工顺序：

简支变连续梁的施工有以下两种施工方式，考试时需要根据案例背景资料提示，仔细揣摩命题人的意图进行作答。

1）安装临时支座→安放永久支座→架设T梁→浇筑横隔板混凝土→现浇T梁湿接缝混凝土→浇筑T梁接头混凝土→张拉二次预应力钢束→拆除临时支座。

2）安装临时支座→安放永久支座→架设T梁→浇筑横隔板混凝土→浇筑T梁接头混凝土→现浇T梁湿接缝混凝土→张拉二次预应力钢束→拆除临时支座。

（2）施工要求：

1）施工程序应符合设计规定，应在一联梁全部安装完成后再浇筑湿接头混凝土。

2）对湿接头处的梁端，应按施工缝的要求进行凿毛处理。永久支座应在设置湿接头底模之前安装。

3）湿接头的混凝土宜在一天中气温相对较低的时段浇筑，且一联中的全部湿接头应一次浇筑完成。湿接头混凝土的养护时间应不少于14d。

【经典案例】

例题1

背景资料：

某公司承建一座城郊跨线桥工程，双向四车道，桥面宽度30m，横断面路幅划分为2m（人行道）+5m（非机动车道）+16m（车行道）+5m（非机动车道）+2m（人行道）。上部结构为5×20m预制预应力混凝土简支空心板梁，桥梁立面如下图所示。

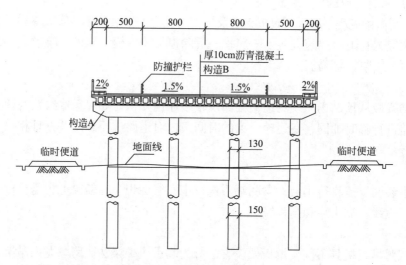

桥梁立面图（单位：cm）

项目部编制的施工组织设计明确如下事项：

公司具备梁板施工安装的技术且拥有汽车起重机、门式吊梁车、跨墩龙门吊、穿巷式架桥机、浮吊、梁体顶推等设备。经方案比选，确定采用汽车起重机安装。

问题：

1. 依据公司现有设备，除了采用汽车起重机安装空心板梁外，还可采用哪些设备？

2. 指出项目部选择汽车起重机安装空心板梁考虑的优点。

参考答案：

1. 门式吊梁车、跨墩龙门吊、穿巷式架桥机。

2.（1）施工方便（或灵活）。

（2）节省架桥吊机的安拆费用（或节省造价、降低造价）。

（3）充分利用施工便道。

例题2

背景资料：

某公司承建一座城市桥梁工程。该桥上部结构为16×20m预应力混凝土空心板，每跨布置空心板30片。

进场后，项目编制了实施性总体施工组织设计，内容包括：

（1）根据现场条件和设计图纸要求，建设空心板预制场。预制台座采用槽式长线台座，横向连续设置8条预制台座，每条台座1次可预制空心板4片。

（2）计划每条预制台座的生产（周转）效率平均为10d，即考虑各条台座在正常流水作业节拍的情况下，每10天每条预制台座均可生产4片空心板。

（3）依据总体进度计划，空心板预制80d后，开始进行吊装作业。吊装进度为平均每天吊装8片空心板。

问题：

1. 列式计算完成空心板预制所需天数。

2. 空心板预制进度能否满足吊装进度的需要？说明原因。

参考答案：

1. 全桥空心板的数量：16×30=480片；

每10天预制板数量：4×8=32片；

空心板预制所需天数：480÷32×10=150d。

2. 空心板预制进度不能满足吊装进度的需要。

原因：因为80d后开始吊装空心板时，剩余空心板还需要70d才能预制完成；而全桥空心板吊装只需要60d（480÷8=60d）；60d＜70d，所以预制进度不能满足吊装进度要求。

 考点三：悬臂浇筑

1. 施工顺序

墩顶0号段，0号段两侧展开段（1号段），边跨支架段，边跨合龙段，跨中合龙段。

2. 悬臂浇筑挂篮内施工的必要工序

绑扎钢筋、立模、浇筑混凝土、施加预应力。

3. 悬臂浇筑合龙段要求

混凝土提高一个等级，采用补偿收缩（微膨胀）混凝土；在温度最低时段（夜间）浇筑；浇筑段宜为2m；合龙时两侧压配重。

【经典案例】

例题1

背景资料：

某施工单位中标承建一座三跨预应力混凝土连续刚构桥，桥高30m，跨度为80m＋136m＋80m，箱梁宽14.5m，底板宽8m，箱梁高度由根部的7.5m渐变到跨中的3.0m。根据设计要求，0号、1号段混凝土为托架浇筑，然后采用挂篮悬臂浇筑法对称施工，挂篮采用自锚式桁架结构。

施工项目部根据该桥的特点，编制了施工组织设计，项目部在主墩的两侧安装托架并预压施工0号、1号段，在1号段混凝土浇筑完成后在节段上拼装挂篮。

问题：

补充挂篮进入下一节施工前的必要工序。

参考答案：

挂篮进入下一节施工前的必要工序：①拆除限制位移的模板。②张拉预应力钢绞线（预应力筋）并压浆。③拆除底模和部分托架。④挂篮检查及载重试验。

例题2

背景资料：

某公司承建一座城市快速路跨河桥梁，该桥由主桥、南引桥和北引桥组成，分东、西双幅分离式结构，主桥中跨下为通航航道，施工期间航道不中断。主桥的上部结构采用三跨式预应力混凝土连续刚构，跨径组合为75m+120m+75m；南、北引桥的上部结构均采用等截面预应力混凝土连续箱梁，跨径组合为（30m×3）×5；如下图所示。

项目部编制的施工方案有如下内容：

（1）根据主桥结构特点及河道通航要求，拟定主桥上部结构的施工方案。为满足施工进度计划要求，施工时将主桥上部结构划分为⓪、①、②、③等施工区段，其中，施工区段⓪的长度为14m，施工区段①每段施工长度为4m，采用同步对称施工原则组织施工，主桥上部结构施工区段划分如下图所示。

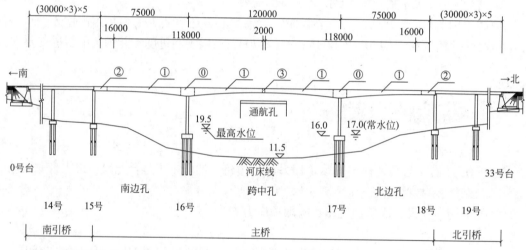

桥梁立面布置及主桥上部结构施工区段划分示意图（高程单位：m，尺寸单位：mm）

......

问题：

1. 列式计算该桥多孔跨径总长；根据计算结果指出该桥所属的桥梁分类。

2. 施工方案（1）中，分别写出主桥上部结构连续刚构及施工区段②最适宜的施工方法。

3. 结合图及施工方案（1），指出主桥"南边孔、跨中孔、北边孔"先后合龙的顺序（用"南边孔、跨中孔、北边孔"及箭头"→"作答；当同时施工时，请将相应名称并列排列）；指出施工区段③的施工时间应选择一天中的什么时候进行？

参考答案：

1.（30×3）×5×2+75+120+75=1170m；

因桥梁总长为1170m＞1000m，所以该桥为特大桥。

2．主桥上部结构最适宜的施工方法是：

连续刚构：悬臂浇筑法（⓪号段托架或膺架，①号段为挂篮）。

施工区段②：支架法。

3．（1）主桥合龙的顺序：南边孔、北边孔→跨中孔。

（2）施工区段③的施工时间：应在一天中温度最低时段（夜间）进行。

 考点四：箱梁施工

支架法、移动模架法或悬臂浇筑法所施工的现浇梁多为箱梁结构，现浇箱梁分为一次浇筑法和多次浇筑法。

1．多次浇筑

安装底模和侧模→绑扎底板腹板钢筋及安装预应力孔道→安装腹板模板→浇筑底板及腹板混凝土→养护→拆除侧模→搭设顶（面）板支架→安装顶（面）板模板→绑扎顶板钢筋及预应力孔道→浇筑顶板混凝土→养护→拆除侧模和顶（面）板模板→预应力张拉（包括孔道压浆、封锚）→封闭人孔→拆除底模与支架。

2．一次浇筑

安装底模和侧模→绑扎底板腹板钢筋及安装预应力孔道→安装内模→绑扎顶板钢筋及预应力孔道→浇筑混凝土→养护→拆除侧模和内模→预应力张拉（包括孔道压浆、封锚）→封闭人孔→拆除底模与支架。

3．箱梁混凝土浇筑施工质量检查与验收

（1）模板、支架和拱架：

主控项目：模板、支架和拱架制作及安装应符合施工设计图（施工方案）的规定，且稳固牢靠，接缝严密，立柱基础有足够的支撑面和排水、防冻融措施。

（2）支架上浇筑箱梁：

主控项目：结构表面不得出现超过设计规定的受力裂缝。

（3）悬臂浇筑：

主控项目：①悬臂浇筑必须对称进行，桥墩两侧平衡偏差不得大于设计规定，轴线挠度必须在设计规定范围内。②梁体表面不得出现超过设计规定的受力裂缝。③悬臂合龙时，两侧梁体的高差必须在设计规定允许范围内。

【经典案例】

例题

背景资料：

某公司中标承建该市城郊接合部交通改扩建高架工程，该高架上部结构为现浇预应力钢筋混凝土连续箱梁，桥梁底板距地面高15m、宽17.5m，主线长720m，高架桥跨越132m鱼塘和菜地，设计跨径组合为41.5m+49m+41.5m，其余为标准联，跨径组合为（28+28+28）m×7联，支架法施工，下部结构为：H形墩身下接10.5m×6.5m×3.3m承台（深埋在光纤线缆下0.5m），承台下设有直径1.2m、深18m的人工挖孔灌注桩。

问题：

写出该工程上部结构施工流程（自箱梁钢筋验收完成到落架结束，混凝土采用一次浇筑法。）

参考答案：

浇筑箱梁混凝土→养护→拆除内模和侧模→预应力张拉→孔道压浆、封锚→封闭人孔→拆除底模、支架。

考点五：钢梁

1. 制作安装质量验收主控项目

（1）钢材、焊接材料、涂装材料应符合国家现行标准规定和设计要求。

（2）高强度螺栓连接副等紧固件及其连接应符合国家现行标准规定和设计要求。

（3）高强度螺栓的栓接板面（摩擦面）除锈处理后的抗滑移系数应符合设计要求。

（4）焊缝检测应符合设计要求和《城市桥梁工程施工与质量验收规范》CJJ 2–2008 的有关规定。

（5）涂装检验应符合《城市桥梁工程施工与质量验收规范》CJJ 2–2008 第 14.3.1 条规定。

2. 钢梁制造企业应向安装企业提供下列文件

①产品合格证；②钢材和其他材料质量证明书和检验报告；③施工图，拼装简图；④工厂高强度螺栓摩擦面抗滑移系数试验报告；⑤焊缝无损检验报告和焊缝重大修补记录；⑥产品试板的试验报告；⑦工厂试拼装记录；⑧杆件发运和包装清单。

【案例作答提示】

钢梁与钢—混凝土结合梁在考试中会以通用考点形式出现，可结合梁的运输、标识、检查、验算、吊装、焊接、支架等内容展开考核。

【经典案例】

例题

背景资料：

某市区城市主干道改扩建工程，标段总长 1.72km。现状道路交通量大，施工时现状交通不断行，本标段是在原城市主干路主路范围进行高架桥段—地面段—入地段改扩建。各工种施工作业区设在围挡内。

高架桥段在洪江路交叉口处采用钢—混叠合梁形式跨越，跨径组合为 37m＋45m＋37m。

问题：

针对本项目的特定条件，应采用何种架设方法？采用何种配套设备进行安装？在何时段安装合适？

参考答案：

（1）针对本项目的特定条件，应采用支架架设法。

（2）采用起重机、平板拖车、电焊机等配套设施。

（3）在夜间安装合适。

考点六：钢—混凝土结合梁

钢—混凝土结合梁相当于在钢梁上面浇筑一层混凝土，混凝土与钢梁共同受力，钢梁的所有知识点均可在钢—混凝土结合梁中进行考核。

（1）现浇混凝土结构宜采用缓凝、早强、补偿收缩型混凝土。

（2）混凝土桥面结构应全断面连续浇筑，浇筑顺序：顺桥向应自跨中开始向支点处交汇，或由一端开始浇筑；横桥向应先由中间开始向两侧扩展。

（3）桥面混凝土表面应符合纵横坡度要求，表面光滑、平整，应采用原浆抹面成活，并在其上直接做防水层。不宜在桥面板上另做砂浆找平层。

考点七：拱桥

（1）跨径大于或等于16m的拱圈或拱肋，宜分段浇筑。分段位置，拱式拱架宜设置在拱架受力反弯点、拱架节点、拱顶及拱脚处；满布式拱架宜设置在拱顶、1/4跨径、拱脚及拱架节点等处。各段的接缝面应与拱轴线垂直，各分段点应预留间隔槽，其宽度宜为0.5～1m。

（2）分段浇筑钢筋混凝土拱圈（拱肋）时，纵向不得采用通长钢筋，钢筋接头应安设在后浇的几个间隔槽内，并应在浇筑间隔槽混凝土时焊接。

（3）钢管混凝土施工：

1）钢管上应设置混凝土压注孔、倒流截止阀、排气孔等。

2）钢管混凝土应具有低泡、大流动性、收缩补偿、延缓初凝和早强的性能。

3）钢管（钢管柱和钢管拱）内混凝土浇筑的施工质量是验收主控项目。

考点八：斜拉桥

1. 索塔施工的技术要求和注意事项

索塔的施工可视其结构、体形、材料、施工设备和设计要求综合考虑，选用适合的方法。裸塔施工宜用爬模法，横梁较多的高塔，宜采用劲性骨架挂模提升法。

2. 施工监测目的与监测对象

（1）施工过程中，必须对主梁各个施工阶段的拉索索力、主梁标高、塔梁内力以及索塔位移量等进行监测。

（2）施工监测主要内容：

1）变形：主梁线形、高程、轴线偏差、索塔的水平位移。

2）应力：拉索索力、支座反力以及梁、塔应力在施工过程中的变化。

3）温度：温度场及指定测量时间塔、梁、索的变化。

第四节 箱 涵

 考点一：箱涵施工工艺流程

现场调查→工程降水→工作坑开挖→后背制作→滑板制作→铺设润滑隔离层→箱涵制作→顶进设备安装→既有线加固→箱涵试顶进→吃土顶进→监控量测→箱体就位→拆除加固设施→拆除后背及顶进设备→工作坑恢复。

 考点二：箱涵顶进

（1）地下水位降至基底下500mm以下，并宜避开雨期施工。

（2）一般宜选用小型反铲挖土机按设计坡度开挖，每次开挖进尺0.4～0.8m，两侧应欠挖50mm，钢刃脚切土顶进，并配装载机或直接用挖掘机装汽车出土。列车通过时严禁继续挖土。

（3）箱涵顶进前，应对箱涵原始（预制）位置的里程、轴线及高程测定原始数据并记录。顶进过程中，每一顶程要观测并记录各观测点左、右偏差值，高程偏差值和顶程及总进尺。

（4）箱涵顶进过程中，每天应定时观测箱涵底板上设置的观测标钉的高程，计算相对高差，展图，分析结构竖向变形。对中边墙应测定竖向弯曲。

（5）顶进过程中要定期观测箱涵裂缝及开展情况，重点监测底板、顶板、中边墙，中继间牛腿或剪力铰和顶板前、后悬臂板，发现问题应及时研究采取措施。

（6）每次顶进应检查液压系统、顶柱（铁）安装和后背变化情况等。

（7）箱涵身每前进一顶程，应观测轴线和高程，发现偏差及时纠正。

（8）箱涵吃土顶进前，应及时调整好箱涵的轴线和高程。

（9）箱涵顶进过程中，任何人不得在顶铁、顶柱布置区内停留。当液压系统发生故障时，严禁在工作状态下检查和调整。

【经典案例】

例题

背景资料：

某公司承建一项城市主干路工程，长度2.4km，在桩号K1+180～K1+196位置与铁路斜交，采用四跨地道桥顶进下穿铁路的方案。为保证铁路正常通行，施工前由铁路管理部门对铁路线进行加固。顶进工作坑顶进面采用放坡加网喷混凝土方式支护，其余三面采用钻孔灌注桩加桩间网喷支护，施工平面及剖面图如下列图所示。

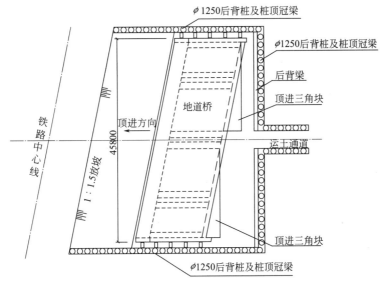

地道桥施工平面示意图（单位：mm）

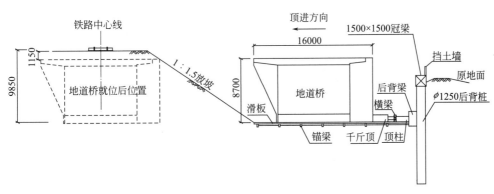

地道桥施工剖面示意图（单位：mm）

项目部编制了地道桥基坑降水、支护、开挖、顶进方案并经过相关部门审批。施工流程如下图所示。

问题：

1. 补全施工流程图中A、B名称。

2. 地道桥每次顶进，除检查液压系统外，还应检查哪些部位的使用状况？

3. 在每一顶程中测量的内容是哪些？

参考答案：

1. A的名称是预制地道桥（地道桥制作）；B的名称是监测。

2. 还应检查传力设备（顶柱）、后背梁、后背桩与冠梁、滑板、地道桥结构、刃脚（钢刃脚）、三角块的变形情况。

3. 轴线偏差，高程（标高）偏差，中边墙竖向弯曲值，顶程及总进尺。

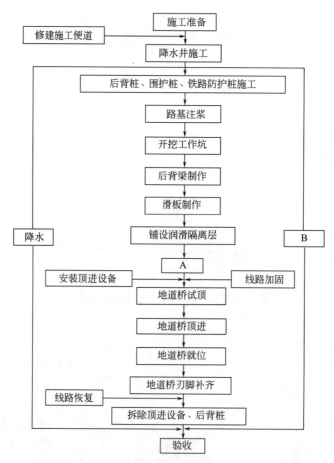

地道桥施工流程图

第三章

城市轨道交通工程

　　市政教材中轨道交通章节所占篇幅均高于其他专业，由基坑、浅埋暗挖和盾构三大部分组成。浅埋暗挖和盾构属于隧道施工范畴，考试频次相对较低，尤其是盾构内容，一建市政案例题以前还从未涉及过。基坑部分是本章节的重要考点，属于案例高频考点，主要包括降水排水选择及施工要求、管线调查保护、放坡开挖安全防护及注意事项、有支护开挖的各种围护结构和支撑、基坑地基加固、雨期施工、抢险支护和堵漏等内容。关于基坑的考核一般会涉及图形、工序、质量通病和施工机械等多个题型。另外，基坑考点也并不局限于地铁车站章节，很多时候也会结合桥梁、水池甚至是管线进行考核。

第一节　基　坑

考点一：基坑图形基本知识（见下图）

【经典案例】

例题

背景资料：

　　某公司承建一污水处理厂扩建工程，新建AAO生物反应池等污水处理设施、采用综合箱体结构形式，基础埋深为5.5~9.7m，采用明挖法施工，基坑围护结构采用ϕ800mm

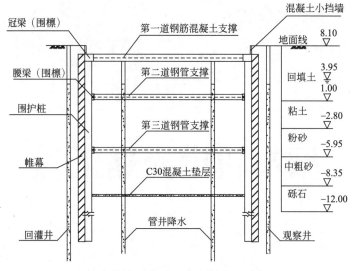

基坑支护示意图（高程单位：m）

钢筋混凝土灌注桩，止水帷幕采用 $\phi 660mm$ 高压旋喷桩。基坑围护结构与箱体结构位置立面如下图所示。

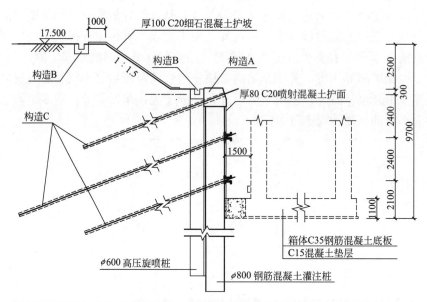

基坑围护结构与箱体结构位置立面示意图（高程单位：m；尺寸单位：mm）

问题：

写出图中构造A、B、C的名称。

参考答案：

构造A的名称是冠梁（或围檩）；构造B的名称是排水沟（或截水沟）；构造C的名称是锚杆（或锚索）。

2023年版全国一级建造师市政公用工程管理与实务专题聚焦

考点二：地下管线调查保护

开挖基坑或沟槽之前，需要对开挖范围内的地下管线进行调查，尽量将管线改移，如不能改移需要对既有管线进行保护，并在开挖及后期对管线实施监测。

（1）管线调查：

开挖前应提前查阅建设方提供的地下管线资料，以掌握其施工年限、使用状况、位置、埋深、管材、管径等数据信息；建设单位对提供的资料应保证真实、准确、完整。

（2）对资料未反映、反映不详、与实际情况不符的管线，应向规划部门、管线管理单位查询；并通过挖探坑调查现有管线的实际位置、埋深，结构形式和完好度。

（3）将管线调查后的准确信息标记在现场平面图上；并在现场管线具体位置进行标识。

（4）在对管线分析和计算的基础上做好管线加固保护方案，并经管理单位审核。

（5）基坑内管线开挖前拆改，或开挖过程中采用悬吊、支架等措施进行保护。

（6）基坑开挖影响区内管线临时加固，验收合格后开挖。

（7）开挖过程有专人监督检查管线及建（构）筑物，维护加固设施。

（8）开挖及后期施工过程中均应实施监测，数据异常时停止施工，并采取安全技术措施。

（9）应备有应急预案，预案应有组织体系，抢险人员、物资和设备，并经过演练。

【经典案例】

例题

背景资料：

某水厂在厂区内部新建一座地下蓄水池，池体为钢筋混凝土结构，外结构尺寸36m×22m×12m。蓄水池邻近护城河，河道常水位为–3.00m，池内底标高为–15.00m，地面标高±0.00。地面以下主要为粉质砂土。

水池基坑采用ϕ800mm灌注桩围护，水泥土挡墙作为截水帷幕，横跨基坑有一条DN400mm的供水管线（球墨铸铁管、密封橡胶圈承插接口）和一条高压电缆。施工中对管线和高压电缆的水平、竖向位移实施监测。

问题：

施工前和施工中对于开挖面范围内的地下管线拟采取哪些措施？

参考答案：

施工前措施：①查阅核实相关管线资料；②通过挖探坑确认管线信息；③将管线实际信息在图纸上标记；④在现场管线位置做好标识；⑤编制应急预案。

施工中措施：①将管线暴露后采用吊架、托架保护；②现场派专人检查、监督；③对管线监控量测，及时反馈指导施工。

考点三：降水

1. 专用名词

（1）降水深度：自地面算起至基坑底面以下设计要求的动水位间的深度。如无设计要求，一般降水需降至基坑底以下 0.5m。

（2）降深：降水期间的地下水位变幅。

（3）隔水帷幕（也称截水帷幕或止水帷幕）：隔离、阻断或减少地下水从围护体侧壁或底部进入开挖施工作业面的连续隔水体。

2. 降水的作用

（1）截住坡面及基底的渗水。

（2）增加边坡的稳定性，并防止边坡或基底的土粒流失。

（3）减少被开挖土体含水量，便于机械挖土、土方外运、坑内施工作业。

（4）有效提高土体的抗剪强度与基坑稳定性。

（5）减小承压水头对基坑底板的顶托力，防止坑底突涌。

3. 降出来的地下水的作用

回灌、绿化、洗车、中水、消防、养护、降尘等。

4. 各种降水方法

（1）集水明排：

坡面设置排水导管排除基坑侧壁中浅层滞水；坡底排水沟多设置成盲沟，沟内填充石子，排水沟距坡脚距离大于300mm，距离建筑物需大于400mm。

（2）轻型井点：

1）井管距坑壁不应小于 1.0 ~ 1.5m。

2）井点间距一般为 0.8 ~ 1.6m。

3）井点管的入土深度：比挖基坑（沟、槽）底深 0.9 ~ 1.2m。

4）孔壁与井管之间的滤料宜采用中粗砂，滤料上方宜使用黏土封堵，封堵至地面的厚度应大于 1m。

5）施工流程：

钻孔→清洗钻孔→安装井点管→填充滤料→黏土封堵→集水管与总管连接→漏水漏气检查→试运行。

（3）管井：

1）管井的滤管可采用无砂混凝土滤管、钢筋笼、钢管或铸铁管。

2）滤管内径应按满足单井设计流量要求而配置的水泵规格确定。

3）滤管与孔壁之间填充的滤料宜选用磨圆度好的硬质岩石成分的圆砾，不宜采用棱角形石渣料、风化料或其他黏质岩石成分的砾石。

5. 隔水帷幕

（1）种类：水泥土搅拌桩帷幕、高压旋喷或摆喷注浆帷幕、地下连续墙或咬合式排桩等。

（2）形式：基坑底存在连续分布、埋深较浅的隔水层时，应采用底端进入下卧隔水层的落底式帷幕；当坑底以下含水层厚度大时，需采用悬挂式帷幕。

（3）施工顺序：一般先施工帷幕，后施工围护结构。咬合桩先施工素混凝土桩，后施工钢筋混凝土桩。

6. 计算题

（1）案例背景资料给出轻型井点或管井剖面图，计算填充滤料或封堵黏土的方量。

（2）根据图形中给出高程计算降水高度。

【经典案例】

例题1

背景资料：

某污水厂扩建工程，由原水管线、格栅间、提升泵房、沉砂池、初沉池等组成。

原水管线基底标高为 –6.00m（地面标高为 ±0.00），基底处于砂砾层内，且北邻S河，地下水位标高为 –3.00m。

问题：

根据背景资料，确定降水井布置的形式及要求。

参考答案：

轻型井点（真空井点），在沟槽两侧双排布置，降水井距离沟槽边 1～1.5m，降水井之间的距离 0.8～1.6m，降水井滤管埋深在基底以下 0.9～1.2m。

例题2

背景资料：

某施工单位中标承建过街地下通道工程，周边地下管线较复杂。设计采用明挖顺作法施工。隧道基坑总长80m、宽12m，开挖深度10m；基坑围护结构采用SMW工法桩，基坑沿深度方向设有两道支撑，其中第一道支撑为钢筋混凝土支撑，第二道支撑为（$\phi 609 \times 16$）mm钢管支撑，基坑场地地层自上而下依次为：2m厚素填土、6m厚黏质粉土、10m厚砂质粉土，地下水位埋深约1.5m。在基坑内布置了5座管井降水。

问题：

本项目基坑内管井属于什么类型？起什么作用？

参考答案：

（1）本项目基坑内管井属于疏干井。

（2）作用：降低基坑内水位，便于土方开挖；保证基坑坑底稳定。

例题3

背景资料：

某公司承建一项污水处理厂工程，水处理构筑物为地下结构，底板最大埋深12m，富水地层，设计要求管井降水并严格控制基坑内外水位标高变化。基坑周边有需要保护的建筑物和管线。项目部进场开始了水泥土搅拌桩止水帷幕和钻孔灌注桩围护的施工。

在项目部编制的降水方案中，将降水抽排的地下水回收利用。做了如下安排：一是用于现场扬尘控制，进行路面洒水降尘；二是用于场内绿化浇灌和卫生间冲洗，另有富余水量做了溢流措施排入市政雨水管网。

问题：

该项目降水后基坑外是否需要回灌？说明理由。

参考答案：

（1）需要回灌。

（2）理由：工程处于富水地层，且基坑周边有需要保护的建筑物和管线，施工中坑外地下水可通过帷幕底部绕流进入坑内，造成坑外地下水位下降。

考点四：基坑无支护开挖

无支护开挖也称为放坡开挖，一般适用于基坑或沟槽开挖深度较浅的工程，或周围没有建筑物的情况。

1. 开挖基坑（沟槽）坡度

确定基坑（沟槽）坡度的依据主要有：土质情况（地质条件），坡顶荷载，开挖深度，地下水位等因素。

2. 放坡开挖要求

分级放坡时，宜设置分级过渡平台。对于岩石边坡宽度不宜小于0.5m，对于土质边坡宽度不宜小于1.0m。分级放坡时候，如上下级边坡的土质不同，需根据土质确定坡度，如果上下级边坡的土质相同，则下级放坡坡度宜缓于上级放坡坡度。

3. 基坑边坡稳定措施

（1）根据土层确定基坑边坡坡度，不同土层设置不同边坡或留置台阶。

（2）严格按照设计坡度进行边坡开挖，不得挖反坡。

（3）控制好基坑及周边的地表水、地下水、管线水。

（4）控制好基坑周边的动载、静载。

（5）在开挖时应及时采取坡脚、坡面防护措施。

（6）在基坑开挖和使用期间，应做好监测和数据分析；边坡有失稳迹象时，应及时采取削坡、坡顶卸荷、坡脚压载等有效措施。

4. 坡面防护

（1）叠放砂包或土袋。

（2）水泥砂浆或细石混凝土抹面。

（3）挂网喷浆或混凝土。

（4）锚杆喷射混凝土护面。

（5）塑料膜或土工织物覆盖坡面等。

5. 土钉墙施工

（1）施工流程：测量→开挖→修边坡→打孔→安放土钉→编钢筋网→焊接→注浆→喷混凝土→养护。

（2）土钉墙喷射混凝土注意事项：自下向上喷浆，坑壁有水情况下要采用引流管将水引出，喷浆注意不能堵塞引流管。

（3）喷射要求：喷射混凝土强度和厚度符合设计要求，喷射混凝土应密实、平整，不得出现裂缝、脱落、漏喷、露筋、空鼓、渗漏水等现象。

（4）图形名称：对中支架（见下图）。

（5）土钉墙出现滑塌原因：

土质较差，设计坡度陡，土中含水量大或遇到雨期施工，土钉设计短，未及时注浆或浆液配合比不合理，喷射混凝土厚度不足、强度低、施工遇较大震动等。

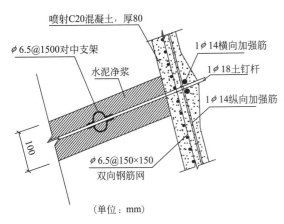

土钉对中支架

考点五：深基坑支护结构

有支护结构的基坑一般用于地铁车站等深基坑，围护结构应用较多的是钻孔灌注、SMW工法桩、地下连续墙几种形式，支撑形式采用更多的是钢筋混凝土支撑与钢支撑组合形式，备考中需要多多关注。

一、基坑围护结构（见下表）

不同类型围护结构的特点

类型		特点
排桩	预制混凝土板桩	①预制混凝土板桩施工较为困难，对机械要求高，而且挤土现象很严重； ②桩间采用槽榫接合方式，接缝效果较好，有时需辅以止水措施； ③自重大，受起吊设备限制，不适合大深度基坑
	钢板桩	①成品制作，可反复使用； ②施工简便，但施工有噪声； ③刚度小，变形大，与多道支撑结合，在软弱土层中也可采用； ④新的时候止水性尚好，如有漏水现象，需增加防水措施
	钢管桩	①截面刚度大于钢板桩，在软弱土层中开挖深度大； ②需有防水措施相配合
	灌注桩	①刚度大，可用在深大基坑； ②施工对周边地层、环境影响小； ③需降水或和止水措施配合使用，如搅拌桩、旋喷桩等
	SMW工法桩	①强度大，止水性好； ②内插的型钢可拔出反复使用，经济性好； ③具有较好发展前景，国内上海等城市已有工程实践； ④用于软土地层时，一般变形较大
重力式水泥土挡墙/ 水泥土搅拌桩挡墙		①无支撑，墙体止水性好，造价低； ②墙体变位大

类型	特点
地下连续墙	①刚度大，开挖深度大，可适用于所有地层； ②强度大，变位小，隔水性好，同时可兼作主体结构的一部分； ③可邻近建筑物、构筑物使用，环境影响小； ④造价高

1. 钻孔灌注桩围护结构

钻孔灌注桩围护结构是当前基坑中采用较多的一种形式，桥梁中关于钻孔灌注桩的施工细节均可以围护桩形式考核。

（1）排桩的中心距不宜大于桩直径的两倍。桩身混凝土强度等级不宜低于C25。排桩顶部应设置混凝土冠梁。混凝土灌注桩宜采取间隔成桩的施工顺序；应在混凝土终凝后，再进行相邻桩的成孔施工。

（2）钻孔灌注桩围护结构经常与止水帷幕联合使用，止水帷幕一般采用深层搅拌桩。如果基坑上部受环境条件限制时，也可采用高压旋喷桩止水帷幕，但要保证高压旋喷桩止水帷幕施工质量。近年来，素混凝土桩与钢筋混凝土桩间隔布置的钻孔咬合桩也有较多应用，此类结构可直接作为止水帷幕。

2. 地下连续墙

（1）施工流程（见下图）：

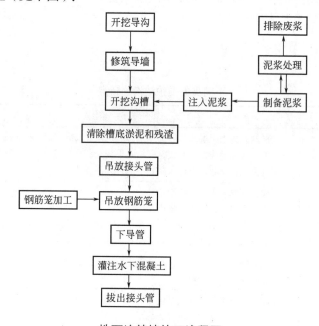

地下连续墙施工流程图

（2）地下连续墙槽段的划分依据：

设计基坑尺寸、墙的厚度和深度，现场土质，挖槽机的规模，混凝土拌合站的供应能力、泥浆储备池的容量，作业场地占用面积和可以连续作业的时间限制等。

【案例作答提示】

所有分段施工的工程，施工段划分依据：

人员的工种、数量；机械的型号、种类、数量；材料的供应；施工现场的场地；地质条件（如为地下结构）；结构本身几何尺寸；可以连续作业的时间等。

（3）导墙：

主要作用有：①挡土；②基准作用；③承重；④存蓄泥浆；⑤其他：导墙还可防止泥浆漏失，阻止雨水等地面水流入槽内；地下连续墙距现有建（构）筑物很近时，在施工时还起到一定的补强作用。

（4）地下连续墙围护结构与主体结构外墙关系（见下图）：

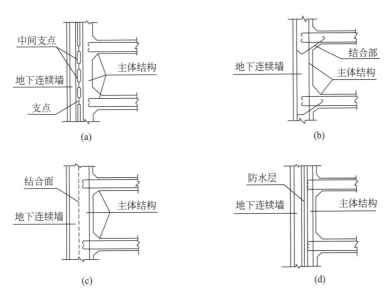

（a）临时墙；（b）单层墙（两墙合一）；（c）叠合墙；（d）复合墙
盖控法施工车站中地下连续墙围护结构与主体结构外墙关系示意图

（5）地下连续墙接头：

1）地下连续墙柔性接头：

圆形锁口管接头、波纹管接头、楔形接头、工字形钢接头或混凝土预制接头等。

2）地下连续墙刚性接头：

当地下连续墙作为主体地下结构外墙，且需要形成整体墙体时，宜采用刚性接头；刚性接头可采用一字形或十字形穿孔钢板接头、钢筋承插式接头等；在采取地下连续墙墙顶设置通长冠梁、墙壁内侧槽段接缝位置设置结构壁柱、基础底板与地下连续墙刚性连接等措施时，也可采用柔性接头。

【案例作答提示】

地下连续墙可以看成是"被压扁的钻孔灌注桩"，所以关于钻孔灌注桩的很多施工知识都可以在地下连续墙这里考核，例如钢筋笼吊装、焊接；墙体垂直度超过设计要求、塌孔、堵管、墙身混凝土质量差、墙顶混凝土不密实等。

3. SMW工法桩（型钢水泥土搅拌墙）

（1）原理：

SMW工法桩围护墙是利用搅拌设备就地切削土体，然后注入水泥类混合液搅拌形成均匀的水泥土搅拌墙，最后在墙中插入型钢，即形成一种劲性复合围护结构。

（2）施工流程（见下图）：

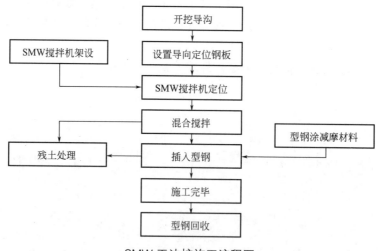

SMW 工法桩施工流程图

（3）型钢要求：

单根型钢中焊接接头不宜超过两个，焊接接头的位置应避免设在支撑位置或开挖面附近等型钢受力较大处；相邻型钢的接头竖向位置宜相互错开，错开距离不宜小于1m，且型钢接头距离基坑底面不宜小于2m。拟拔出回收的型钢，插入前应先在干燥条件下除锈，再在其表面涂刷减摩材料。

（4）施工中常见问题及原因分析：

1）型钢压入困难的原因：型钢断面大或弯曲，钻孔偏斜或直径偏小，水泥土已初凝，孔内有大块石等。

2）型钢拔出困难的原因：插型钢时未涂刷减阻剂，回收型钢设备额定功率小，型钢与冠梁接触位置未包裹或包裹不严，压入时造成型钢弯曲，地层中有大量砂卵石。

【经典案例】

例题1

背景资料：

某公司承建一项城市污水管道工程，管道全长1.5km，采用DN1200mm的钢筋混凝土管，管道平均覆土深度约6m。

考虑现场地质水文条件，项目部准备采用"拉森钢板桩＋钢围檩＋钢管支撑"的支护方式。

问题：

写出钢板桩围护方式的优点。

参考答案：

优点：钢板桩强度高、桩与桩之间连接紧密、隔水效果好（止水性能好）、施工方便（或施工灵活）、可重复（反复）使用。

例题2

背景资料：

某施工单位中标承建过街地下通道工程，周边地下管线较复杂，设计采用明挖顺作法施工。通道基坑总长80m、宽12m、开挖深度10m；基坑围护结构采用SMW工法桩，基坑沿深度方向设有两道支撑，其中第一道支撑为钢筋混凝土支撑，第二道支撑为（$\phi 609 \times 16$）mm钢管支撑（见右图）。

问题：

给出图中A、B构（部）件名称，并分别简述其功用。

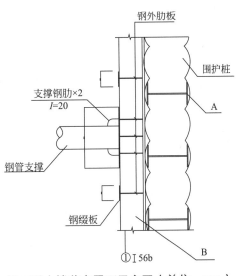

第二道支撑节点平面示意图（单位：mm）

参考答案：

A的名称是H形钢（工字钢）；作用：在水泥土搅拌桩中起到骨架作用、加强围护结构韧性，提高围护结构抗剪能力。

B的名称是围檩（腰梁、圈梁）；作用：整体受力、将挡墙的力传递给支撑、避免集中受力。

二、基坑支撑

两类支撑体系的形式和特点

材料	截面形式	布置形式	特点
现浇钢筋混凝土	可根据断面要求确定断面形状和尺寸	有对撑、边桁架、环梁结合边桁架等，形式灵活多样	混凝土结硬后刚度大，变形小，强度的安全、可靠性强，施工方便，但支撑浇制和养护时间长、围护结构处于无支撑的暴露状态的时间长、软土中被动土压区土体位移大，如对控制变形有较高要求时，需对被动土压区软土加固。施工工期长，拆除困难，爆破拆除对周围环境有影响
钢结构	单钢管、双钢管、单工字钢、双工字钢、H形钢、槽钢及以上钢材的组合	竖向布置有水平撑、斜撑；平面布置形式一般为对撑、井字撑、角撑。也可与钢筋混凝土支撑结合使用，但要谨慎处理变形协调问题	装、拆除施工方便，可周转使用，支撑中可加预应力，可调整轴力而有效控制围护墙变形；施工工艺要求较高，如节点和支撑结构处理不当，或施工支撑不及时、不准确，会造成失稳

1. 现浇钢筋混凝土支撑体系

由围檩（圈梁）、对撑及角撑、立柱和其他附属构件组成。

2. 钢结构支撑（钢管、型钢支撑）体系

（1）构成：由围檩、角撑、对撑、预应力设备（包括千斤顶自动调压或人工调压装置）、轴力传感器、支撑体系监测监控装置、立柱及其他附属装配式构件组成。

（2）常用的钢管支撑一端为活络头，采用千斤顶在该侧施加预应力。支撑施加预应力时应考虑操作时的应力损失，故施加的预应力值应比设计轴力增加10%并对预应力值做好记录。在支撑预支力加设前后的各12h内应加密监测频率，发现预应力损失或围护结构变形速率无明显收敛时应复加预应力至设计值。

1）活络头作用：调整支撑长度，方便支撑安拆，施加预应力。

2）施加预应力的作用：消除钢构件拼接间隙；减小因支撑不及时造成的围护结构变形。增加支撑的刚度；加强对抗围护结构外侧土压的能力。

【经典案例】

例题1

背景资料：

某施工单位中标承建过街地下通道工程，周边地下管线较复杂，设计采用明挖顺作法施工。通道基坑总长80m、宽12m，开挖深度10m；基坑围护结构采用SMW工法桩，基坑沿深度方向设有两道支撑，其中第一道支撑为钢筋混凝土支撑，第二道支撑为（$\phi 609 \times 16$）mm钢管支撑。

问题：

根据两类支撑的特点分析围护结构设置不同类型支撑的理由。

参考答案：

（1）第一道采用钢筋混凝土支撑理由：混凝土支撑具有刚度大、变形小、可承受拉应力、整体性强，在地面施工方便的优点。

（2）第二道采用钢管支撑理由：钢管支撑具有施工速度快、装拆方便、可以周转使用，可施加预应力控制墙体变形等优点。

例题2

背景资料：

某公司承建城市主干道的地下隧道工程，长520m为单箱双室箱型钢筋混凝土结构，采用明挖顺作法施工。隧道基坑深10m，侧壁安全等级为一级，基坑支护与结构设计断面如下图所示。围护桩为钻孔灌注桩，截水帷幕为双排水泥土搅拌桩，两道内支撑中间设立柱支撑，基坑侧壁与隧道侧墙的净距为1m。

项目部编制的专项施工方案，隧道主体结构与拆撑、换撑施工流程为：

①底板垫层施工→②→③传力带施工→④→⑤隧道中墙施工→⑥隧道侧墙和顶板施工→⑦基坑侧壁与隧道侧墙间隙回填→⑧。

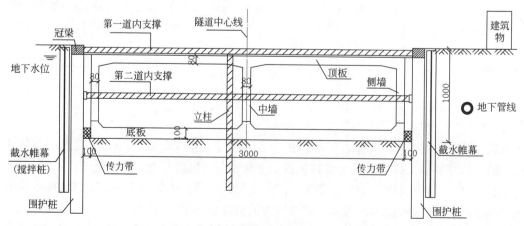

基坑支护与主体结构设计断面示意图（单位：cm）

问题：

指出施工流程中缺少的②、④、⑧工序的名称。

参考答案：

缺少的工序名称：②工序名称是底板施工；④工序名称是第二道支撑拆除；⑧工序名称是第一道支撑及立柱拆除。

例题3

背景资料：

某市政企业中标一城市地铁车站项目，设计为地下连续墙围护结构，采用钢筋混凝土支撑与钢管支撑，明挖法施工，详见下图。

施工组织设计明确以下内容：

施工工序为：围护结构施工→降水→第一层土方开挖（挖至冠梁底面标高）→A→第二层土方开挖→设置第二道支撑→第三层土方开挖→设置第三道支撑→最底层开挖→B→拆除第三道支撑→C→负二层中板、中板梁施工→拆除第二道支撑→负一层侧墙、中柱施工→侧墙顶板施工→D。

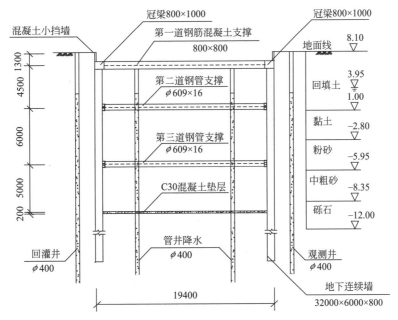

地铁车站明挖施工示意图（高程单位：m；尺寸单位：mm）

问题：

写出施工工序中代号A、B、C、D对应的工序名称。

参考答案：

A工序名称是设置冠梁、混凝土小挡墙及第一道支撑。

B工序名称是垫层、底板及部分侧墙施工。

C工序名称是负二层侧墙、中柱施工。

D工序名称是拆除第一道支撑及回填。

考点六：盖挖法施工

1. 施工基本流程

在现有道路上按所需宽度，以定型标准的预制棚盖结构（包括纵、横梁和路面板）或现浇混凝土顶（盖）板结构置于桩（或墙）柱结构上维持地面交通，在棚盖结构支护下进行开挖和施作主体结构、防水结构，然后回填土并恢复管线或埋设新的管线，最后恢复道路结构。

2. 优缺点

（1）盖挖法优点：围护结构变形小，有利于保护邻近建筑物和构筑物。受外界气候影响小，底部土体稳定，隆起小。可尽快恢复路面，对道路交通影响较小。

（2）盖挖法缺点：混凝土结构的水平施工缝处理困难，开挖土方不方便，作业空间小，施工速度慢、工期长、费用高。

3. 盖挖法形式

（1）盖挖顺作法（见下图）：

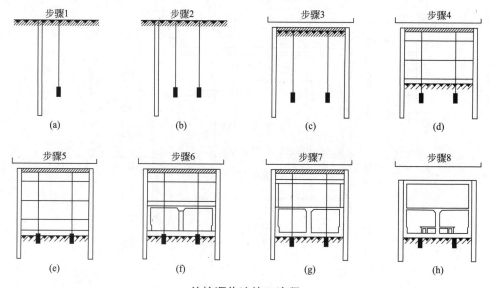

盖挖顺作法施工流程

（a）构筑连续墙；（b）构筑中间支承桩；（c）构筑连续墙及覆盖板；（d）开挖及支撑安装；（e）开挖及构筑底板；（f）构筑侧墙、柱；（g）构筑侧墙及顶板；（h）构筑内部结构及路面恢复

（2）盖挖逆作法（见下图）：

（3）盖挖半逆作法：

盖挖半逆作法，直接施工完永久结构的顶板，之后在永久顶板的保护下，向下随挖随撑，开挖至基坑底后再向上施工车站主体结构，并适时逐步拆除支撑的一种施工方式。

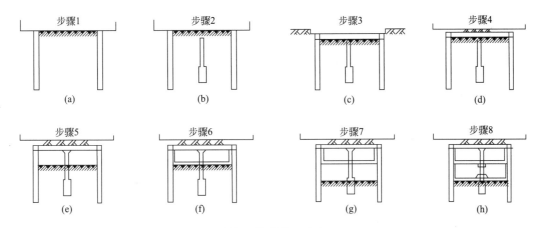

盖挖逆作法施工流程

（a）构筑围护结构；（b）构筑主体结构中间立柱；（c）构筑顶板；（d）回填土、恢复路面；（e）开挖中层土；
（f）构筑上层主体结构；（g）开挖下层土；（h）构筑下层主体结构

 考点七：基坑（槽）土方开挖及基坑变形控制

一、基坑开挖

1. 基坑开挖准备工作

（1）技术交底：

1）通用内容：工具及材料准备、施工技术要点、质量要求及检查方法、常见问题及预防措施。

2）专用内容：降水形式、降水井布置、地下水已降至高程；开挖上口线，开挖坡度；分层开挖每层高度；开挖机械组合；开挖顺序以及土方运输车路线；基底预留人工清理土方厚度；环保文明施工的要求。

（2）安全交底：

1）通用内容：本施工项目的危险因素、施工方案、规范标准、操作规程、应急措施。

2）专用内容：对机械安全操作要求；施工人员的防护设施；开挖边坡满足方案要求；边坡堆载的要求；施工监测的要求；降水井运行状态要求；安全防护设施。

（3）注意事项：

1）挖机、吊车、打桩设备和堆放土方材料均应与高压线保持安全距离。

2）基坑边堆土时需要进行验算并覆盖，堆土高度、距基坑边的距离均不能超过规范规定，且不得不得掩埋雨水口、闸井、消火栓、测量标志等设施，不得影响正常排水。

3）基坑周边应设置防护栏杆，挂密目式安全网，底部设置踢脚板，悬挂警示标志，夜间有警示红灯，且安排专人巡视。

2. 开挖

（1）基坑开挖原则：长条形基坑开挖应遵循"分段分层、由上而下、先支撑后开挖"的原则。软土基坑必须分层、分块、对称、均衡地开挖，分块开挖后必须及时支护。对于有预应力要求的钢支撑或锚杆，还必须按设计要求施加预应力。

（2）注意事项：基坑开挖过程中，必须采取措施防止开挖机械等碰撞支护结构、格构柱、降水井点（疏干井）或扰动基底原状土。

（3）基坑开挖应对下列项目进行中间验收：

1）基坑平面位置、宽度、高程、平整度、地质描述。

2）基坑降水。

3）基坑放坡开挖的坡度和围护桩及连续墙支护的稳定情况。

4）地下管线的悬吊和基坑便桥稳固情况。

（4）基坑验槽：

1）验槽由建设（监理）单位组织，参加单位（五方）：勘察、设计、施工、监理、建设单位。

2）验槽的主要内容：检查基坑平面位置、几何尺寸、槽底高程（标高）、平整度和边坡坡度等；检查分析钎探资料，确定地基承载力是否满足要求；观察土质类型、均匀程度、地下水情况；检查基槽中是否存在其他障碍物（古井、古墓、洞穴、人防设施等）。

3）地基处理：如地基承载力不满足设计要求，需进行地基处理，处理方式可采用强夯、灰土桩、砂石桩或钻孔灌注桩。

3. 基坑堵漏与抢险支护

（1）堵漏：

1）渗水不严重（漏水为清水）采用导流管法（插引流管、管周围填双快水泥，水泥达到强度后用阀门关闭导流管）。

2）渗水严重（水中夹带泥沙），采用内填土、外注浆（灌注聚氨酯或水泥-水玻璃双液浆等）方式。

（2）抢险支护：

1）加强监测、加强降水、加强支护。

2）坡脚堆载、坡顶卸载。

3）回填土、砂、石子等杂物。

4. 基坑雨期施工措施

（1）如基坑面积不大时，可在上部设防雨棚。

（2）基坑顶沿四周设置防淹墙（挡水围堰），将地面硬化，并留好排水沟。

（3）放坡开挖时坡面进行硬化或者覆盖。

（4）基坑底部沿四周设置排水沟，在一定位置设集水坑，并准备排水设施。

5. 基坑工程检查评定项目（摘自《建筑施工安全检查标准》JGJ 59—2011第3.11.2条）

（1）保证项目应包括：施工方案、基坑支护、降水排水、基坑开挖、坑边荷载、安全防护。

（2）一般项目应包括：基坑监测、支撑拆除、作业环境、应急预案。

二、基坑变形控制

1. 控制基坑变形的主要方法

增加围护结构和支撑的刚度；增加围护结构的入土深度；加固基坑内被动区土体；减

小每次开挖围护结构处土体的尺寸和开挖支撑时间；通过调整围护结构深度和降水井布置来控制降水对环境变形的影响。

2. 坑底稳定控制

保证深基坑坑底稳定的方法有加深围护结构入土深度、坑底土体加固、坑内井点降水等措施；适时施作底板结构。

【经典案例】

例题1

背景资料：

某地铁盾构工作井，平面尺寸18.6m×18.8m、深28m，位于砂性土、卵石地层，地下水埋深为地表以下23m。施工影响范围内有现状给水、雨水、污水等多条市政管线。盾构工作井采用明挖法施工，围护结构为钻孔灌注桩加钢支撑，盾构工作井周边设降水管井。设计要求基坑土方开挖分层厚度不大于1.5m，基坑周边2～3m范围内堆载不大于30MPa，地下水位需在开挖前1个月降至基坑底以下1m。

项目部编制的施工组织设计有如下事项：

应急预案分析了基坑土方开挖过程中可能引起基坑坍塌的因素包括钢支撑架设不及时、未及时喷射混凝土支护等。

问题：

基坑坍塌应急预案还应考虑哪些危险因素？

参考答案：

还应考虑：

（1）每层开挖深度超出设计要求。

（2）基坑周边堆载超限或行驶的车辆距离基坑边缘过近。

（3）支撑中间立柱不稳。

（4）基坑周边长时间积水。

（5）基坑周边给水排水现况管线渗漏。

（6）降水措施不当引起基坑周边土粒流失。

例题2

背景资料：

某公司承建一座再生水厂扩建工程。基坑开挖尺寸为70.8m（长）×65m（宽）×5.2m（深），基坑断面如右图所示。

因结构施工恰逢雨期，项目部采用1:0.75放坡开挖，挂钢筋网喷射C20混凝土护面，施工工艺流程如下：修坡→C→挂钢筋网→D→养护。

问题：

请指出基坑挂网护坡工艺流程中C、D的内容。

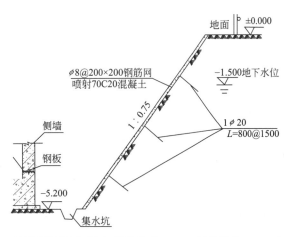

基坑断面示意图（高程单位：m；尺寸单位：mm）

参考答案：

C的内容是打入锚杆（摩擦土钉、锚筋）；D的内容是喷射混凝土。

 考点八：地基加固

1. 基坑内地基加固的目的

提高土体的强度和土体的侧向抗力，减少围护结构位移，进而保护基坑周边建筑物及地下管线；防止坑底土体隆起破坏；防止坑底土体渗流破坏；弥补围护墙体插入深度不足等。

2. 基坑地基加固方式（见下图）

（1）墩式加固：一般多布置在基坑周边阳角位置或跨中区域。

（2）抽条加固：适宜长条形基坑。

（3）裙边加固：适宜面积较大的基坑。

（4）格栅式加固：地铁车站的端头井一般采用格栅式加固。

（5）满堂加固：环境保护要求高，或为了封闭地下水时，可采用满堂加固。

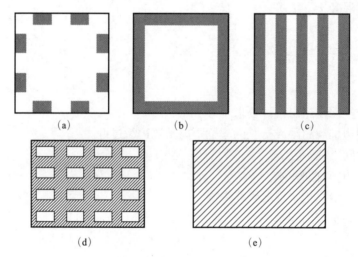

基坑地基加固方式一览图

（a）墩式加固；（b）裙边加固；（c）抽条加固；（d）格栅式加固；（e）满堂加固

3. 基坑地基加固方法

（1）较浅基坑：换填材料加固处理法。

（2）深基坑：注浆法、水泥土搅拌法、高压喷射注浆法等。

1）注浆法：主要可分为渗透注浆、劈裂注浆、压密注浆和电动化学注浆四类。若工程土质为卵石、碎石、砂卵石等缝隙较大土层一般采用渗透注浆；若工程土质为较密实的粉土、黏土等地层一般采用压密注浆或电动化学注浆。

2）水泥土搅拌法加固软土技术的独特优点：① 最大限度地利用了原土；② 搅拌时无振动、无噪声和无污染，可在密集建筑群中进行施工，对周围原有建筑物及地下沟管影响很小；③ 根据上部结构的需要，可灵活地采用柱状、壁状、格栅状和块状等加固形式；

④与钢筋混凝土桩基相比，可节约钢材并降低造价。

3）高压喷射注浆的工艺流程：钻机就位、钻孔、置入注浆管、高压喷射注浆和拔出注浆管。

4. 施工质量检测

（1）注浆法：

应在加固后28d进行。可采用标准贯入、轻型静力触探或面波等方法检测加固地层均匀性；按加固土体尝试范围每间隔1m进行室内试验，测定强度或渗透性。

（2）水泥土搅拌桩：

检测方法：在成桩3d内，采用轻型动力触控检查上部桩身的均匀性；在成桩7d后，采用浅部开挖桩头进行检查，开挖深度宜超过停浆（灰）面下0.5m，检查搅拌的均匀性，量测成桩的直径。作为重力式水泥土墙时，还应用开挖方法检查搭接宽度和位置偏差，应采用钻芯法检查水泥土搅拌桩的单轴抗压强度、完整性和深度。

（3）高压喷射注浆：

可根据设计要求或当地经验采用开挖检查、钻孔取芯、标准贯入试验及动力触探等方法检查。

【经典案例】

例题

背景资料：

某公司承建南方一主干路工程，道路全长2.2km，地勘报告揭示K1+500～K1+650处有一暗塘，其他路段为杂填土。设计单位在暗塘范围采用双轴水泥土搅拌桩加固的方式对机动车道路基进行复合路基处理，其他部分采用改良换填的方式进行处理。

问题：

写出水泥土搅拌桩的优点。

参考答案：

（1）最大限度地利用了原土、造价低。

（2）无污染、无振动、噪声小，对地下管沟影响很小。

（3）根据现场需要，可灵活地采用柱状、壁状、格栅状和块状等加固形式。

（4）施工速度快、加固效果好。

第二节　浅埋暗挖

考点一：竖井施工

竖井施工可以考核基坑的开挖和支护相关知识，也可以考核喷射混凝土的要求。

喷射混凝土的强度和厚度等应符合设计要求。喷射混凝土应密实、平整，不得出现裂缝、脱落、漏喷、露筋、空鼓和渗漏水等现象。

考点二：马头门施工技术

（1）竖井初期支护施工至马头门处应预埋暗梁及暗桩，并应沿马头门拱部外轮廓线打入超前小导管，注浆加固地层。

（2）破除马头门前，应做好马头门区域的竖井或隧道的支撑体系的受力转换。

（3）马头门的开挖应分段破除竖井井壁，宜按照先拱部、再侧墙、最后底板的顺序破除。

（4）马头门开启应按顺序进行，同一竖井内的马头门不得同时施工。一侧隧道掘进15m后，方可开启另一侧马头门。马头门标高不一致时，宜遵循"先低后高"的原则。

考点三：隧道施工

1. 施工顺序

（1）隧道开挖衬砌施工顺序：

施工准备→地层预支护→注浆→分块开挖支护→背后注浆→仰拱施工→防水施工→仰拱回填→二次衬砌施工

（2）分块开挖施工顺序：

土方开挖→初喷混凝土→安装钢筋网片→安装钢拱架→安装锚杆→安装锁脚锚杆→复喷射混凝土。

2. 隧道开挖

（1）在城市进行爆破施工，必须事先编制爆破方案，并由专业人员操作，报城市主管部门批准，并经公安部门同意后方可施工。

（2）同一隧道内相对开挖（非爆破方法）的两开挖面距离为2倍洞跨且不小于10m时，一端应停止掘进，并保持开挖面稳定。

（3）两条平行隧道（含导洞）相距小于1倍洞跨时，其开挖面前后错开距离不得小于15m。

3. 锁脚锚杆

作用：控制护拱变形、掉落，加固围岩，稳定拱脚，开挖下部时超前支护（见右图）。

4. 一次衬砌喷射混凝土

应采用早强混凝土，其强度必须符合设计要求，要求初凝时间不

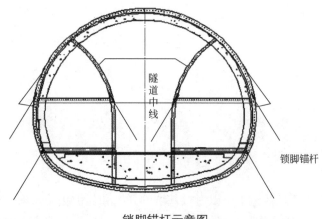

锁脚锚杆示意图

应大于5min，终凝时间不应大于10min；喷射混凝土应分段、分片、分层自下而上依次进行；混凝土厚度较大时，应分层喷射，后一层喷射应在前一层混凝土终凝后进行。

5．防水施工

（1）基层面处理：

防水层施工时喷射混凝土表面应平顺，不得留有锚杆头或钢筋断头，剔除尖、突部位并用水泥砂浆压实、找平，基面阴阳角应处理成圆角或钝角。

（2）一次衬砌与二次衬砌之间柔性防水（如下图所示）：

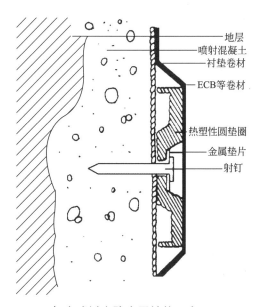

复合式衬砌防水层结构示意图

6．二次衬砌混凝土施工（见下列图）

（1）灌注前，应对设立模板的外形尺寸、中线、标高、各种预埋件等进行隐蔽工程验收，并填写记录；验收合格后方可进行灌注。

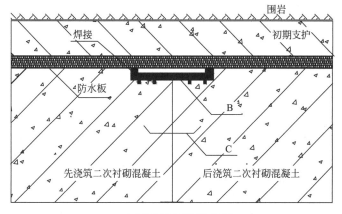

二次衬砌施工缝示意图
（B为外贴式止水带；C为止水钢板）

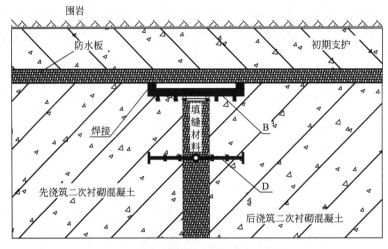

二次衬砌变形缝示意图
（B 为外贴式止水带；D 为中埋式止水带）

（2）衬砌施工缝和沉降缝的止水带不得有割伤、破裂，固定应牢固，防止偏移，提高止水带部位混凝土浇筑的质量。

【经典案例】

例题

背景资料：

某公司承建城区防洪排涝应急管道工程，受环境条件限制，其中一段管道位于城市主干路机动车道下，垂直穿越现状人行天桥，采用浅埋暗挖隧道形式；隧道开挖断面3.9m×3.35m，横断面布置如下图所示。施工过程中，在沿线3座检查井位置施作工作竖井，井室平面尺寸长6.0m、宽5.0m。井室、隧道均为复合式衬砌结构，初期支护为钢格栅+钢筋网+喷射混凝土，二衬为模筑混凝土结构，衬层间设塑料板防水层。隧道穿越土层主要为砂层、粉质黏土层，无地下水。设计要求施工中对机动车道和人行道天桥进行重点监测，并提出了变形控制值。

施工前，项目编制了浅埋暗挖隧道下穿道路专项施工方案，拟在工作竖井位置占用部分机动车道，搭建临时设施，进行工作竖井施工和出土。施工安排各竖井同时施作，隧道相向开挖，以满足工期要求。

问题：

1. 简述隧道相向开挖贯通施工的控制措施。

2. 二衬层钢筋安装时，应对防水层采取哪些保护措施。

参考答案：

1. 隧道贯通控制措施：贯通前，两个工作面间距应不小于2倍洞径且不小于10m，一端工作面应停止开挖、封闭，另一端作贯通开挖；对隧道中线和高程进行复测（测量），及时纠偏。

2.（1）隔离措施：防水层与钢筋之间设置垫块。

（2）防刺穿措施：安装钢筋时，将钢筋头进行包裹。

（3）防灼伤防水板措施：焊接钢筋时在钢筋与防水层间用挡板隔开。

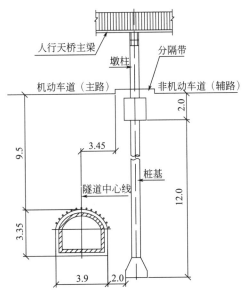

下穿人行天桥隧道横断面示意图（单位：m）

考点四：隧道预支护、预加固

1. 管棚支护

（1）施工顺序：

① 施工准备→② 测放孔位→③ 钻机就位→④ 水平钻孔→⑤ 压入钢管→⑥ 注浆（向钢管内或管周围土体）→⑦ 封口。

【案例作答提示】

在工序②测放孔位和工序③钻机就位之间还应该有导向墙施工，导向墙施工工序：安装拱架钢筋→安装导向孔→支模板→浇筑混凝土→养护拆模。

（2）双向相邻管棚的搭接长度不小于3m；接头位置应相互错开。

（3）钻孔顺序：从高孔位向低孔位进行。

（4）钢管内需灌注水泥砂浆、混凝土或放置钢筋笼并灌注水泥砂浆。

（5）管棚施工需要的机械设备：钻机（钻孔）；焊机（或套丝机）；注浆机等。

2. 超前小导管注浆加固

（1）常用设计参数：超前小导管应选用焊接钢管或无缝钢管，钢管直径40～50mm，小导管的长度应大于循环进尺的2倍，宜为3～5m。

（2）前后两排小导管的水平支撑搭接长度不应小于1.0m。

（3）在砂卵石地层中宜采用渗入注浆法；在砂层中宜采用挤压、渗透注浆法；在黏土层中宜采用劈裂或电动硅化注浆法。

（4）注浆施工期应进行监测，监测项目通常有地（路）面隆起、地下水污染等。

3. 隧道冻结法

（1）施工适用条件：

通常，当土体的含水量大于2.5%、地下水含盐量不大于3%、地下水流速不大于40m/d

时，均可适用常规冻结法。当土层含水量大于10%和地下水流速不大于7～9m/d时，冻土扩展速度和冻结体形成的效果最佳。

（2）冻结法主要优缺点：

优点：冻结加固的地层强度高；地下水封闭效果好；地层整体固结性好；对工程环境污染小。

缺点：成本较高；有一定的技术难度。

【经典案例】

例题

背景资料：

A公司中标城市轨道工程，工程从K108+735.82m～K111+11.57m，包括暗挖往返隧道与明挖车站两座，车站规模分别为180m×50m和160m×50m（长×宽）。

项目部在暗挖隧道施工方案中将A隧道开挖、B隧道柔性防水、C隧道前方土体加固、D喷射混凝土、E二次衬砌等工序作为本次施工的重点。

在隧道与车站衔接位置采用长管棚支护，公司在编制管棚施工方案时确定管棚长度为14m，采用DN100mm钢管，钢管长度6m，项目部编制管棚施工工艺流程为①施工准备→②测放孔位→③钻机就位→④□→⑤压入钢管→⑥注浆（向钢管内或管周围土体）→⑦□→⑧养护→⑨开挖。

问题：

1. 将背景资料中的隧道施工方案工序用序号进行排列。

2. 补充管棚施工流程中④和⑦的内容，本工程中管棚施工需要哪些机械设备？

参考答案：

1. C→A→D→B→E。

2. ④的内容是水平钻孔；⑦的内容是封口。

需要的机械设备：电焊机或套丝机；电钻；钻孔机；钢管压入设备；注浆机。

解析： 管棚钢管接头需要用厚壁管箍，且要上满丝扣，需要套丝机；管棚预先钻孔需要钻孔机；电钻用于管棚钢管开口；注浆机用于管棚钢管注浆。

第三节　盾　构

 考点一：隧道施工前准备

1. 隧道施工前应具备的资料

（1）工程地质和水文地质勘察报告。

（2）隧道沿线环境、建（构）筑物、地下管线和障碍物等的调查情况。

（3）施工所需的设计图纸资料和工程技术要求文件。

（4）工程施工有关合同文件。

（5）施工组织设计。

（6）拟使用盾构的相关资料。

2. 施工现场平面布置

主要包括盾构工作井、工作井防雨棚及防淹墙、垂直运输设备、管片堆场、管片防水处理场、拌浆站、料具间及机修间、同步注浆和土体改良泥浆搅拌站、两回路的变配电间等设施以及进出通道等。

3. 盾构设备组装调试完成，开始掘进施工前，应完成的工作

（1）复核各工作井井位里程及坐标、洞门钢环制作精度和安装后的高程和坐标。

（2）盾构基座、负环管片和反力架等设施及定向测量数据的检查验收。

（3）管片及辅助材料储备。

（4）盾构掘进施工的各类报表。

（5）洞口土体加固和洞门密封止水装置检查验收。

考点二：盾构施工

1. 盾构工作井洞口土体加固

常用的加固有化学注浆法、砂浆回填法、深层搅拌法、高压旋喷注浆法、冷冻法等。国内较常用的是深层搅拌法、高压旋喷注浆法、冷冻法。

2. 盾构始发与接收

（1）盾构始发施工流程（见下图）：

决定盾构初始掘进长度有两个因素：一是衬砌与周围地层的摩擦阻力；二是后续台车长度。

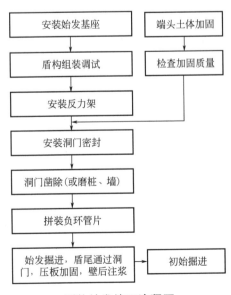

盾构始发施工流程图

（2）盾构接收施工流程（见下图）：

当盾构到达接收工作井100m时，应对盾构姿态进行测量和调整；当盾构到达接收工作井10m内，应控制掘进速度和土仓压力等。

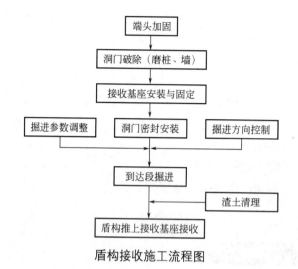

盾构接收施工流程图

3. 在土压平衡工况模式下渣土应具有的特性

（1）良好的塑流状态。

（2）良好的黏稠度。

（3）低内摩擦力。

（4）低透水性。

常用的改良材料是泡沫或膨润土泥浆。

4. 管片

（1）管片生产：隔离剂涂刷前，模板表面应干燥洁净，隔离剂涂刷应薄而均匀，无集聚流淌现象，钢筋及预埋件严禁接触隔离剂（适用于所有混凝土构件）。

（2）管片检查：不应存在露筋、孔洞、疏松、夹渣、有害裂缝、缺棱掉角、飞边等缺陷，麻面面积不大于管片面积的5%。

（3）管片拼装允许偏差和检验方法（见下表）

管片拼装允许偏差和检验方法一览表

检验项目	允许偏差						检验方法	检验数量	
	地铁隧道	公路隧道	铁路隧道	水工隧道	市政隧道	油气隧道		环数	点数
衬砌环椭圆度（‰）	±5	±6	±6	±8	±5	±6	断面仪、全站仪测量	每10环	/
衬砌环内错台（mm）	5	6	6	8	5	8	尺量	逐环	4点/环
衬砌环间错台（mm）	6	7	7	9	6	9	尺量	逐环	

5. 壁后注浆

（1）同步注浆：使周围土体获得及时支撑，防止岩体坍塌，控制地表沉降。

（2）二次注浆：补充部分未填充的空腔，提高管片背后土体的密实度。

（3）堵水注浆：提高背衬注浆层的防水性及密实度。

6. 盾构姿态控制要点

（1）应实时测量盾构里程、轴线偏差、俯仰角、方位角、滚转角和盾尾管片间隙。

（2）纠偏时应控制单次纠偏量，应逐环和小量纠偏，不得过量纠偏。

7. 盾构施工监测

（1）必测项目：施工区域地表隆沉、沿线建（构）筑物和地下管线变形；隧道结构变形。

（2）选测项目：岩土体深层水平位移和分层竖向位移；衬砌环内力；地层与管片的接触应力。

 考点三：盾构掘进地层变形原因及控制措施（见下表）

盾构掘进地层变形原因及控制措施一览表

盾构机位置	土体变化	产生原因	预防措施
第1阶段	沉降	砂质土地层：地下水位下降引起；软弱黏性土地层：开挖面的过量取土引起	保持地下水压；避免开挖面超挖
第2阶段	沉降、隆起	土压（泥水压）不足或过大	①土压平衡盾构：压力平衡+渣土改良 ②泥水平衡盾构：压力平衡+泥浆特性调整
第3阶段	沉降、隆起	（1）超挖。（2）纠偏（曲线掘进或纠偏）。（3）摩擦（盾壳与周围土体的摩擦）	①减少超挖。②"勤纠、少纠（控制好盾构姿态，避免不必要的纠偏作业）、适度"。③减阻措施
第4阶段	沉降、隆起	盾尾空隙或壁后注浆压力过大	①材料配合比（试验确定）。②同步注浆（及时）。③二次注浆（及时）。④注浆控制（控制：注浆量+注浆压力）
第5阶段	沉降	盾构掘进造成的地层扰动、松弛等引起	①作业时尽可能减小对地层的扰动。②向特定部位地层内注浆

【经典案例】

例题1

背景资料：

某公司项目部承接一项直径为4.8m的隧道工程，隧道起始里程为DK10+100，终点里程为DK10+868，环宽为1.2m，采用土压平衡盾构施工。投标时勘察报告显示，盾构隧道穿越地层除终点200m范围为粉砂土以外，其余位置均为淤泥质黏土。项目部根据管片强度、隧道埋深等因素确定了注浆压力，施工过程中发生以下事件：

事件一：盾构始发时，发现洞门处地质情况与勘察报告不符，需改变加固形式。

事件二：盾构施工至隧道中间位置时，从一房屋侧下方穿过，由于项目部设定的盾构土仓压力过低，造成房屋最大沉降达到50mm，项目部采用二次注浆进行控制。

事件三：随着盾构逐渐进入全断面粉砂地层，出现掘进速度明显下降现象，并且刀盘扭矩和总推力逐渐增大，最终停止盾构推进。经分析为粉砂流塑性过差引起，项目部对粉砂采取改良措施后继续推进。

区间隧道贯通后计算出平均推进速度为8环/d。

问题：

1. 事件一中，洞口土体加固的常用方法有哪些？

2. 除管片强度和隧道埋深外，确定注浆压力时还应考虑哪些因素？

3. 事件二中为何盾构穿越很长时间房屋依然发生沉降，应如何避免这种情况发生。

4. 事件三中采用何种材料可以改良粉砂的流塑性？

5. 整个隧道掘进的完成时间是多少天（写出计算过程）？

参考答案：

1. 洞口土体加固的常用方法有：化学注浆法、砂浆回填法、深层搅拌法、高压旋喷注浆法、冷冻法等。

2. 确定注浆压力时还应考虑地质条件、设备性能、注浆方式和浆液特性等因素。

3. （1）本隧道工程中间位置的地层为淤泥质黏土，此土质特点就是盾构通过较长时间后依然会发生后续沉降，进而造成房屋沉降。

（2）避免房屋沉降的办法：① 在盾构掘进、纠偏、注浆过程中尽可能减小对地层的扰动；② 提前对地层进行注浆。

4. 可采用泡沫或膨润土泥浆。

5. 隧道长度：（DK10+868）–（DK10+100）=768m；

完成时间：768÷1.2÷8=80d。

例题2

背景资料：

地铁工程某标段包括A、B两座车站以及两座车站之间的区间隧道，区间隧道长1500m，设两座联络通道，隧道埋深为1～2倍隧道直径，地层为典型的富水软土，沿线穿越房屋、主干道路及城市管线等，区间隧道采用盾构法施工，联络通道采用冻结加固暗挖施工。本标段由甲公司总承包，施工过程中发生下列事件：

事件一：甲公司将盾构掘进施工（不含材料和设备）分包给乙公司，联络通道冻结加固施工（含材料和设备）分包给丙公司。建设方委托第三方进行施工环境监测。

……

问题：

1. 结合本工程特点简述区间隧道选择盾构法施工的理由。

2. 盾构掘进施工环境监测内容应包括哪些？

参考答案：

1. 理由如下：

（1）在富水软土地层施工更安全。

（2）对建（构）筑物保护有利，环境影响小。

（3）覆土（埋深）满足盾构施工要求且可以长距离作业。

（4）不受天气影响，不影响交通及周围居民，掘进速度快、机械化程度高。

2．环境监测内容包括：

（1）地表沉降。

（2）房屋沉降（房屋倾斜）。

（3）管线沉降（管线位移）。

（4）道路沉降。

第四章

城市给水排水工程

考点洞察

　　城市给水排水工程在教材中所占篇幅有限，但是考核频次却非常高，称得上市政专业考试性价比最高的章节，案例考点主要集中在给水排水厂站施工部分，其中又以现浇混凝土结构为重中之重，考虑到地铁车站和综合管廊的现浇结构施工与现浇给水排水构筑物施工工艺雷同，本书将综合管廊与地铁车站部分知识点一并纳入现浇给水排水结构施工中，统称为结构工程。结构工程案例考核内容主要围绕着模板安装验收、支架脚手架施工注意事项、混凝土的浇筑振捣、施工缝变形缝等内容展开，考试形式主要为结构部位名称、施工顺序、施工质量通病分析、方法方案的选择等。除结构施工以外，给水排水构筑物满水试验的相关要求及计算考核频次也颇高。沉井施工工艺近些年来也经常出现在试卷上，并且沉井内容经常结合顶管或桥梁基础组合出题。

现浇混凝土结构一般构造图如下所示：

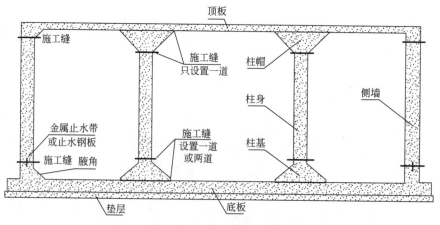

现浇混凝土结构一般构造图

第一节　结构工程

考点一：钢筋工程

1. 钢筋施工

（1）加工前对进场原材料进行复试，合格后方可使用。

（2）根据设计保护层厚度、钢筋级别、直径、锚固长度、绑扎及焊接长度、弯钩要求确定下料长度并编制钢筋下料表。

（3）穿墙套管施工：

1）穿墙套管止水环应连续满焊。

2）直径大于300mm的穿墙套管施工时，其对应位置钢筋应截断，安装后应进行加固补强。

3）穿墙套管的直径应至少比管道直径大50mm，待管道穿过套管后，套管与管道空隙应进行防水处理。

2. 钢筋验收主控项目

按照《混凝土结构工程施工质量验收规范》GB 50204—2015的规定，钢筋的力学性能、弯曲性能和重量偏差，机械连接接头、焊接接头的力学性能、弯曲性能，受力钢筋的品种、级别、规格、数量、安装位置、锚固方式、连接方式、弯钩和弯折为主控项目。

3. 钢筋隐蔽工程验收

检查内容：钢筋箍筋弯钩角度及平直段长度、钢筋间距、连接方式、接头数量、接头位置、接头面积的百分比率、搭接长度、锚固方式、锚固长度、垫块位置及厚度、预埋件等。

4. 无粘结预应力筋布置安装

（1）锚固肋数量和布置，应符合设计要求；设计无要求时，张拉段无粘结预应力筋长不超过50m，且锚固肋数量为双数。

（2）安装时，上下相邻两环无粘结预应力筋锚固位置应错开一个锚固肋；应以锚固肋数量的一半为无粘结预应力筋分段（张拉段）数量；每段无粘结预应力筋的计算长度应加入一个锚固肋宽度及两端张拉工作长度和锚具长度。

考点二：模板、支架

1. 模板要求

钢模抛光除锈，涂刷隔离剂；木模湿润。

2. 模板安装（见下图）

（1）在安装池壁的最下一层模板时，应在适当位置预留清扫杂物用的窗口。在浇筑混凝土前，应将模板内部清扫干净，经检验合格后，再将窗口封闭。

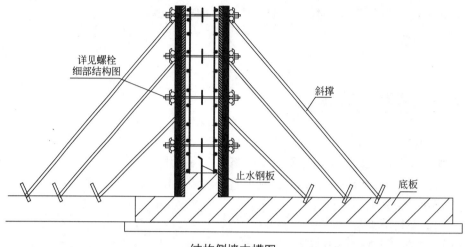

结构侧墙支模图

（2）采用穿墙螺栓来平衡混凝土浇筑对模板侧压力时，应选用两端能拆卸的螺栓或在拆模板时可拔出的螺栓，并应符合下列规定：

1）两端能拆卸的螺栓中部应加焊止水环，止水环不宜采用圆形，且与螺栓满焊牢固。

2）螺栓拆卸后混凝土壁面应留有40～50mm深的锥形槽。

3）在池壁形成的螺栓锥形槽，应采用无收缩、易密实、具有足够强度、与池壁混凝土颜色一致或接近的材料封堵，封堵完毕的穿墙螺栓孔不得有收缩裂缝和湿渍现象。

（3）池壁模板施工时，应设置确保墙体直顺和防止浇筑混凝土时模板倾覆的装置。

（4）池壁与顶板连续施工时，池壁内模立柱不得同时作为顶板模板立柱。顶板支架的斜杆或横向连杆不得与池壁模板的杆件相连接。池壁模板可先安装一侧，绑完钢筋后，分层安装另一侧模板，或采用一次安装到顶而分层预留操作窗口的施工方法。分层安装模板，每层层高不宜超过1.5m；分层留置的窗口的层高不宜超过3m，水平净距不宜超过1.5m。

3. 拆模

采用整体模板时，侧模板应在混凝土强度能保证其表面及棱角不因拆除模板而受损坏时，方可拆除；其他模板应在与结构同条件养护的混凝土试块达到下表规定强度时，方可拆除。

整体现浇混凝土模板拆模时所需混凝土强度

序号	构件类型	构件跨度 L（m）	达到设计的混凝土立方体抗压强度标准值的百分率（%）
1	板	≤2	≥50
		2<L≤8	≥75
		>8	≥100
2	梁、拱、壳	≤8	≥75
		>8	≥100
3	悬臂构件	—	≥100

【经典案例】

例题1

背景资料：

A公司中标某供水厂的扩建工程，主要内容为建一座调蓄水池。水池长65m、宽32m，为现浇钢筋混凝土结构，筏板式基础。新建水池采用基坑明挖施工，挖深为6m。设计采用直径800mm混凝土灌注桩作为基坑围护结构、水泥土搅拌桩止水帷幕。

项目部编制了施工组织设计后按程序报批。A公司主管部门审核时，提出以下质疑：

水池浇筑混凝土采用桩墙作为外模板，仅支设内侧模板方案，没有考虑桩墙与内模之间杂物的清扫措施。

问题：

水池模板之间的杂物清扫应采取哪些措施？

参考答案：

在安装池壁内模最下一层模板时，留出清扫杂物窗口，在浇筑混凝土前，用空压机（气泵）将模板内的杂物清扫干净，验收合格后将窗口封闭。

例题2

背景资料：

A公司承建某地下水池工程，为现浇钢筋混凝土结构。混凝土设计强度为C35、抗渗等级为P8。水池结构内设有三道钢筋混凝土隔墙，顶板上设置有通气孔及人孔，水池结构剖面如下图所示。水池顶板混凝土采用支架整体现浇，项目部编制了顶板支架支拆施工方案，明确了拆除支架时混凝土强度、拆除安全措施，如设置上下爬梯、洞口防护等。

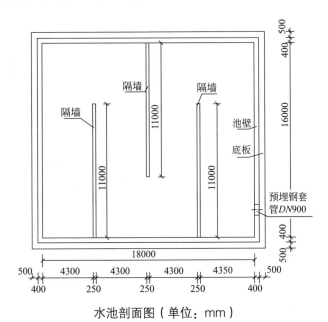

水池剖面图（单位：mm）

问题：

项目部拆除顶板支架时混凝土强度应满足什么要求？请说明理由。请列举拆除支架时，还有哪些安全措施？

参考答案：

（1）应满足设计强度的100%。

理由：顶板跨度大于8m（本工程跨度16m），支架拆除时，强度需达到设计强度的100%。

（2）安全措施还有：

1）设警示标志，专人指挥。

2）作业人员佩戴安全防护用品并进行安全技术交底。

3）采取强制通风，气体检测，36V以下低压防水灯。

4）支架由上而下逐层拆除，严禁上下同时作业。

5）模板、杆件严禁抛扔，拆除后分类码放。

 考点三：止水带安装

1. 止水钢板（也称钢板止水带）

（1）止水钢板表面不得有砂眼、钉孔，表面的铁锈、油污应清除干净。

（2）安装应上下居中、左右对称、安装垂直、稳定牢固。搭接不小于20mm，且应双面连续满焊。

（3）止水钢板用于施工缝（见下图）中，作用是延长施工缝处渗水路径。

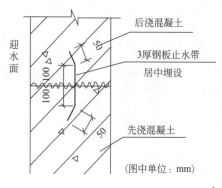

止水钢板示意图

2. 橡胶止水带

（1）有中埋式橡胶止水带和外贴式橡胶止水带，中埋式橡胶止水带一般用于变形缝位置（也用于施工缝中），外贴式橡胶止水带多用于后浇带两侧（见下列图）。

（2）材料验收：

1）表面不能有脱胶、老化、破损、重皮、撕裂、孔洞等缺陷。

2）检查止水带的产品合格证、质量证明书、检测报告。

3）对进场检验合格的材料进行见证取样做复试。

（3）止水带安装应保证居中、对称、直顺、稳定、牢固。不能用钉子固定，不能穿孔；橡胶止水带接头采用热接方式。

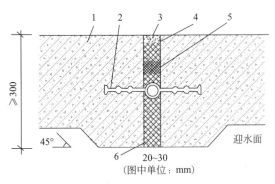

6 20~30
（图中单位：mm）

中埋式橡胶止水带

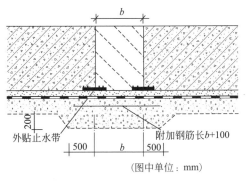

附加钢筋长b+100
外贴止水带
500 b 500
（图中单位：mm）

外贴式止水带

【经典案例】

例题

背景资料：

某市政公司承建水厂升级改造工程，其中包括新建容积1600m³的清水池等构筑物，采用整体现浇钢筋混凝土结构，混凝土设计等级为C35、P8。清水池结构断面如下图所示。

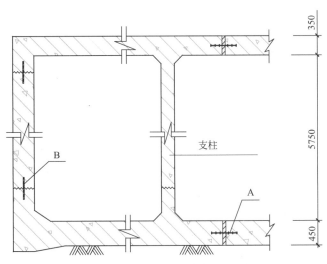

清水池断面示意图（单位：mm）

问题：

指出图中A和B的名称与用处。

参考答案：

（1）A的名称是中埋式橡胶止水带。

作用：用在变形缝中，保证变形缝不漏水，是构筑物分块浇筑施工的依据。

（2）B的名称是止水钢板（或金属止水板）。

作用：用在施工缝中，延长施工缝处渗水路径，是构筑物分层浇筑施工的依据。

 考点四：混凝土结构

1. 混凝土结构施工流程

验槽→垫层→防水→底板及部分侧墙→侧墙（柱）施工→顶板施工→功能性试验（给水排水构筑物）→外防水。

2. 结构侧墙施工流程

拆除吊模→清除钢筋和止水钢板水泥浆→施工缝凿毛→搭设内外脚手架→绑扎侧墙钢筋（预埋件、穿墙管、垫块）→安装侧墙模板（对拉螺栓与内外支撑）→浇筑前检查→浇筑混凝土→养护→拆模。

3. 施工缝

（1）池壁与底部相接处的施工缝，宜留在底板上面不小于200mm处，底板与池壁连接有腋角时，宜留在腋角上面不小于200mm处。

（2）池壁与顶部相接处的施工缝，宜留在顶板下面不小于200mm处；有腋角时，宜留在腋角下部。

（3）柱基与底板相接位置既可设置施工缝也可不设置施工缝，柱基与柱身相接位置需设置施工缝，设置位置在柱基与柱身交点以上200mm位置。柱身与顶板的施工缝，可以留置在柱身与柱帽交点位置也可留置在柱帽与顶板交点位置。

（4）施工缝处理（见下图）：

在原混凝土面上浇筑新混凝土时，相接面应凿毛，并清洗干净，表面湿润但不得有积水。铺一层与待浇筑混凝土等级相同的水泥砂浆。

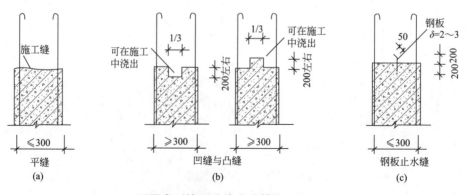

不同类型施工缝处理（单位：mm）

4．顶板施工

墙体混凝土左右对称、水平、分层连续灌注，至顶板交界处间歇1~1.5h，然后再灌注顶板混凝土；顶板混凝土连续水平、分台阶由边墙、中墙分别向结构中间方向灌注。

5．混凝土浇筑

（1）混凝土浇筑前的检查：

浇筑混凝土前，应检查模板、支架的承载力、刚度、稳定性，检查钢筋及预埋件的位置、规格，并做好记录，符合设计要求后方可浇筑。

（2）混凝土浇筑施工方案（摘自《给水排水构筑物工程施工及验收规范》GB 50141—2008第6.2.5条）：

1）混凝土配合比设计及外加剂的选择。

2）混凝土的搅拌及运输。

3）混凝土分仓布置、浇筑顺序、速度及振捣方法。

4）预留施工缝的位置及要求。

5）预防混凝土施工裂缝的措施。

6）季节性施工的特殊措施。

7）控制工程质量的措施。

8）搅拌、运输及振捣机械的型号与数量。

（3）现浇混凝土质量验收主控项目（摘自《给水排水构筑物工程施工及验收规范》GB 50141—2008）

原材料、配合比、混凝土强度、抗渗、抗冻性能以及试块；拆模时结构强度和外观均应符合规范规定。

6．后浇带、变形缝、膨胀加强带

（1）后浇带：

1）钢筋与主体结构一次安装，模板及支架应独立设置，预留宽度0.6~1.0m。

2）两侧混凝土养护42d后，原混凝土面两侧凿毛、清理、保持湿润，用高一个强度等级的补偿收缩（微膨胀）混凝土浇筑。

3）接缝处采用中埋或外贴式止水带、预埋注浆管、遇水膨胀止水条（胶）等方法加强防水。

4）浇筑混凝土在温度最低时（夜间）进行，养护时间不应低于14d。

（2）变形缝：

结构变形缝处设置嵌入式止水带时，混凝土灌注应符合以下规定：

1）灌注前应校正止水带位置，表面清理干净，止水带损坏处应修补。

2）顶、底板结构止水带的下侧混凝土应振实，将止水带压紧后方可继续灌注混凝土。

3）边墙处止水带必须牢固固定，内外侧混凝土应均匀、水平灌注，保持止水带位置正确、平直、无卷曲现象。

（3）膨胀加强带：

在结构预设的后浇带部位浇筑补偿收缩混凝土，可减少或取消后浇带和伸缩缝、延长构件连续浇筑长度，可分为连续式，间歇式和后浇式三种。可大大缩短工期。

7. 给水排水混凝土构筑物防渗漏措施

（1）砂、碎石连续级配，含泥量不超规范要求。

（2）采用普通硅酸盐水泥并适当减少用量。

（3）外加剂和掺合料性能可靠，用量符合要求。

（4）在满足混凝土各项指标前提下，适当降低水灰比。

（5）在满足运输与布放的基础上尽量降低混凝土坍落度。

（6）降低混凝土的入模温度，且不应大于25℃。

（7）分层浇筑。

（8）及时振捣，既不漏振，也不过振。

（9）合理设置后浇带，数量适当、位置合理。

（10）控制混凝土结构内外温差。

（11）延长拆模时间和外保温，拆模后及时回填。

【经典案例】

例题1

背景资料：

某公司承建一项地铁车站土建工程，车站长236m，标准段宽19.6m，底板埋深16.2m。地下水位标高为13.5m。车站为地下二层三跨岛式结构，采用明挖法施工，围护结构为地下连续墙，内支撑第一道为钢筋混凝土支撑，其余为φ800mm钢管支撑，基坑内设管井降水。车站围护结构及支撑断面示意如下图所示。

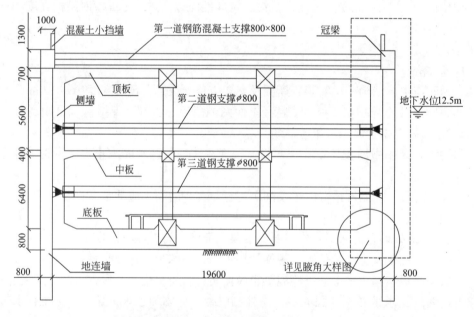

车站围护结构及支撑断面示意图（单位：mm）

项目部将整个车站划分为12仓施工，标准段每仓长度20m，每仓的混凝土浇筑施工顺序为：垫层→底板→负二层侧墙→中板→负一层侧墙→顶板，按照上述情况工序和规范要求设置了水平施工缝；其中底板与负二层侧墙的水平施工缝设置如下图所示。

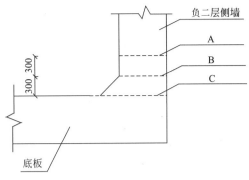

腋角大样图（单位：mm）

问题：

1. 车站围护结构及支撑断面示意图中右侧虚线范围断面内应该设置几道水平施工缝？写出腋角大样图中底板与负二层侧墙水平施工缝正确位置对应的字母。

2. 该仓顶板混凝土浇筑过程应留置几组混凝土试件？并写出对应的养护条件。

参考答案：

1. 应设置4道水平施工缝，底板与负二层侧墙水平施工缝正确位置为A。

2. 应留置6组混凝土试件。

养护条件：3组与顶板混凝土同条件养护，不少于14d；3组进行标养，须养护28d。

例题2

背景资料：

某公司承建城市桥区泵站调蓄工程，其中调蓄池为地下式现浇钢筋混凝土结构，混凝土强度等级C35，池内平面尺寸为62.0m×17.3m，筏板基础。场地地下水类型为潜水，埋深6.6m。基坑围护桩外侧采用厚度700mm止水帷幕，如下图所示。

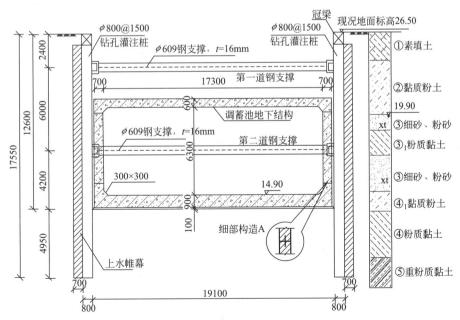

调蓄池结构与基坑围护断面图（单位：结构尺寸为mm，高程为m）

问题：

写出图中细部构造 A 的名称，并说明其留置位置的有关规定和施工要求。

参考答案：

（1）A 的名称是带止水钢板（或止水带）的施工缝。

（2）留置位置有关规定：应高于腋角以上 200mm。

（3）施工要求：

1）止水钢板（止水带）安装应居中、垂直、平顺、稳定、牢固，止水钢板接头搭接长度不得小于 20mm，且必须双面满焊。

2）原混凝土达到强度后，对其接槎部位凿毛、清理干净并保持湿润。

3）浇筑混凝土前，铺一层与待浇筑混凝土等级相同的水泥砂浆。

例题 3

背景资料：

某公司中标给水厂扩建升级工程，主要内容有新建臭氧接触池和活性炭吸附池。其中臭氧接触池为半地下钢筋混凝土结构，混凝土强度等级 C40、抗渗等级 P8。

臭氧接触池的平面有效尺寸为 25.3m×21.5m，在宽度方向设有 6 道隔墙，间距 1～3m，隔墙一端与池壁相连，交叉布置；池壁上宽 200mm，下宽 350mm；池底板厚度 300mm，C15 混凝土垫层厚度 150mm；池顶板厚度 200mm；池底板顶面标高 -2.750m，顶板顶面标高 5.850m。现场土质为湿软粉质砂土，地下水位标高 -0.6m。臭氧接触池立面如下图所示。

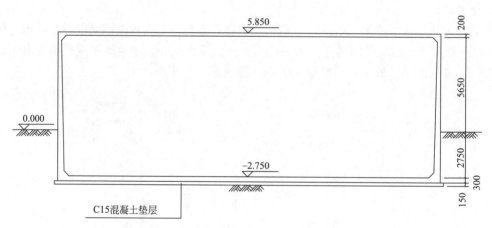

臭氧接触池立面示意图（高程单位：m；尺寸单位：mm）

项目部编制的施工组织设计经过论证审批，臭氧接触池施工方案有如下内容：

（1）将降水和土方工程施工分包给专业公司。

（2）池体分次浇筑，在池底板顶面以上 300mm 和顶板底面以下 200mm 的池壁上设置施工缝；分次浇筑编号：①底板（导墙）浇筑、②池壁浇筑、③隔墙浇筑、④顶板浇筑。

问题：

依据浇筑编号给出水池整体现浇施工顺序（流程）。

参考答案：

浇筑顺序（流程）：①→③→②→④。

解析：由题意可知，现浇水池底板以上和顶板以下设置施工缝，那么第一步浇筑底板和最后一步浇筑顶板没有任何异议，本题关键在于先浇筑隔墙还是先浇筑池壁呢？在实际施工中，一般有隔墙的水池既可以将隔墙与池壁同时浇筑，也可以先池壁后隔墙或先隔墙后池壁浇筑。本题分析浇筑顺序一定要结合案例背景资料，从"臭氧接触池的平面有效尺寸为25.3m×21.5m，在宽度方向设有6道隔墙，间距1～3m，隔墙一端与池壁相连，交叉布置"（见下图）这些信息看，池体内部施工空间非常有限，而施工四周池壁前先施工隔墙有利于绑扎钢筋和安拆模板，所以本案例中先浇筑隔墙后浇筑池壁更为合理。

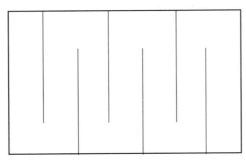

水池隔墙设置示意图

例题4

背景资料：

A公司中标某供水厂的扩建工程，主要内容为建一座调蓄水池。水池长65m、宽32m，为现浇钢筋混凝土结构，筏板式基础。新建水池采用基坑明挖施工，挖深为6m。设计采用直径800mm混凝土灌注桩作为基坑围护结构、水泥土搅拌桩止水帷幕。

为控制结构裂缝，浇筑与振捣措施主要有降低混凝土入模温度，保证混凝土结构内外温差不大于25℃。主管部门认为有缺项，要求补充。

问题：

补充混凝土浇筑与振捣措施？

参考答案：

（1）选择低温时段浇筑

（2）尽可能减小入模坍落度。

（3）分层浇筑。

（4）入模及时振捣，做到既不漏振，也不过振。

（5）重点部位还要做好二次振动工作。

（6）合理设置后浇带。

考点五：混凝土施工质量通病

1. 混凝土跑模、涨模的原因

（1）设计：螺栓间距大、直径小。

（2）材料：对拉螺栓质量不合格、反复使用次数多；模板刚度不够，支撑不足。

（3）混凝土浇筑：速度快、下料高、布料集中、过度振捣。

2. 混凝土产生"露筋"（见下图）

露筋：即混凝土内部主筋、副筋或箍筋局部裸露出来，未被混凝土包裹。

混凝土浇筑后露筋图片

（1）露筋产生的原因：

1）浇筑混凝土时钢筋保护层垫块位移、太少或漏放。

2）构件截面小、钢筋密。

3）混凝土配合比不当、离析、露筋处缺浆漏浆。

4）木模板干燥，钢模板未进行清理。

（2）露筋预防措施：

1）浇筑前检查钢筋及垫块的位置、数量及其间距。

2）木模板应充分湿润，钢模板清理干净。

3）钢筋密集时粗集料应选用适当粒径的石子。

4）保证混凝土配合比与和易性符合设计要求。

（3）露筋处理方法：

表面露筋可洗净后在表面抹1:2水泥砂浆，露筋较深应处理好界面后用高一强度等级的细石混凝土填塞压实。

3. 混凝土产生"蜂窝"（见下图）

蜂窝：即混凝土结构局部出现酥松、砂浆少、石子多、石子之间形成空隙类似蜂窝状的窟窿。

（1）蜂窝产生的原因：

1）配合比不当，材料计量不准（砂浆少、石子多）。

2）搅拌时间不够，未拌匀，和易性差。

3）钢筋密集，石子粒径大、坍落度小。

4）模板缝隙未堵严，水泥浆流失。

5）下料高度太高、未分层下料。

6）振捣不实、漏振或振捣时间不够。

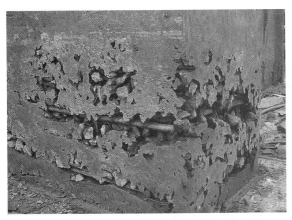

混凝土浇筑后出现蜂窝图片

（2）蜂窝预防措施：

1）严格控制配合比，严格计量，经常检查。

2）混凝土搅拌要充分、均匀，坍落度符合要求。

3）下料高度超过2m要用串筒或溜槽。

4）分层下料、分层捣固、防止漏振。

5）堵严模板缝隙，浇筑中随时检查纠正漏浆情况。

6）配筋与混凝土骨料匹配。

（3）蜂窝处理办法（见下图）：

1）对小蜂窝，洗刷干净后1:2水泥砂浆抹平压实。

2）较大蜂窝，凿去薄弱松散颗粒，洗净后支模，用高一强度等级的细石混凝土仔细填塞捣实。

3）较深蜂窝可在其内部埋压浆管和排气管，表面抹砂浆或浇筑混凝土封闭后进行水泥压浆处理。

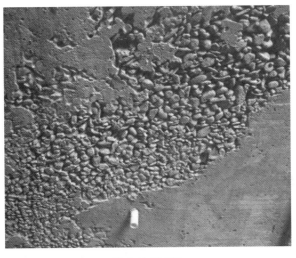

蜂窝处理图片

4. 混凝土产生"孔洞"（见下图）

孔洞（狗洞）：即混凝土构件上有较大空隙、局部没有混凝土或蜂窝特别大。

混凝土孔洞图片

（1）孔洞产生的原因：

1）在钢筋较密或穿墙管处混凝土下料受阻，未振捣就继续向上浇筑。

2）混凝土内掉入工具、木块等杂物，挡住混凝土等。

3）混凝土离析严重，石子成堆、严重跑浆且未认真振捣。

4）一次下料过多过厚，振动器振不到位。

5）混凝土局部坍落度过小，流动性极差。

（2）孔洞预防措施：

1）在钢筋密集处采用高一强度等级的细石混凝土，认真分层捣固或配以人工插捣。

2）有穿墙管处应从其两侧同时下料，认真振捣。

3）及时清除落入混凝土中的杂物。

（3）孔洞处理方法：

凿除孔洞周围松散混凝土，用高压水冲洗干净，立模后用高一强度等级的细石混凝土仔细浇筑捣固。

【经典案例】

例题

背景资料：

某城市水厂改扩建工程，内容包括多个现有设施改造和新建系列构筑物。新建的一座半地下式混凝沉淀池为中型水池，钢筋混凝土薄壁结构。

池壁混凝土首次浇筑时发生了跑模事故，经检查确定为对拉螺栓滑扣所致。

问题：

试分析池壁混凝土浇筑跑模事故的可能原因。

参考答案：

（1）设计原因：螺栓间距大、直径小。

（2）材料原因：对拉螺栓质量不合格、反复使用次数多。

（3）混凝土浇筑原因：速度快、下料高、布料集中、过度振捣。

考点六：主体结构防水施工

（1）防水通用考点：

防水材料考点；使用喷灯开具动火证应载明的内容；防水施工环境同桥梁部分。

（2）防水卷材铺贴的基层面应符合以下规定：

1）基层面应干燥、洁净。

2）基层面必须坚实、平整，其平整度允许偏差为3mm。

3）基层面阴、阳角处应做成100mm圆弧或50mm×50mm钝角。

4）基层面应干燥，含水率不宜大于9%。

（3）施工（见下图）：

主体结构外防水保护施工图示

底板底部防水卷材与基层面应按设计确定采用点粘法、条粘法或满粘法粘贴；立面和顶板的卷材与基层面、附加层以及基层面、附加层与卷材及卷材之间必须全粘贴。

【案例作答提示】

外防水层的保护措施：防水验收合格后，进行回填土施工时需要在防水层外侧贴苯板或砌筑砖墙；回填材料尽量不要采用有尖锐棱角的碎石；采用小型夯实机具进行夯实。

第二节　满水试验

考点一：满水试验前必备条件

（1）混凝土达到设计强度要求；池内清理洁净，池内外缺陷修补完毕。

（2）现浇钢筋混凝土池体的防水层、防腐层施工之前；装配式预应力混凝土池体施加预应力且锚固端封锚以后，保护层喷涂之前。

（3）设计预留孔洞、预埋管口及进出水口等已做临时封堵，且经验算能安全承受试验压力。

（4）池体抗浮稳定性满足设计要求。

（5）试验所需的各种仪器设备应为合格产品，并经具有合法资质的相关部门检验合格。

 考点二：试验

1. 池内注水

（1）向池内注水应分3次进行，每次注水为设计水深的1/3。对大、中型池体，可先注水至池壁底部施工缝以上，检查底板抗渗质量，当无明显渗漏时，再继续注水至第一次注水深度。

（2）注水时水位上升速度不宜大于2m/d。相邻两次注水的间隔时间不应小于24h。

2. 水位观测

（1）注水至设计水深24h后，开始测读水位测针的初读数。

（2）测读水位的初读数与末读数之间的间隔时间应不少于24h。

3. 满水试验标准

（1）水池渗水量计算，按池壁（不含内隔墙）和池底的浸湿面积计算。

（2）渗水量合格标准。钢筋混凝土结构水池不得超过2L/（m²·d）。

【经典案例】

例题1

背景资料：

某单位中标污水处理项目，其中二沉池直径21.2m、池深6.5m、设计水深5.5。池壁混凝土设计要求为C30、P6、F150，采用现浇施工，施工时间跨越冬期。

在做满水试验时，一次充到设计水深，水位上升速度为2m/h，当充到设计水位12h后，开始测读水位测针的初读数，满水试验测得渗水量为2.5L/（m²·d），施工单位认定合格。

问题：

指出满水试验中存在的错误之处并改正。

参考答案：

错误之处一：一次充到设计水深。

改正：注水分3次，每次为设计水深的1/3。

错误之处二：水位上升速度为2m/h。

改正：水位上升速度不超过2m/d。

错误之处三：注水完成12h后，开始测读水位测针的初读数。

改正：注水完成24h后，开始测读水位测针的初读数。

错误之处四：施工单位认定渗水量为2.5L/（m²·d）合格。

改正：合格渗水量应不得超过2L/（m²·d）。

例题2

背景资料：

A公司中标承建某污水处理厂扩建工程，新建构筑物包括沉淀池、曝气池及进水泵房，其中沉淀池采用预制装配式预应力混凝土结构，池体直径为40m、池壁高6m、设计水深4.5m。

项目部重新编制了施工方案，列出池壁施工主要工序，方案中还包括满水试验。

问题：

沉淀池满水试验的浸湿面积由哪些部分组成（不需计算）？

参考答案：

浸湿面积由设计水位（4.5m）以下池壁（不含内隔墙）和池内底两部分组成。

第三节 沉 井

 考点一：沉井预制

1. 沉井垫层与垫木要求

刃脚的垫层采用砂垫层上铺垫木或素混凝土方式，且应满足下列要求：

（1）素混凝土垫层的厚度应便于沉井下沉前凿除。

（2）砂垫层宜采用中粗砂，并应分层铺设、分层夯实。

（3）垫木铺设平面布置要均匀对称，每根垫木的长度中心应与刃脚底面中心线重合，定位垫木的布置应使沉井有对称的着力点。

2. 沉井预制

沉井预制相当于现浇水池或地铁车站等结构的侧墙。其形式有分节预制一次下沉和分节预制分次下沉。

分节制作沉井：

1）每节制作高度应符合施工方案要求且第一节制作高度必须高于刃脚部分；井内设有底梁或支撑梁时应与刃脚部分整体浇捣。

2）混凝土施工缝处理应采用凹凸缝或设置钢板止水带，施工缝应凿毛并清理干净；内外模板采用对拉螺栓固定时，其对拉螺栓的中间应设置防渗止水片；钢筋密集部位和预留孔底部应辅以人工振捣，保证结构密实。

3）分节制作、分次下沉的沉井，前次下沉后进行后续接高施工时，后续各节的模板不应支撑于地面上，模板底部应距地面不小于1m。搭设外排脚手架应与模板脱开。

考点二：沉井下沉

沉井分为排水下沉和不排水下沉两种方式。

（1）沉井排水下沉：

1）排水下沉可采用人工挖土或机械挖土，机械挖土可采用小型挖掘机配合起重机、长臂挖掘机、抓斗机、伸缩臂挖掘机等几种形式。

2）下沉过程中应进行连续排水，保证沉井范围内地层水疏干。

3）挖土应分层、均匀、对称进行；对于有底梁或支撑梁沉井，其相邻格仓高差不宜超过0.5m；严禁超挖。

4）排水下沉施工流程：

测量放线→基坑开挖→铺筑砂垫层→浇筑混凝土垫层或铺垫木→支设刃脚模板→浇筑刃脚及首节沉井→沉井接高→抽垫木或凿除混凝土垫层→挖土下沉→下沉至设计高程→封底。

（2）辅助法下沉：

1）排水下沉：外壁阶梯形灌黄砂助沉、触变泥浆套助沉、爆破方法助沉。

2）不排水下沉：空气幕助沉。

考点三：沉井封底

不排水下沉采用水下封底方式，排水下沉采用干封底形式，考试中多会以排水下沉为案例背景资料，所以需要重点关注沉井干封底工艺，干封底施工要点如下：

（1）保持地下水位距坑底不小于0.5m。

（2）用大石块将刃脚下垫实。

（3）如采用触变泥浆减阻，将泥浆置换。

（4）超挖部分回填砂石至规定标高。

（5）新、老混凝土接触部位凿毛、清理。

（6）封底前应设置泄水井。

（7）底板达到强度且满足抗浮要求时，封填泄水井。

【经典案例】

例题1

背景资料：

某项目部承接一项顶管工程，其中DN1350mm管道为东西走向，长度90m；DN1050mm管道为偏东南方向走向，长度80m。设计要求始发工作井y采用沉井法施工，接收井A、C为其他标段施工（如下图所示），项目部按程序和要求完成了各项准备工作。

按批准的进度计划先集中力量完成y井的施工作业，按沉井预制工艺流程，在已测定的圆周中心线上按要求铺设粗砂与D，采用定型钢模进行刃脚混凝土浇筑，然后按顺序先设置E与F、安装绑扎钢筋，再设置内、外模，最后进行井壁混凝土浇筑。

2023年版全国一级建造师市政公用工程管理与实务专题聚焦

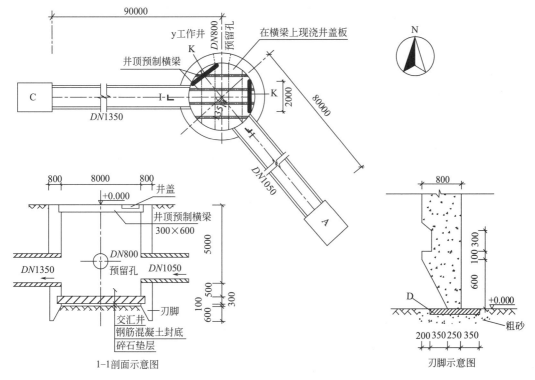

井顶预制横梁

在横梁上现浇井盖板

y工作井

DN800预留孔

K

C

DN1350

I

K

2000

N

80000

DN1050

A

800 8000 800

+0.000

井盖

井顶预制横梁
300×600

5000

DN1350

DN800
预留孔

DN1050

100 500 300

600

交汇井
钢筋混凝土封底
碎石垫层

刃脚

800

100 300

600

+0.000

D

粗砂

200 350 250 350

1–1剖面示意图

刃脚示意图

沉井法施工工作井示意图（单位：mm）

下沉前，需要降低地下水（已预先布置了喷射井点），采用机械取土；为防止y井下沉困难，项目部预先制定了下沉辅助措施。

问题：

1. 按沉井预制工艺流程写出D、E、F的名称；本项目对刃脚是否要加固，为什么？

2. 降低地下水的高程为多少米（列式计算）？下沉辅助措施有哪些？

参考答案：

1.（1）D的名称是垫木或素混凝土；E的名称是内脚手架；F的名称是外脚手架（沉井内外脚手架见下图）。

沉井内外脚手架

（2）不需要。因为沉井下沉区域土质为淤泥质黏土，刃脚踏面的底宽较大（250mm），且淤泥质黏土土质松软，所以不用加固。

2．（1）降低地下水的高程为：

（5000+500+300+100+600）÷1000+0.5=7m；0.000m−7m=−7.000m。

（2）下沉辅助措施有触变泥浆套助沉、接高或压重助沉、采用阶梯形外壁灌砂助沉。

例题2

背景资料：

某市政公司承建一管道工程，穿越既有道路，全长75m，采用直径2000mm的水泥机械顶管施工，道路两侧设工作井和接收井。两工作井均采用沉井施工，沉井分层浇筑，分层下沉，分层高度不大于6m。

项目部沉井施工方案如下：

（1）对刃脚部位进行钢筋绑扎，模板安装，浇筑混凝土。

（2）沉井下沉后，混凝土达到要求后进行干封底作业。

问题：

1．写出混凝土浇筑顺序和重点浇筑的部位。

2．沉井下沉到标高后，刃脚应做何种处理，干封底需要满足什么条件才能封填泄水井？

参考答案：

1．（1）浇筑顺序：按设计顺序要求浇筑，设计无要求应对称、均匀、水平连续分层浇筑。

（2）重点浇筑部位：施工缝位置、预留孔底部、钢筋密集部位。

2．（1）清理刃脚，检查无破损后，用大石块将刃脚垫实。

（2）底板混凝土达到设计强度等级且满足抗浮要求时，方可封填泄水井。

第五章

城市管道工程

考点洞察

　　城市管道工程的内容非常庞杂，主要涉及开槽管道施工和不开槽管道施工以及综合管廊三部分。开槽管道施工内容涉及土石方、管道安装和附属构筑物及功能性试验，不开槽管道施工内容主要是定向钻和顶管。开槽管道施工考试频率相对较高，主要集中在沟槽开挖支护、槽底处理、管道安装、附属构筑物施工、功能性试验、沟槽回填等内容，考核知识点多为识图计算、施工排序、方案交底补充、检查验收等内容。开槽管道施工涉及给水排水、热力和燃气三类管线，其中给水排水管线考核土石方内容较多，而热力、燃气管线多考核各种管线安装、防腐保温和功能性试验的知识点。不开槽管道施工主要考核定向钻和顶管，主要考点为方案比选、工法优缺点、现场使用条件及施工工序等。目前综合管廊考核频次较低，后期不排除综合管廊会考核现浇混凝土结构的内容。

第一节　开槽管道施工（包括热力、燃气）

考点一：土石方开挖、支护

1. 识图（见下图）
2. 沟槽开挖参数计算

沟槽下口宽度：

$$B=D_0+2 \times b_1$$

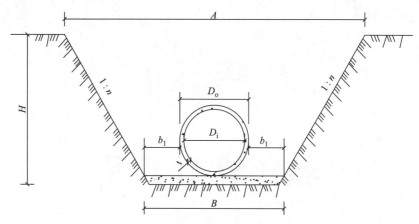

H——沟槽开挖深度；B——沟槽下口宽度；A——沟槽上口宽度；b_1——管道一侧工作面宽度；

D_0——管道外径；D_i——管道内径；t——管道壁厚。

无支护（放坡）开挖剖面图

沟槽上口宽度：

$$A=B+2（H+h）$$

沟槽土方体积

$$V=\frac{1}{2}（A+B）\times H\times L（注：L为沟槽长度）$$

3．基坑土方体积计算

$$V=\frac{(S_1+S_2+\sqrt{S_1\times S_2})\times H}{3}$$

式中　S_1——下底面积；

　　　S_2——上底面积；

　　　H——基坑深度。

4．确定沟槽边坡坡度的因素

土质条件（或地质条件）；开挖深度；地下水位；坡顶荷载。

5．沟槽支撑与支护

（1）有支护开挖施工原则：先支撑后开挖，自上而下分层（分布）均衡开挖。

（2）支撑要求：材料经验收合格；强度、刚度、稳定性经过验算；按设计位置安装，不影响布管（下管）、安管施工；支撑横梁水平，纵梁垂直，与撑板密贴，连接牢固；支撑构件不得有弯曲、松动、移位或劈裂等迹象。

（3）采用钢板桩支撑，钢板桩拔除后应及时回填桩孔且填实。采用灌砂回填时，非湿陷性黄土地区可冲水助沉；有地面沉降控制要求时，宜采取边拔桩边注浆等措施。

【经典案例】

例题1

背景资料：

A公司承建一座桥梁工程，桥台基坑底尺寸为50m×8m，深4.5m，施工期河道水位为-4.0m，基坑顶远离河道一侧设置钢场和施工便道（用于弃土和混凝土运输及浇筑）。

施工方案的基坑坑壁坡度如下图所示，提供的地质情况如下表所示。

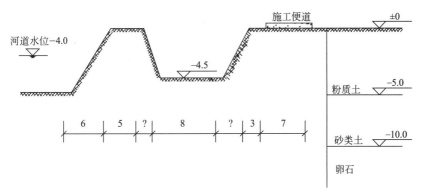

基坑开挖侧面示意图（高程单位：m）

基坑坑壁容许坡度表（规范规定）

坑壁土类	坑壁坡度（高:宽）		
	基坑顶缘无荷载	基坑顶缘有静载	基坑顶缘有动载
粉质土	1:0.67	1:0.75	1:1.0
黏质土	1:0.33	1:0.5	1:0.75
砂类土	1:1.0	1:1.25	1:1.5

问题：

根据所给图表确定基坑的坡度，并给出坡度形成的投影宽度。

参考答案：

远离河道一侧坑壁坡度应为 $1:1.0$；边坡投影宽度为 $4.5 \times 1.0 = 4.5\text{m}$。

靠近河道一侧坑壁坡度应为 $1:0.67$；边坡投影宽度为 $4.5 \times 0.67 = 3.015\text{m}$。

例题2

背景资料：

某公司承接了一项市政排水管道工程，管道为 $DN1200\text{mm}$ 的混凝土管，合同价为1000万元，采用明挖开槽施工。

项目部进场后立即编制施工组织设计，拟将表层杂填土放坡挖除后再打设钢板桩。设置两道水平钢支撑及型钢围檩，沟槽支护如右图所示。沟槽拟采用机械开挖至设计标高，清槽后浇筑混凝土基础；混凝土直接从商品混凝土输送车上卸料到坑底。

问题：

用图中序号①~⑤及"→"表示支护体系施工和拆除的先后顺序。

参考答案：

施工顺序：③→④→①→⑤→②。

拆除顺序：②→⑤→①→④→③。

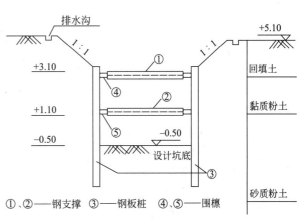

①、②——钢支撑 ③——钢板桩 ④、⑤——围檩

沟槽支护图（高程单位：m）

例题3

背景资料：

某公司承建沿海某开发区路网综合市政工程，随路敷设雨水、污水、给水、通信和电力等管线；其中污水管道为HDPE缠绕结构壁B型管，开槽施工，拉森钢板桩支护，流水作业方式。污水管道沟槽与支护结构断面如下图所示。

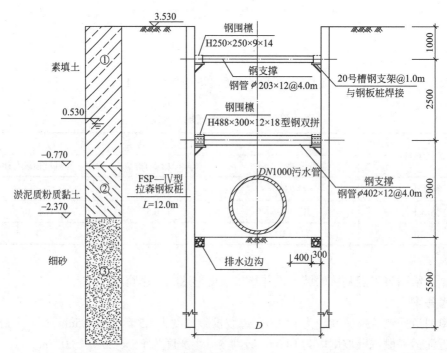

污水管道沟槽与支护结构断面图（高程单位：m；尺寸单位：mm）

施工过程中发生如下事件：

事件一：开工前，项目部编制污水管道沟槽专项施工方案，确定开挖方法、支护结构安装和拆除等措施，经专家论证、审批通过后实施。

……

问题：

1. 结合工程地质情况，写出沟槽开挖应遵循的原则。

2. 从受力体系转换角度，简述沟槽支护结构拆除作业要点。

参考答案：

1. 应遵循的原则：

（1）遵循分段、分层（或分步）、均衡开挖原则。

（2）降水至基底以下0.5m后，由上而下、先支撑后开挖。

（3）基底预留200～300mm土层人工清理。

2.（1）应配合回填施工拆除。

（2）每层横撑应在填土高度达到支撑底面时拆除。

（3）先拆除支撑再拆除围檩、槽钢支架，全部支撑围檩拆除后再拔钢板桩。

（4）板桩拔除后及时回填桩孔。

 考点二：地基处理与管道基础

1. 地基

（1）沟槽（基坑）底部要求：

机械开挖不能直接挖到槽底，基底需预留200～300mm土层人工清理。

（2）地基处理：

1）槽底局部超挖或发生扰动时，超挖深度不超过150mm时，可用挖槽原土回填夯实，其压实度不应低于原地基土的密实度；槽底地基土壤含水量较大，不适于压实时，应采取换填灰土或级配砂石等措施。

2）排水不良造成地基土扰动时，扰动深度在100mm以内，宜填天然级配砂石或砂砾处理；扰动深度在300mm以内，但下部坚硬时，宜填卵石或块石，并用砾石填充空隙并找平表面。

3）柔性管道地基处理宜采用砂桩、搅拌桩等复合地基。

2. 管道基础

（1）管道基础分为柔性基础和刚性基础，柔性基础包括原状土基础、砂基础、碎石基础等，刚性基础为混凝土基础。不同管道基础如下图所示。

混凝土基础

砂石基础

（2）管道基础应符合下列规定：

1）管道采用原状土作为管道基础时，要求地基承载力符合设计要求，开挖时不能扰动，并不能被水浸泡。

2）管道为混凝土基础时，要求设计强度符合设计要求，控制高程、轴线位置及厚度。

3）采用砂石基础时，要求原材料符合设计要求，施工中控制压实度。

【经典案例】

例题

背景资料：

A公司中标长3km的天然气钢质管道工程，DN300mm，设计压力0.4MPa，采用明挖开槽法施工。

在项目部施工过程中，发生了如下事件：

事件一：沟槽清底时，质量检查人员发现局部有超挖，最深达15cm，且槽底土体含水量较高。

……

问题：

依据《城镇燃气输配工程施工及验收规范》CJJ 33—2005，对事件一中情况应如何补救处理？

参考答案：

依据《城镇燃气输配工程施工及验收规范》CJJ 33—2005，对事件一应采用级配砂石或天然砂回填至设计标高。超挖部分回填后应压实，其密实度应接近原地基天然土的密实度。

 **考点三：管道连接**

一、钢管

给水、热力及燃气管线均有可能采用钢管，考试中可能会考核钢管防腐和钢管连接。钢管的连接形式有丝扣连接、沟槽连接、法兰连接、焊接等，其中焊接是最主要的连接方式，案例考核的可能性也最大。

1. 钢管防腐

使用聚乙烯防腐层作为钢管外防腐层时应注意：

防腐层所有原材料均应有出厂质量证明书及检验报告、使用说明书、安全数据单、出厂合格证、生产日期及有效期。环氧粉末涂料供应商应提供产品的热特性曲线等资料。

（1）钢管内防腐要求：防腐材料质量和卫生性能符合规定；水泥砂浆抗压强度和厚度符合设计要求，液体环氧涂料内防腐层表面应平整、光滑、无气泡、无划痕等。

（2）钢管外防腐要求：除锈处理完成，防腐材料验收合格，防腐层外观质量、厚度、搭接宽度、电火花检漏、粘结力符合规范规定。

2. 钢管焊接

（1）焊接单位要求：

1）有负责焊接工艺的焊接技术人员、检查人员和检验人员。

2）应具备符合焊接工艺要求的焊接设备且性能稳定可靠。

3）应有保证焊接工程质量达到标准的措施。

（2）焊接作业必备条件：

作业人员有焊接证书且在有效期内，证书范围满足焊接要求，间断焊接作业未超过6个月，佩戴了必要的劳动保护用品，作业前进行了安全技术交底，有经过审批的作业指导书，由专职安全员开具了动火证。

（3）动火证：

施工现场应建立健全动火管理制度。施工作业动火时，必须履行动火审批手续，领取动火证后，方可在指定时间，地点作业。动火证需要载明内容：动火时间、动火地点、动火人、看火人、动火内容、灭火器材。

（4）焊接人员劳动保护：

焊接作业现场应按消防部门的规定配置消防器材，周围10m范围内不得堆放易燃易爆物品。操作者必须经专业培训，持证上岗。焊工作业时必须使用带滤光镜的头罩或手持防护面罩，戴耐火防护手套，穿焊接防护服和绝缘、阻燃、抗热防护鞋；清除焊渣时应戴护目镜。

【案例作答提示】

专业作业人员施工必须佩戴合格的劳动保护用品。焊工佩戴的劳动保护用品涉及的采分点为：防护面罩、防护手套、焊接防护服、绝缘防护鞋、护目镜。除焊工劳动保护用品以外，市政专业还经常考核有限空间作业和高处作业的劳动保护用品。

（5）管口对接要求：

1）对口焊接前，应重点检验坡口质量、对口间隙、错边量、纵焊缝位置等。坡口表面应整齐、光洁，不得有裂纹、锈皮、熔渣和其他影响焊接质量的杂物。不合格的管口应进行修整。管道任何位置不得有十字形焊缝。

2）两相邻管道连接时，纵向焊缝或螺旋焊缝之间的相互错开距离不应小于100mm；管道两相邻环形焊缝之间的距离应大于钢管外径，且不得小于150mm。纵焊缝相互错开100mm弧长。

3）严禁采用在焊口两侧加热延伸管道长度、螺栓强力拉紧、夹焊金属填充物和使补偿器变形等方法强行对口焊接。

（6）定位焊：

对口完成，立即定位焊。定位焊厚度与第一层焊接厚度相近，但不超过壁厚的70%，纵向焊缝（包括螺旋管焊缝）端部不得定位焊。为减少变形，定位焊应对称进行。

（7）焊接质量检验：

焊接质量检验应按对口质量检验、外观质量检验、无损检测、强度和严密性试验的次序进行。

1）焊缝内部质量检查方法主要有射线检测和超声检测。

2）焊缝无损检验应由具备资质的检测单位实施。

3）无损检测出现不合格，应及时进行返修，返修后按下列规定扩大抽检：出现一道不合格焊缝，应再抽检两道该焊工所焊的同一批焊缝，按原检测方法进行检验；第二次抽检仍出现不合格焊缝，应对该焊工所焊全部同批焊缝按原检测方法进行检验；同一焊缝的返修次数不应大于两次，根部缺陷只允许返修一次。

（8）不合格焊缝产生的原因分析和处理措施：

1）不合格焊缝：气孔、夹渣、咬边、弧坑、裂纹、融合性飞溅。

2）产生原因：①环境潮湿有风；②母材不干净（有水、锈、油、垢）；③焊接原因（角度不当、速度不对、电流不妥）。

3）处理方式：打磨掉重新焊接。

【经典案例】

例题

背景资料：

某供热管线工程采用钢筋混凝土管沟敷设，管线全长3.3km。钢管公称直径DN400mm，壁厚度8mm；热机安装分包给专业公司。

热机安装共有6名焊工同时施焊，其中焊工甲和乙为一个组，二人均持有省质量技术监督局核发的《特种设备作业人员证》，并进行了焊前培训和安全技术交底。焊工甲负责管道的点固焊、打底焊及固定支架卡板的焊接，焊工乙负责管道的填充焊及盖面焊。

热机安装单位质检人员根据焊工水平及施焊部位按比例要求选取焊口，进行射线检测抽查。检查发现焊工甲和焊工乙合作焊接的焊缝有两处不合格，经一次返修后复检合格。

问题：

1. 进入现场施焊的焊工甲、乙应具备哪些条件？

2. 根据背景资料，焊缝返修合格后，对焊工甲和焊工乙合作焊接的其余焊缝如何处理？请说明。

参考答案：

1.（1）证书在有效期内。

（2）中断焊接工作未超过6个月。

（3）焊接工作不能超出持证项目允许范围。

（4）由专职安全员开具了动火证。

（5）有经过审批的作业指导书。

（6）佩戴必要的劳动保护用品。

2. 还应在抽检四道本工程职工甲乙合作的焊缝，按原检测方法进行检验；第二次抽检仍出现不合格焊缝，应对本工程中甲乙合作的全部焊缝按原检测方法进行检验。

二、承插式接口连接管道

管道承插式接口是当前现场施工的主流方式，常见的有球墨铸铁管、HDPE双壁波纹管、钢筋混凝土承插口管，但这部分内容教材介绍较少，目前考试涉及的也不太多。后期需关注的考点有管材、胶圈等材料的检查验收，管道安装要求等。

（1）材料的检查验收：

1）密封橡胶圈外观光滑平整，不得有气孔、裂缝、卷摺、破损、重皮、脱胶、老化等缺陷。

2）管节及管件表面不得有裂纹，不得有妨碍使用的凹凸不平的缺陷；承口的内工作面和插口的外工作面应光滑、轮廓清晰，不得有影响接口密封性的缺陷。

（2）管道安装：

承插口清理→橡胶圈安装→承插口抹润滑剂→推入并紧固→检查。

（3）注意事项：

钢筋混凝土承插口管道、HDPE双壁波纹管等排水管道的承口对着来水方向。

三、混凝土管刚性接口（抹带接口）

（1）工序（如下列图所示）：

管道基础（平基）→安管→管座施工→抹带。

1）管座施工内容包括腋角填充砂浆、支模、浇筑混凝土、养护、拆模。

管道基础　　　　　　　　　　　　安管

管座　　　　　　　　　　　　　　抹带

2）抹带内容包括管口凿毛、布设钢丝网、抹带、养护。

3）抹带施工要求：

抹带砂浆应密实、饱满，其表面应平整，无间断、裂缝、空鼓等现象，宽度和厚度符合设计要求。

（2）抹带脱落原因：

砂浆强度不足，养护时间不够，管口未进行凿毛，回填土过程中受机械冲击，管道基础不均匀沉降。

四、热熔对接连接

热熔对接一般为PE管，多用于给水、中水和燃气管线，垃圾填埋场渗沥液收集导排系统采用的HDPE管也采用热熔连接。

（1）工序：

1）热熔焊接连接一般分为五个阶段：预热阶段、吸热阶段、加热板取出阶段、对接阶段、冷却阶段。

2）施工工艺流程：焊接状态调试→管材准备就位→管材对正检查→预热→加温熔化→加压对接→保压冷却。

（2）热熔连接焊缝要求：

1）焊缝应完整，连接紧密，无气孔、鼓泡和裂缝。

2）外翻边平滑，最低处的深度不低于管节外表面。

3）翻边下不得有小孔、杂质、扭曲现象。

4）对接错边量不大于管材壁厚度的10%，且不大于3mm。

5）检查熔焊连接工艺试验报告和焊接作业指导书，检查熔焊连接施工记录、熔焊外观质量检验记录、焊接力学性能检测报告。

6）热熔对接连接完成后，对接头进行100%卷边对称性和接头对正性检验，应对开挖敷设不少于15%的接头进行卷边切除检验，水平定向钻非开挖施工进行100%接头卷边切除检验。

【经典案例】

例题

背景资料：

某公司承建一项天然气管道工程，全长1380m，公称外径 $DN110mm$，采用聚乙烯燃气管道（SDR11 PE100），直埋敷设，热熔连接。

工程实施过程中发生如下事件：

事件一：开工前，项目部对现场焊工的资格进行检查。

事件二：管道焊接前，项目部组织焊工进行现场试焊，试焊后，项目部相关人员对管道连接接头的质量进行了检查，并依据检查情况完善了焊接作业指导书。

问题：

1. 事件一中，本工程管道焊接的焊工应具备哪些资格条件？

2. 事件二中，指出热熔对焊工艺评定检验与试验项目有哪些？

3. 事件二中，聚乙烯管道连接接头质量检查包括哪些项目？

参考答案：

1. 本工程管道焊接焊工必须具备条件：

（1）具有相应资质证书。

（2）证书焊接范围与本工程施焊范围一致。

（3）间断安装作业时间超过6个月，再次上岗前应重新考试和技术评定。

（4）上岗前经过专门培训，并经考试合格。

（5）从事热熔焊接作业要有安全技术交底和作业指导书。

2. 热熔对焊工艺评定检验项目：焊口外观质量、焊接接头翻边检验、拉伸强度检验。

热熔对焊试验项目：拉伸试验、弯曲试验、冲击试验、耐压试验。

3. 聚乙烯管道连接接头质量检查项目包括：

（1）翻边的对称性、直顺度、高度。

（2）翻边缺陷检查（杂质、小孔、扭曲）。

（3）翻边切除后，管道接缝处熔合线检查。

（4）接头的错边量。

考点四：附属构筑物

附属构筑物包括检查井、雨水口及支连管、支墩等。案例题可以图形、验收要求等形式进行考核。

1. 井室施工

（1）材料构件经过检验，验收合格。

（2）砌筑应采用满铺满挤法，上下错缝、内外搭砌、丁顺规则有序；且灰浆饱满、灰缝平直、无通缝瞎缝。

（3）抹面光滑、平整，无空鼓、裂缝；勾缝直顺、坚实，不得漏勾、脱落。

（4）井室内踏步位置正确、牢固，与井室砌筑同步安装，水泥砂浆达到强度前严禁踩踏。

（5）井盖、井座规格符合设计要求，安装稳固；检查井流槽平顺、圆滑、光洁。

（6）检查井各部位名称如下列图所示：

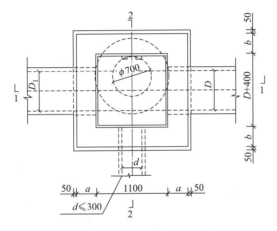

检查井平面图（单位：mm）

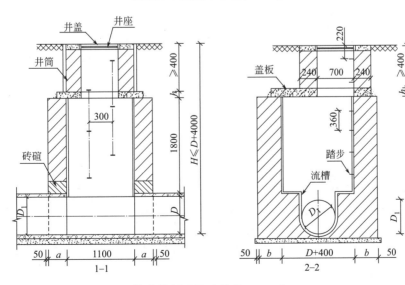

检查井剖面图（单位：mm）

2. 雨水口及支连管、砖砌支墩

雨水口及支连管以及砖砌支墩的材料、砌筑、抹面、勾缝等与砌筑检查井相同。

【经典案例】

例题

背景资料：

某公司承建城市道路改扩建工程，工程内容包括：①在原有道路两侧各增设隔离带、非机动车道及人行道；②在北侧非机动车道下新增一条长800m直径为500mm的雨水主管道，雨水口连接支管直径为300mm，管材均采用HDPE双壁波纹管，胶圈柔性接口；主管道两端接入现状检查井，管底埋深为4m，雨水口连接管位于道路基层内。道路横断面布置示意图如下所示。

施工范围内土质以硬塑粉质黏土为主，土质均匀，无地下水。

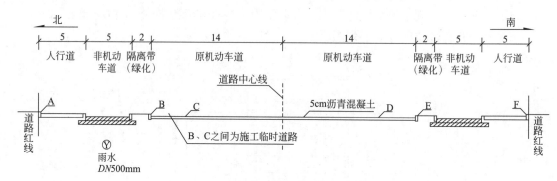

道路横断面布置示意图（单位：m）

问题：

本工程雨水口连接支管施工应有哪些技术要求？

参考答案：

（1）定位放线后破除道路结构层、开挖沟槽后铺砂基础。

（2）管口涂抹润滑剂后安装，并保证其直顺、稳定。

（3）承口朝向雨水口（来水）方向且坡度符合设计要求。

（4）支管采用混凝土全包封，且包封混凝土达到设计强度前不得进行碾压作业。

考点五：沟槽回填

1. 通用规定

（1）压力管道水压试验前，除接口外，管道两侧及管顶以上回填高度不应小于0.5m；水压试验合格后，应及时回填沟槽的其余部分；无压管道在闭水或闭气试验合格后应及时回填。

（2）沟槽内杂物清除干净、无积水、不得带水回填。

（3）井室、雨水口及其他附属构筑物周围回填应与管道沟槽回填同时进行，构筑物周围回填压实时应沿井室中心对称进行。

（4）回填土的含水量，宜按土类和采用的压实工具控制在最佳含水率 ±2% 范围内。

2. 刚性管道沟槽回填的压实作业应符合下列规定：

（1）管道两侧和管顶以上500mm范围内胸腔夯实，应采用轻型压实机具，管道两侧压实面的高差不应超过300mm。

（2）分段回填压实时，相邻段的接槎应呈台阶形。采用轻型压实设备时应夯夯相连；采用压路机时，碾压的重叠宽度不得小于200mm。

3. 柔性管道回填

（1）准备工作：

管内径大于800mm的柔性管道，回填施工中应在管内设竖向支撑。中小管道应采取防止管道移动的措施。

【案例作答提示】

本知识点可以考核直径800mm以上的给水、中水等柔性压力管道管内竖向支撑安拆时间。那么这里需要结合有压管线的管道功能性试验进行考虑，水压试验前需要先将管道回填至管顶以上500mm（留出管道接口位置），试验合格后（将管道内的水排净）再回填至设计高程。因为涉及功能性试验之前和之后两次回填，所以管内竖向支撑也是分别安拆两次。

（2）现场试验段：

长度应为一个井段或不少于50m，以便确定压实机具（械）和施工参数；因工程因素变化改变回填方式时，应重新进行现场试验。

（3）回填：

回填时间：在温度最低时两侧对称同时进行；回填材料从两侧对称、均匀运入槽内，需拌合的材料在沟槽外进行；管道支承角范围用中粗砂填实；回填时有防止管道上浮、位移的措施，压实工具、虚铺厚度、含水量经试验确定；管顶500mm以下必须人工回填，500mm以上可用机械，每层回填高度不大于200mm；管道位于车行道下且铺设后即修筑路面或低洼、沼泽、地下水较高的地段，直接用中粗砂回填至管顶以上500mm。

（4）压实：

压实作业沿管道两侧对称进行，高差不超过300mm；同沟槽同一高程多排管道之间与槽壁之间回填压实对称进行，不同高程按由低向高的顺序进行；分段压实需要留台阶；压路机重叠宽度不小于200mm；重型机械压实或有较重车辆在回填土上行驶时，管顶以上有一定厚度的压实回填土。

（5）压力管道回填过程中要在管顶上方（300~500mm）敷设警示带。

（6）变形检测与超标处理：

1）柔性管道回填至设计高程时应在12—24h内测量并记录管道变形率。

2）金属管变形不能超过2%，化学管材变形不能超过3%；金属管变形超过2%但未超3%，化学管材变形超过3%但未超5%，挖出回填土至露出管径的85%，重新回填夯实；金属管材变形超过3%，化学管材变形超过5%，应挖出管道，并会同设计研究处理。

（7）质量检验标准：

1）回填材料符合设计要求：

检查方法：观察；按国家有关规范规定和设计要求进行检查，并检查检测报告。

2）沟槽不得带水回填，回填应密实：

检查方法：观察，检查施工记录。

3）柔性管道的变形率不得超过设计要求，钢管或球墨铸铁管道变形率应不超过2%、化学建材管道变形率应不超过3%。管壁不得出现纵向隆起、环向扁平和其他变形情况。

检查方法：观察，方便时用钢尺直接量测，不方便时用圆度测试板或芯轴仪管内拖拉量测管道变形值；检查记录和技术处理资料。

4）柔性管道沟槽回填部位与压实度示意图（《给水排水管道工程施工及验收规范》GB 50268—2008）如下所示：

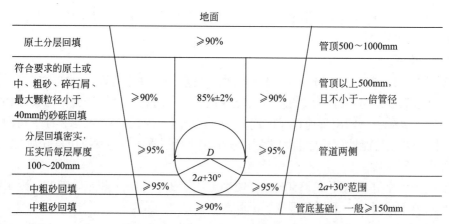

	地面		
原土分层回填	≥90%		管顶500～1000mm
符合要求的原土或中、粗砂、碎石屑、最大颗粒径小于40mm的砂砾回填	≥90%	85%±2%	≥90%	管顶以上500mm，且不小于一倍管径
分层回填密实，压实后每层厚度100～200mm	≥95%	D	≥95%	管道两侧
中粗砂回填	≥95%	2a+30°	≥95%	2a+30°范围
中粗砂回填	≥90%		管底基础，一般≥150mm

槽底为原状土或经处理回填密实的地基

【经典案例】

例题1

背景资料：

某公司承建某城市道路综合市政改造工程，同期敷设雨水、污水等管线。污水干线采用HDPE双壁波纹管，管道直径 D=600～1000mm。

管线设计为明开槽施工，自然放坡，雨、污水管线采用合槽方法施工，无地下水，由于开工日期滞后，工程进入雨期实施。

为控制污水，HDPE管道在回填过程中发生较大的变形、破损，项目部决定在回填施工中采取管内架设支撑，加强成品保护等措施。

问题：

为控制HDPE管道变形，项目部在回填中还应采取哪些技术措施？

参考答案：

回填前做试验段；在温度最低时从管道两侧对称回填；回填材料从两侧对称、均匀运入槽内，不能直接压在管道上；管道腋角用中粗砂回填；管顶500mm以下全部人工回填；管顶以上有一定厚度的压实回填土后才可行驶车辆。

例题2

背景资料：

某公司承建沿海某开发区路网综合市政工程，随路敷设雨水、污水、给水、通信和电力等管线；其中污水管道为HDPE缠绕结构壁B型管，直径1m。

施工过程中发生如下事件：

事件一：为保证沟槽填土质量，项目部采用对称回填、分层压实、每层检测等措施，以保证压实度达到设计要求，且控制管道径向变形率不超过3%。

……

问题：

给出污水管道变形率控制措施和检测方法。

参考答案：

（1）污水管道变形率控制措施：在管道内设置径向支撑（或采用胸腔填土形成竖向反向变形抵消管道变形），按现场试验取得的施工参数回填压实。

（2）检测方法：拆除管内支撑，采用人工管内检测（或圆形芯轴仪、圆度测试板、闭路电视），填土到预定高程后，在12～24h内测量管道径向变形率。

考点六：管道功能性试验

1. 给水管道的水压试验

（1）给水管道后背及堵板的设计要求：坚固、稳定、安装垂直、堵板与管口严密。

（2）试验前管道回填至管顶以上500mm，留出管道接口位置。

（3）向管道内注水应从下游缓慢注入，注入时在试验管段上游的管顶及管段中的高点应设置排气阀。

（4）试验管段不得用闸阀作堵板，不得含有消火栓、水锤消除器、安全阀等附件。

（5）泡管时间：球墨铸铁管（有水泥砂浆衬里）、钢管（有水泥砂浆衬里）和化学管材不少于24h；内径小于1m的混凝土管不少于48h；内径大于1m的混凝土管不少于72h。

（6）预试验阶段，在试验压力下稳压30min，如有压力降补水至试验压力；主试验阶段，在试验压力下稳压15min，不补水，压力降不超标；检查管线外观、接口及配件无漏水、损坏现象为合格。

2. 排水管道的严密性试验

（1）污水管道必须做严密性试验，雨水管道的湿陷土、膨胀土、流砂地区也要做严密性试验（闭水或闭气）。

（2）试验条件：管线施工完毕，检查井砌筑完成，沟槽未回填，且沟槽内无积水、杂物，支线已经封堵且强度合格。

（3）泡管24h，观察时间不少于30min，渗水量不超标为合格。

3. 热力管道的强度试验和严密性试验

（1）强度试验前焊接外观质量和无损检测已合格，管道安装使用的材料设备资料齐全；严密性试验前，一个完整的设计施工段已经完成管道和设备安装，且经强度试验合格。压力表数量不得少于两块，安装在试验泵出口和试验系统末端。

（2）强度试验：强度试验应在试验段内的管道接口防腐、保温施工及设备安装前进行。试验压力为设计压力1.5倍，且不得小于0.6MPa。

（3）严密性试验：严密性试验应在试验范围内的管道、支架、设备全部安装完毕，且固定支架的混凝土已达到设计强度，管道自由端临时加固完成后进行。试验压力为设计压力1.25倍，且不得低于0.6MPa。

4. 燃气管道功能性试验

燃气管道在安装完毕后，必须进行管道吹扫、强度试验和严密性试验。

（1）管道吹扫：

1）球墨铸铁管道、聚乙烯管管道和公称直径小于100mm或长度小于100m的钢质管道，可采用气体吹扫；公称直径大于或等于100mm的钢质管道，宜采用清管球进行清扫。

2）吹扫压力不得大于管道的设计压力，且不应大于0.3MPa。气体流速宜大于20m/s。

3）吹扫介质宜采用压缩空气，严禁采用氧气和可燃性气体。

4）每次吹扫管道长度不宜超过500m，管道超过500m时宜分段吹扫；吹扫球应按介质流动方向进行。

（2）强度试验：

1）强度试验条件为：管道焊接检验、清扫合格，埋地管道回填土宜回填至管上方0.5m以上，并留出焊口。

2）设计压力大于0.8MPa采用水压，试验压力不得低于设计压力的1.5倍；设计压力0.8MPa以下采用气压，试验压力为设计压力的1.5倍，且不得小于0.4MPa。

3）水压试验合格后，应及时将管道中的水放（抽）净，再次进行管道吹扫。

（3）严密性试验：

1）条件：强度试验合格，接口防腐完成，管线全线回填后。

2）要求：采用气压，设计压力≥5KPa时试验压力为设计压力1.15倍，且不得小于0.1MPa，时间24h，采用水银压力计时修正压力降不超过133Pa为合格，采用电子压力计时压力无变化为合格。

【经典案例】

例题

背景资料：

某施工单位承建一项城市污水主干管道工程，全长1000m。设计管材采用Ⅱ级承插式钢筋混凝土管，管道内径D_i1000mm，壁厚为100mm；沟槽平均开挖深度为3m，底部开挖宽度设计无要求。场地地层以硬塑粉质黏土为主，土质均匀，地下水位于槽底设计标高以下，施工期为旱季。

项目部编制的施工方案明确了下列事项：

将管道的施工工序分解为：①沟槽放坡开挖；②砌筑检查井；③下（布）管；④管道安装；⑤管道基础与垫层；⑥沟槽回填；⑦闭水试验。

问题：

指出本工程闭水试验管段的抽取原则。

参考答案：

抽取原则：

（1）试验管段应按井距分隔，抽样选取，带井试验，一次试验不超过5个连续井段；

（2）按管道井段数量抽样选取1/3进行试验；试验不合格时，抽样数量应在原抽样基础上加倍进行试验。

解析： 本工程管道内径为1000mm，大于700mm，所以可按管道井段数量抽样选取1/3

进行试验。

考点七：热力、燃气管道其他考点

1. 热力补偿器

（1）补偿器的作用：补偿因供热管道升温导致的管道热伸长，从而释放温度变形，消除温度应力，避免因热伸长或温度应力的作用而引起管道变形或破坏。

（2）热伸长量计算

$$\Delta L = \alpha L \Delta t$$

式中　ΔL——热伸长量（m）；

α——管材线膨胀系数，碳素钢 $\alpha = 12 \times 10^{-6}$ m/（m·℃）；

L——管段长度（m）；

Δt——管道在运行时的温度与安装时的环境温度差（℃）。

2. 热力阀门

（1）阀门吊装搬运时，钢丝绳应拴在法兰处，不得拴在手轮或阀杆上。阀门应清理干净，并严格按指示标记及介质流向确定其安装方向，采用自然连接，严禁强力对口。

（2）当阀门与管道以法兰或螺纹方式连接时，阀门应在关闭状态下安装。当阀门与管道以焊接方式连接时，焊接时阀门不得关闭，以防止受热变形和因焊接而造成密封面损伤，焊机地线应搭在同侧焊口的钢管上，严禁搭在阀体上。

3. 供热管道土建工程

（1）机械开挖时应预留不少于150mm厚的原状土，人工清底至设计标高，不得超挖。

（2）沟槽开挖至基底后，地基应由建设、勘察、设计、施工和监理等单位共同验收。

（3）隧道相对开挖中，当两个工作面相距15～20m时应一端停挖，单向开挖贯通。

4. 管道防腐保温

（1）管道防腐：主要检查防腐产品合格证明文件、防腐层（含现场补口）的外观质量，抽查防腐层的厚度、粘结力，全线检查防腐层的电绝缘性。燃气工程还应对管道回填后防腐层的完整性进行全线检查。

（2）管道保温：保温材料的品种、规格强度、容重（此处指表观密度）、导热系数、耐热性、含水率等性能指标应符合设计要求和规范的相关规定。直埋保温管聚乙烯外护管的力学性能应符合设计要求。

5. 供热设备安装前土建单位与安装单位交接（通用考点）

管道及设备安装前，土建施工单位、工艺安装单位及监理单位应对预埋吊点的数量及位置，设备基础位置、表面质量、几何尺寸、标高及混凝土质量，预留孔洞的位置、尺寸及标高等共同复核检查，并办理书面交验手续。

【经典案例】

例题1

背景资料：

某公司承接一项供热管线工程，全长1800m，直径 DN400mm，采用高密度聚乙烯外护管包覆聚氨酯泡沫塑料预制保温管，其结构如下图所示：

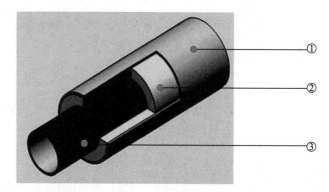

①——高密度聚乙烯外护管 ②——聚氨酯泡沫塑料保温层 ③——钢管

供热管道结构示意图

工程实施过程中发生了如下事件：

事件一：预制保温管出厂前，在施工单位质检人员的见证下，厂家从待出厂的管上取样，并送至厂试验室进行保温层性能指标检测，以此作为见证取样试验。监理工程师发现后，认定其见证取样和送检程序错误，且检测项目不全，与相关标准的要求不符，及时予以制止。

……

问题：

给出事件一中见证取样和送检的正确做法，并根据《城镇供热管网工程施工及验收规范》CJJ 28—2014规定，补充预制保温管检测项目。

参考答案：

正确做法：在监理工程师见证下，由施工单位试验员对进场管道进行现场取样，将样品送到有相应资质的第三方试验室检测。

需补充检测项目：钢管和高密度聚乙烯外护管性能指标检测。

例题2

背景资料：

A公司承接一项城市天然气管道工程，全长5.0km，设计压力0.4MPa，钢管直径DN300mm，均采用成品防腐管。设计采用直埋和定向钻穿越两种施工方法。

直埋段成品防腐钢管到场后，厂家提供了管道的质量证明文件，项目部质检员对防腐层厚度和粘结力做了复试，经检验合格后，开始下沟安装。

问题：

直埋段管道下沟前，质检员还应补充检测哪些项目？并说明检测方法。

参考答案：

直埋段管道下沟前，质检员还应补充检测项目有：

（1）防腐层的外观、搭接；采用目测法检测。

（2）防腐层的电火花检漏；采用电火花检测仪检测。

（3）管道直径、壁厚；采用盒尺、卡尺量测。

第二节 不开槽管道施工

不开槽管道施工方法是相对于开槽管道施工方法而言，市政公用工程常用的不开槽管道施工方法有顶管法、盾构法、浅埋暗挖法、地表式水平定向钻法、夯管法等。

 考点一：水平定向钻施工

水平定向钻是当前不开槽管道施工应用非常广泛的工法，可适用于给水、中水、热力、燃气等各类压力管线，管材为钢管或PE管柔性管线，施工速度快，但精度较低。

1. 水平定向钻施工工序

导向孔钻进→扩孔、清孔→回拖（拉管）。

2. 准备工作

（1）调查施工地层的类别和厚度、地下水分布和现场周边的建（构）筑物及地下管线的位置、交通状况等。

（2）钻进设备进场后应对设备包含钻具、仪器进行验收。

（3）施工铺设的管材焊接或熔接应按设计要求执行，并经检测、检查验收合格。

（4）施工涉及道路、既有交通基础设施、穿越河湖、绿化带等的应按管理部门的要求进行申报、恢复处理。

3. 定向钻轨迹（见下图）

定向钻施工在理想状态下的轨迹为"斜直线段→曲线段→水平直线段→曲线段→斜直线段"组合；轨迹设计包括：轨迹分段形式、出土与入土点、直线段最大深度、曲线段的曲率半径、出土角与入土点角、直线段与曲线段长度等。

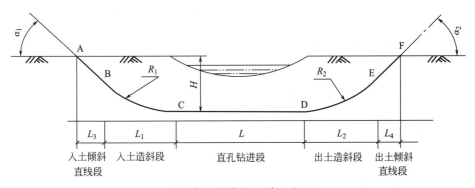

水平定向钻轨迹设计示意图

α_1——入土角（°）；H——管线中心线深（m）；R_1——入土段的曲率半径（m）；L_1——入土造斜段的水平长度（m）；α_2——出土角（°）；R_2——出土时的曲率半径（m）；L_2——管线出土造斜段的水平长度（m）。

4. 扩孔

（1）扩孔钻头连接顺序为：钻杆、扩孔钻头、分动器、转换卸扣、钻杆。

（2）根据终孔孔径、管道曲率半径、土层条件、设备能力扩孔可一次或分多次完成。

（3）回扩从出土点向入土点进行，扩孔应严格控制回拉力、转速、泥浆流量等技术参数。

5．回拖

回拖应从出土点向入土点连续进行，严格控制钻机回拖力、扭矩、泥浆流量、回拖速率等技术参数。

【经典案例】

例题1

背景资料：

A公司承接一城市天然气管道工程，全长5.0km，设计压力0.4MPa，钢管直径DN300mm，均采用成品防腐管。设计采用直埋和定向钻穿越两种施工方法，其中，穿越现状道路路口段采用定向钻方式敷设，钢管在地面连接完成，经无损检测等检验合格后回拖就位，施工工艺流程如下图所示。穿越段土质主要为填土、砂层和粉质黏土。

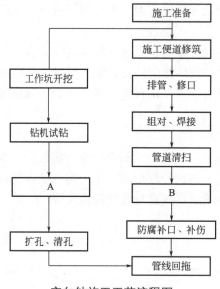

定向钻施工工艺流程图

定向钻钻进施工中，直管钻进段遇到砂层，项目部根据现场情况采取控制钻进速度、泥浆流量和压力等措施，防止出现坍孔、钻进困难等问题。

问题：

1．写出图中工序A、B的名称。

2．指出坍孔对周边环境可能造成哪些影响？项目部还应采取哪些防坍孔技术措施？

参考答案：

1．A的名称是导向孔钻进；B的名称是无损检测和强度试验。

2．（1）坍孔会造成以下影响：

1）冒浆。

2）穿越位置既有管线下沉、变形、断裂。

3）坍孔位置道路下沉，路面塌陷，影响交通。

（2）项目部还应采取以下防止坍孔的技术措施：

1）地层加固。

2）调整泥浆配合比（或增加黏土含量）。

3）泥浆中加入聚合物，提高泥浆性能。

4）按设计轨迹钻孔，采用分级、分次扩孔。

5）严格控制扩孔回拉力、转速。

例题2

背景资料：

某公司承接一项供热管线工程，全长1800m，直径400mm，其中340m管段依次下穿城市主干路、机械加工厂，穿越段地层主要为粉土和粉质黏土，有地下水，设计采用浅埋暗挖法施工隧道（套管）内敷设，其余管道采用开槽法直埋敷设。

项目部进场调研后，建议将浅埋暗挖隧道法变更为水平定向钻（拉管）法施工，获得建设单位的批准，并办理了相关手续。

问题：

与水平定向钻法施工相比，原浅埋暗挖隧道法施工有哪些劣势？

参考答案：

（1）施工成本高。

（2）施工速度慢。

（3）施工受地下水影响。

（4）对地面建（构）筑物影响大。

（5）不安全因素多。

例题3

背景资料：

A公司承接一项DN1000mm天然气管线工程，管线全长4.5km，设计压力4.0MPa，材质L485，除穿越一条宽度为50m的不通航河道采用泥水平衡法顶管法施工外，其余均采用开槽明挖施工，B公司负责该工程的监理工作。

工程开工前，A公司查看了施工现场，调查了地下设施，管线和周边环境，了解地质水文情况后，建议将顶管法施工改为水平定向钻施工，经建设单位同意后办理了变更手续，A公司编制了水平定向钻施工专项方案。

为顺利完成穿越施工，参建单位除研究设定钻进轨迹外，还采用专业浆液现场配制泥浆，以便在定向钻穿越过程中起到如下作用：软化硬质土层、调整钻进方向、润滑钻具，为泥浆电动机提供保护。

问题：

1. 简述A公司将顶管法施工变更为水平定向钻施工的理由。

2. 试补充水平定向钻泥浆液在钻进中的作用。

3. 列出水平定向钻有别于顶管施工的主要工序。

参考答案：

1.（1）河道宽度适合定向钻施工。

（2）现场条件（水文、地质、管线等）满足定向钻施工。

（3）管材、管径符合定向钻的施工要求。

（4）定向钻施工偏差对燃气管线影响小。

（5）水平定向钻法施工方便、速度快、安全可靠、造价相对较低。

2. 携带和悬浮钻屑，稳定孔壁（护壁），减小钻进阻力、冷却钻头、润滑管道。

3. 水平定向钻不同于顶管的主要工序：设定钻进轨迹、钻导向孔、扩孔、清孔、管线回拖。

考点二：夯管

夯管一般作为钢套管使用，在实际应用中范围有限，考试中也极少涉及，属于了解内容。当然不排除一些知识点以改错题形式出现，例如夯管长度一般不超过80m，夯管覆土不小于两倍管径且不得小于1.0m；夯管完成后进行排土作业，排土方式采用人工结合机械方式，小口径管道可采用气压、水压方法。

【案例作答提示】

夯管知识点也可能考核一些应用性的内容，例如分析夯管过程中出现地面隆起的原因：覆土厚度与管道直径不匹配，造成覆土过浅；夯进速度过快；夯进管道方向、角度偏差过大；夯进路线中遇到有较大的孤石或其他障碍物等。

考点三：顶管（见下图）

顶管工作井及作业面

1. 顶管形式

顶管形式分为敞口式（手掘式）顶管、密闭式顶管和挤密土层顶管法三类。其中密闭式顶管又分为土压平衡和泥水平衡两种，属于当前施工的主流方式，但在考试中更多的还是考核敞口式顶管法施工。

2．顶管坑

（1）顶管坑分为始发井和接收井两类，在始发井安装顶进设备、下管并出土，顶管坑位置一般采用管线检查井的位置。工作井排布方式如下图所示。

工作井排布方式图

（2）顶管坑始发井一般采用沉井施工形式，小型顶管的始发井也可采用钢板桩或工字钢加木板形式，接收井的围护结构与始发井相比，强度、刚度都要低很多，造价也较低。

（3）始发井内有千斤顶、导轨、顶铁和后背墙等设备、设施。

3．顶进过程中减阻措施

顶管施工中为减少管外壁与土体之间的摩擦阻力，可采取中继间或管外壁与土体之间注入触变泥浆等措施。

4．纠偏

（1）及时纠偏和小角度纠偏。

（2）挖土纠偏和调整顶进合力方向纠偏。

（3）刀盘式顶管机纠偏时，可采用调整挖土方法，调整顶进合力方向，改变切削刀盘的转动方向，在管内相对于机头旋转的反向增加配重等措施。

5．有限作业空间要求

（1）在有限空间内作业应制定作业方案。

（2）在有限空间内作业时的人数不得小于2人。

（3）配备符合要求的安全防护装置与个人防护用品。

（4）检查各类设备、设施安全性能，确保符合安全规定。

（5）在有限空间内作业前必须进行气体检测，合格后方可进行现场作业。

【经典案例】

例题1

背景资料：

某项目部承接一项顶管工程，其中 DN1350mm 管道为东西走向，长度90m；DN1050mm 管道为偏东南方向走向，长度80m。设计要求始发工作井y采用沉井法施工，接收井A、C为其他标段施工（如下图所示），项目部按程序和要求完成了各项准备工作。

Y井下沉到位，经检验合格后，顶管作业队进场按施工工艺流程安装设备：K→千斤顶就位→观测仪器安放→铺设导轨→顶铁就位。为确保首节管节能顺利出洞，项目部按预先制定的方案在y井出洞口进行土体加固；加固方法采用高压旋喷注浆，深度6m（地质资料显示为淤泥质黏土）。

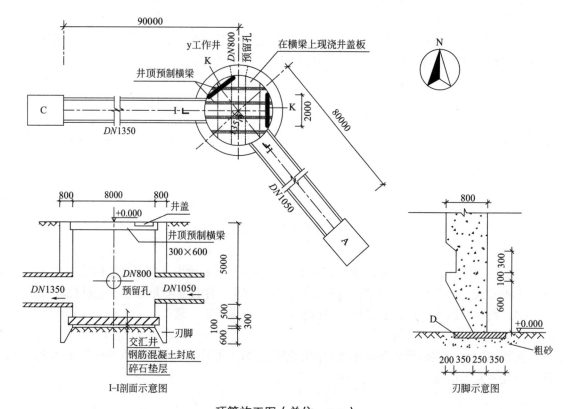

顶管施工图（单位：mm）

问题：

写出K的名称，应该布置在何处？按顶管施工的工艺流程，管节启动后、出洞前应检查哪些部位？

参考答案：

（1）K的名称是后背制作。

（2）设置位置：布置在千斤顶后面，与侧壁密贴。

（3）应检查的部位有：千斤顶后背；顶进设备（千斤顶、轨道、顶铁）；管节本身及接口连接；沉井结构及周边土体；轴线和高程。

例题2

背景资料：

A公司中标某市污水管工程，总长1.7km。采用直径为1.6～1.8m的混凝土管，其管顶覆土为4.1～4.3m，各井间距80～100m。地质条件为黏性土层，地下水位置在距离地面3.5m。项目部确定采用两台顶管机同时作业，一号顶管机从8号井作为始发井向北顶进，二号顶管机从10号井作为始发井向南顶进。工作井直接采用检查井位置（施工位置如下图所示），编制了顶管工程施工方案，并已经通过专家论证。

施工过程中发生如下事件：

事件一：因拆迁原因，使9号井不能开工。第二台顶管设备放置在项目部附近小区绿地暂存28d。

事件二：在穿越施工条件齐全后，为了满足建设方要求，项目部将10号井作为第二

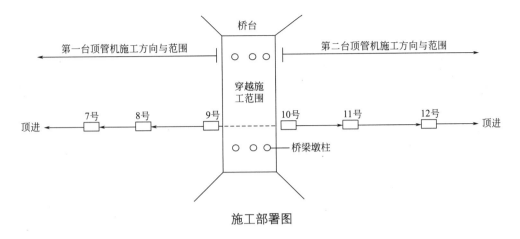

桥台

施工部署图

台顶管设备的始发井，向原8号井顶进。施工方案经项目经理批准后实施。

问题：

10号井改为向8号井顶进的始发井，应做好哪些技术准备工作？

参考答案：

（1）进行检查井增减及始发井变更手续。

（2）计算因顶管长度增加而加大的顶力。

（3）重新进行顶管后背强度和刚度的验算。

（4）调转顶进方向时，做好后背加固设计。

（5）编制10号井和已完成管道周围土体加固保护方案。

（6）重新组织专家论证并按照新方案交底。

第三节　综合管廊

考点一：相关规定

1. 综合管廊分类

综合管廊一般分为干线综合管廊、支线综合管廊、缆线综合管廊三种。

（1）干线综合管廊宜设置在机动车道、道路绿化带下面。支线综合管廊宜设置在道路绿化带、人行道或非机动车道下。缆线综合管廊宜设置在人行道下。

（2）缆线综合管廊采用浅埋沟道方式建设，设有可开启盖板但其内部空间不能满足人员正常通行要求，用于容纳电力电缆和通信线缆。

2. 综合管廊断面布置

（1）天然气管道应在独立舱室内敷设。

（2）热力管道采用蒸汽介质时应在独立舱室内敷设。

（3）热力管道不应与电力电缆同舱敷设。

（4）110kV及以上电力电缆不应与通信电缆同侧布置。

（5）给水管道与热力管道同侧布置时，给水管道宜布置在热力管道下方。

（6）进入综合管廊的排水管道应采取分流制，雨水纳入综合管廊可利用结构本体或采用管道方式；污水应采用管道排水方式，宜设置在综合管廊底部。

3. 预制综合管廊

预制构件的标识应朝向外侧。预制构件应在明显部位标明生产单位、构件型号、生产日期、质量标准和检验结果。

4. 综合管廊附属工程验收时应检查下列文件

（1）施工图设计说明及其他设计文件。

（2）材料的产品合格证书、性能检测报告、进场验收记录和复验报告。

（3）隐蔽工程验收记录。

（4）施工记录。

【经典案例】

例题

背景资料：

指出下图中综合管廊断面布置不妥之处。

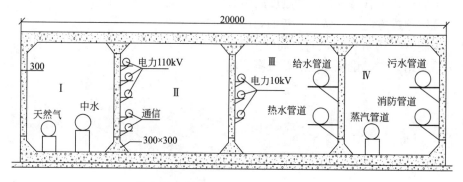

综合管廊断面布置图（单位：mm）

参考答案：

天然气管道应布设在独立舱内；蒸汽管道应在独立舱内；110kV及以上的电力电缆不能与通信电缆同侧布置；热力管道和电力电缆不能同舱；给水管道与热力管道同侧敷设必须热力管在上；污水管道应在综合管廊最底部。

考点二：综合管廊通用考点

1. 借助综合管廊考核基坑知识

管线调查、降水、放坡开挖的坡度要求、边坡防护；有支护开挖的支护形式，支撑要求；验槽；基坑漏水的处理措施；基坑坍塌的抢险支护；基坑地基加固方式；雨期施工；

安全防护；基坑回填等。

2. 借助综合管廊考核结构知识

现浇钢筋混凝土结构模板支架、施工缝、变形缝、后浇带、对拉螺栓、止水带、混凝土浇筑、混凝土结构质量通病、防水等。

3. 借助预制综合管廊考核预制构件知识

构件预制场地要求，构件预制（预应力），构件运输、吊装等。

4. 借助综合管廊考核管线知识

管线安装（焊接、热熔、沟槽、丝扣），支墩、吊架，防腐、保温，功能性试验等。

5. 图纸会审

施工前应熟悉和审查施工图纸，并应掌握设计意图与要求。应实行自审、会审（交底）和签证制度。对施工图有疑问或发现差错时，应及时提出意见和建议。当需变更设计时，应按相应程序报审，并应经相关单位签证认定后实施。

第六章

生活垃圾处理工程

考点洞察

　　生活垃圾处理工程只在2009年和2014年涉及过案例题，属于考试性价比较低的章节。可以关注一下材料存储、施工单位要求等通用知识，以及HDPE焊接及检验的相关规定。

考点一：泥质防水层施工队伍的资质与业绩要求

　　选择施工队伍时应审查施工单位的资质：营业执照、专业工程施工许可证、质量管理水平是否符合本工程的要求；从事本类工程的业绩和工作经验；合同履约情况是否良好。

考点二：膨润土防水毯施工

　　（1）膨润土防水毯应贮存在防水、防潮、干燥、通风的库房内，并应避免暴晒、直立与弯曲；未正式施工铺设前严禁拆开包装；贮存和运输过程中，必须注意防潮、防水、防破损漏土；膨润土防水毯不应在雨雪天气下施工。

　　（2）膨润土防水毯施工应符合下列规定：

　　1）应自然与基础层贴实，不应折皱、悬空。

　　2）应以品字形分布，不得出现十字搭接。

　　3）边坡施工应沿坡面铺展，边坡不应存在水平搭接。

　　（3）施工时，卷材宜绕在刚性轴上，借挖土机、装载机结合专用框架起吊铺设，应铺放平整无折皱，不得在地上拖拉，不得直接在其上行车；当边坡铺设膨润土防水毯时，严禁沿边坡向下自由滚落铺设。坡顶处材料应埋入锚固沟锚固。

（4）膨润土防水毯的连接：

1）现场铺设的连接应采用搭接。当膨润土防水毯材料的一面为土工膜时，应焊接。

2）膨润土防水毯及其搭接部位应与基础层贴实且无折皱和悬空。

3）搭接宽度为（250±50）mm。

4）局部可用钠基膨润土粉密封。

5）坡面铺设完成后，应在底面留下不少于2m的膨润土防水毯余量。

 考点三：HDPE 膜施工

（1）HDPE膜贮存

HDPE膜应存放在干燥、阴凉、清洁的场所，远离热源、并与其他物品分开存放。贮存时间超过2年以上的，使用前应进行重新检验。

（2）HDPE膜焊缝非破坏性检测

主要有双缝热熔焊缝气压检测法和单缝挤压焊缝的真空及电火花测试法。

（3）HDPE膜试验性焊接：

1）每个焊接人员和焊接设备每天在进行生产焊接之前应进行试验性焊接。

2）试焊接人员、设备、HDPE膜材料和机器配备应与生产焊接相同。

3）焊接设备和人员只有成功完成试验性焊接后，才能进行生产焊接。

4）试验性焊接完成后，割下3块25.4mm宽的试块，测试撕裂强度和抗剪强度。

5）在试焊样品上标明样品编号、焊接人员编号、焊接设备编号、焊接温度、环境温度、预热温度、日期、时间和测试结果；并填写HDPE膜试样焊接记录表，经现场监理和技术负责人签字后存档。

（4）HDPE膜生产焊接：

1）除了在修补和加帽的地方外，坡度大于1:10处不可有横向的接缝。

2）所有焊缝做到从头到尾焊接和修补，唯一例外的是锚固沟的接缝可以在坡顶下300mm的地方停止焊接。

3）HDPE膜焊接的地方要除去表面的氧化物，磨平工作在焊接前不超过1h进行。

4）为防止大风将膜刮起、撕开，HDPE膜焊接过程中如遇到下雨，在无法确保焊接质量的情况时，对已经铺设的膜应冒雨焊接完毕，等条件具备后再用单轨焊机进行修补。

第七章

施工测量与监控量测

考点洞察

　　本章节分为施工测量和监控量测两部分内容，总体而言案例考核频次有限。因为施工测量具有较强的专业性，很难作为案例考点，若考核可能会涉及一些简单的高程计算或施工测量和竣工测量的相关规定，属于记忆性考点。监控量测内容考核频次稍高于施工测量，主要考点集中在《建筑基坑工程监测技术标准》GB 50497—2019中土质基坑工程仪器监测项目表中的监测项目，以及监控量测的相关规定。

考点一：施工测量

1. 导线测量控制网测量步骤

①选点与标桩埋设。②角度观测。③边长测量。④导线的起算数据。⑤导线网的平差。

2. 高程计算（见下图）

B点为待测点，其设计高程为H_B，A为水准点，已知其高程为H_A。安置水准仪于A、B之间，先在A点立尺，读得后视读数为a，然后在B点立尺。为了使B点的标高等于设计

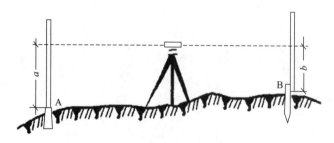

高程测设示意图

高程 H_B，升高或降低 B 点上所立之尺，使前视尺之读数等于 b。

b 可按下式计算：

$$b = H_A + a - H_B$$

3. 施工测量技术要点

（1）道路：

道路工程的各类控制桩主要包括：起点、终点、转角点与平曲线、竖曲线的基本元素点及中桩、边线桩、里程桩、高程桩等。道路及其附属构筑物平面位置应以道路中心线作为施工测量的控制基准，高程应以道路中心线部位的路面高程为基准。

（2）桥梁：

桥梁工程的各类控制桩，包括桥梁中桩及墩台的中心桩和定位桩等。桥梁基础、墩台与上部结构等各部位的平面、高程均应以桥梁中线位置及其相应的桥面高程为基准。支座（垫石）和梁（板）定位应以桥梁中线和盖梁中轴线为基准，依施工图尺寸进行平面施工测量，支座（垫石）和梁（板）的高程以其顶部高程进行控制。

（3）管线工程：

1）矩形井室应以管道中心线及垂直管道中心线的井中心线为轴线进行放线；圆形、扇形井室应以井底圆心为基准进行放线；支墩、支架以轴线和中心为基准放线。

2）排水管道工程高程应以管内底高程作为施工控制基准，给水等压力管道工程应以管道中心高程作为施工控制基准。井室等附属构筑物应以内底高程作为控制基准，控制点高程测量应采用附合水准测量。

（4）隧道：

盾构机姿态测量包括：平面偏差、高程偏差、俯仰角、方位角、旋转角及切口里程。

（5）给水排水构筑物：

矩形建（构）筑物应根据其轴线平面图进行施工各阶段放线；圆形建（构）筑物应根据其圆心施放轴线、外轮廓线。矩形水池依据四角桩设置池壁、变形缝、后浇带、立柱隔墙的施工控制网桩。

4. 竣工图的编绘

（1）场区、道路、建（构）筑物工程竣工的编绘：

1）场区道路工程竣工测量包括中心线位置、高程、横断面形式、附属构筑物和地下管线的实际位置（坐标）、高程。

2）场区建（构）筑物竣工测量，如渗沥液处理设施和泵房等，对矩形建（构）筑物应注明两点以上坐标，圆形建（构）筑物应注明中心坐标及接地外半径。

3）新建地下管线竣工测量应在覆土前进行。当不能在覆土前施测时，应在覆土前设置管线待测点并将设置的位置准确地引到地面上，做好栓点。

（2）道城市道路工程竣工的编绘：

道路中心直线段应每隔 25m 施测一个坐标和高程点；曲线段起终点、中间点，应每隔 15m 施测一个坐标和高程点；道路坡度变化点应加测坐标和高程。过街天桥应测注天桥底面高程，并应标注与路面的净空高。

（3）城市桥梁工程竣工的编绘：

桥梁工程竣工测量提交的资料宜包括 1:500 桥梁竣工图、墩台中心间距表、桥梁中心线中桩高程一览表、桥梁竣工测量技术说明。

（4）地下管线工程竣工的编绘：

地下管线检修井及其他构筑物起终点、转折点、三通等特征点的位置宜测定，井盖、井底、沟槽、井内敷设物、管顶等处的高程宜测定。

（5）地下建筑工程竣工的编绘：

地下建筑竣工测量主要包括起点、终点、转折点、交叉点、分支点、变坡点、断面变化点、材料分界点、地下管道穿越点、轮廓特征点及细部尺寸。

5. 竣工图的附件

下列与竣工图有关的一切资料，应分类装订成册，作为竣工图的附件保存。

（1）地下管线、地下隧道竣工纵断面图。

（2）道路、桥梁、水工构筑物竣工纵断面图。

（3）建筑场地及其附近的测量控制点布置图及坐标与高程一览表。

（4）建筑物或构筑物沉降及变形观测资料。

（5）工程定位、检查及竣工测量的资料。

（6）设计变更文件。

（7）建设场地原始地形图。

 考点二：监控量测

监控量测内容主要是针对基坑施工的监控量测，依据的规范为《建筑基坑工程监测技术标准》GB 50497—2019，案例考核可能性最大的为土质基坑工程仪器监测项目。

1. 基坑工程监测，应符合下列规定

（1）基坑工程施工前，应编制基坑工程监测方案。

（2）应根据基坑支护结构的安全等级、周边环境条件、支护类型及施工场地等确定基坑工程监测项目、监测点布置、监测方法、监测频率和监测预警值。

（3）基坑降水应对水位降深进行监测，地下水回灌施工应对回灌量和水质进行监测。

（4）逆作法施工应进行全过程工程监测。

2. 土质基坑工程仪器监测项目（见下表）

土质基坑工程仪器监测项目表

监测项目	基坑工程安全等级		
	一级	二级	三级
围护墙（边坡）顶部水平位移	应测	应测	应测
围护墙（边坡）顶部竖向位移	应测	应测	应测
深层水平位移	应测	应测	宜测
立柱竖向位移	应测	应测	宜测
围护墙内力	宜测	可测	可测
支撑轴力	应测	应测	宜测

监测项目		基坑工程安全等级		
		一级	二级	三级
立柱内力		可测	可测	可测
锚杆轴力		应测	宜测	可测
坑底隆起		可测	可测	可测
围护墙侧向土压力		可测	可测	可测
孔隙水压力		可测	可测	可测
地下水位		应测	应测	应测
土体分层竖向位移		可测	可测	可测
周边地表竖向位移		应测	应测	宜测
周边建筑	竖向位移	应测	应测	应测
	倾斜	应测	宜测	可测
	水平位移	宜测	可测	可测
周边建筑裂缝、地表裂缝		应测	应测	应测
周边管线	竖向位移	应测	应测	应测
	水平位移	可测	可测	可测
周边道路竖向位移		应测	宜测	可测

3. 现场监测的对象

包括：支护结构，基坑及周围岩土体，地下水，周边环境中的被保护对象，包括周边建筑、管线、轨道交通、铁路及重要的道路等；其他应监测的对象等。

4. 监测结束阶段

监测单位向建设方提供监测总结报告，并将下列资料组卷归档：

（1）监测方案。

（2）基准点、监测点布设及验收记录。

（3）阶段性监测报告。

（4）监测总结报告。

5. 基坑工程巡视检查

宜包括以下内容：

（1）支护结构：

1）支护结构成型质量。

2）冠梁、支撑、围檩或腰梁是否有裂缝。

3）冠梁、围檩或腰梁的连续性，有无过大变形。

4）围檩或腰梁与围护桩的密贴性，围檩与支撑的防坠落措施。

5）锚杆垫板有无松动、变形。

6）立柱有无倾斜、沉陷或隆起。

7）止水帷幕有无开裂、渗漏水。

8）基坑有无涌土、流砂、管涌。

9）面层有无开裂、脱落。

（2）施工状况：

1）开挖后暴露的岩土体情况与岩土勘察报告有无差异。

2）开挖分段长度、分层厚度及支撑（锚杆）设置是否与设计要求一致。

3）基坑侧壁开挖暴露面是否及时封闭。

4）支撑、锚杆是否施工及时。

5）边坡、侧壁及周边地表的截水、排水措施是否到位，坑边或坑底有无积水。

6）基坑降水、回灌设施运转是否正常。

7）基坑周边地面有无超载。

（3）周边环境：

1）周边管线有无破损、泄漏情况。

2）围护墙后土体有无沉陷、裂缝及滑移现象。

3）周边建筑有无新增裂缝出现。

4）周边道路（地面）有无裂缝、沉陷。

5）邻近基坑施工（堆载、开挖、降水或回灌、打桩等）变化情况。

6）存在水力联系的邻近水体（湖泊、河流、水库等）的水位变化情况。

（4）监测设施：

1）基准点、监测点完好状况。

2）监测元件的完好及保护情况。

3）有无影响观测工作的障碍物。

（5）根据设计要求或当地经验确定的其他巡视检查内容。

【经典案例】

例题

背景资料：

某公司承建城市主干道的地下隧道工程，长 520m 为单箱双室箱型钢筋混凝土结构，采用明挖顺作法施工。隧道基坑深 10m，侧壁安全等级为一级，基坑支护与结构设计断面如下图所示。围护桩为钻孔灌注桩，截水帷幕为双排水泥土搅拌桩，两道内支撑中间设立柱支撑，基坑侧壁与隧道侧墙的净距为 1m。

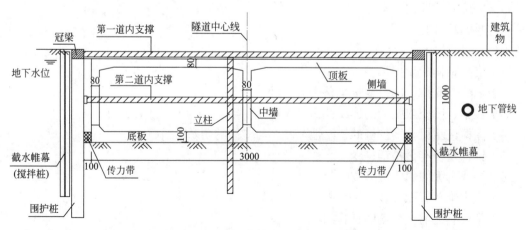

基坑支护与主体结构设计断面示意图（单位：cm）

问题：

本工程基坑监测应测的项目有哪些?

参考答案：

围护墙（边坡）顶部水平位移；围护墙（边坡）顶部竖向位移；深层水平位移；立柱竖向位移；支撑轴力；地下水位；周边地表竖向位移和裂缝；周边建筑竖向位移、倾斜和裂缝；周边道路和管线竖向位移。

第八章

项目施工管理

市政专业管理部分内容考试分值比其他专业要少很多。教材中的造价管理、成本管理、质量管理（纯质量管理）、职业健康管理内容已多年未有案例题出现，而招标投标管理、合同管理、安全管理（纯安全管理）、竣工验收与备案等内容考核频次也在逐年走低，并且这部分内容的考题内容与教材结合度并不高；合同中的索赔与招标投标与其他专业考核方式相仿，均比较侧重应用，安全管理侧重现场的趋势也非常明显；与技术部分紧密相关的现场安全防护，作业人员劳动保护，有限空间作业，操作人员上岗前的培训、考试、交底等内容是当前考试的热点；施工组织设计、现场管理和进度管理属于考核频次最高的三部分，施工组织设计中的编审流程、安全专项施工方案与专家论证、交通导行的案例考核都非常频繁，是必须掌握的内容，现场管理部分的现场布置和环保文明施工是重要考核点，而进度管理考试内容并非教材中的内容，和其他专业一样，网络图才是考核的重点。

考点一：招标投标

（1）招标公告或者投标邀请书应当至少载明下列内容：

1）招标人的名称和地址。

2）招标项目的内容、规模、资金来源。

3）招标项目的实施地点和工期。

4）获取招标文件或者资格预审文件的地点和时间。

5）对招标文件或者资格预审文件收取的费用。

6）对招标人资质等级的要求。

（2）商务标应当包括的内容：

1）投标函及投标函附录。

2）法定代表人身份证明或附有法定代表人身份证明的授权委托书。

3）联合体协议书。

4）投标保证金。

5）资格审查资料。

6）投标人须知前附表规定的其他材料。

（3）招标人可以在招标文件中要求投标人提交投标担保。投标担保可以采用投标保函或者投标保证金的方式。投标保证金可以使用支票、银行汇票等。

投标保证金一般不得超过投标估算价的2%。投标保证金有效期应当与投标有效期一致。

（4）答疑必须对所有潜在投标人进行答疑。

（5）招标人不准组织部分投标人踏勘现场。

（6）投标人应按招标人提供的工程量清单填报价格。填写的项目编码、项目名称、项目特征、计量单位、工程量必须与招标人提供的一致。

（7）招标投标时间要求（见下图）：

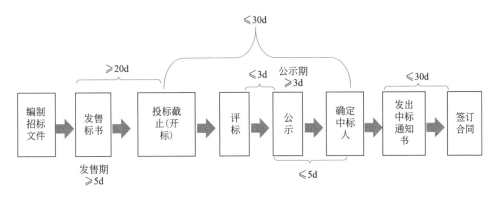

招标投标时间要求图示

【经典案例】

例题

背景资料：

某酒店工程，建设单位编制的招标文件部分内容为"工程质量为合格；投标人为本省具有工程总承包一级资质及以上企业；招标有效期为2018年3月1日—2018年4月15日；采取工程量清单计价模式；投标保证金为500.00万元……"。共有八家施工企业参加工程项目投标，建设单位对投标人提出的疑问分别以书面形式对应回复给投标人。2018年5月28日确定某企业以2.18亿元中标，双方签订了施工总承包合同，部分合同条款如下：工期自2018年7月1日起—2019年11月30日止；工程质量标准为优良。

问题：

指出招标投标过程中有哪些不妥之处？并分别说明理由。

参考答案：

不妥之处一：投标人为本省具有施工总承包一级资质的企业。

理由：不得排斥（或不合理条件限制）潜在投标人。

不妥之处二：投标保证金500万元。

理由：不超投标总价的2%。

不妥之处三：对投标人提出的疑问分别以书面形式对应回复给投标人。

理由：应以书面形式回复给所有（每一个）投标人。

不妥之处四：2018年5月28日确定中标单位。

理由：应在招标文件截止时限30d前确定中标单位。

（或：2018年4月15日起—2018年5月28日的期限超过了30d）

不妥之处五：工程质量标准为优良。

理由：与招标文件规定不相符（或不得签订背离合同实质性影响内容的其他协议）。

 考点二：造价

造价部分是除市政以外所有专业的高频考点。一建市政专业从2011年以后未曾考核过造价计算题目，2015年之后连文字性题目也不再考核了，属于了解性内容。

【经典案例】

例题1

背景资料：

某公司承建一城市道路工程，道路全长3000m，穿过部分农田和水塘，需要借土回填和抛石挤淤。工程采用工程量清单计价，合同约定分部分项工程量增加（减少）幅度在15%以内时执行原有综合单价；工程量增幅大于15%时，超出部分按原综合单价的0.9倍计算；工程量减幅大于15%时，减少后剩余部分按原综合单价的1.1倍计算。

工程竣工结算时，借土回填和抛石挤淤工程量变化情况如下表所示：

工程量变化情况表

分部分项工程	综合单价（元/m³）	清单工程量（m³）	实际工程量（m³）
借土回填	21	25000	30000
抛石挤淤	76	16000	12800

问题：

分别计算借土回填和抛石挤淤的费用。

参考答案：

（1）借土回填费用：

$25000 \times 1.15 = 28750 m^3$；

$30000 - 28750 = 1250 m^3$；

$28750 \times 21 = 603750$元；

$1250 \times 21 \times 0.9 = 23625$元；

603750+23625=627375元。

（2）抛石挤淤费用：

$16000 \times （1-0.15）=13600m^3$；

$12800<13600m^3$；

$12800 \times 76 \times 1.1=1070080$元。

例题2

背景资料：

某公司承建一污水处理厂扩建工程。

施工合同专用条款约定如下：主要材料市场价格浮动在基准价格±5%以内（含）不予调整，超过±5%时对超出部分按月进行调整；主要材料价格以当地造价行政主管部门发布的信息价格为准。

项目部根据当地造价行政主管部门发布的3月份材料信息价格和当月部分工程材料用量，申报当月材料价格调整差价。3月份部分工程材料用量及材料信息价格见下表。

3月份部分工程材料用量及材料信息价格表

材料名称	单位	工程材料用料	基准价格（元）	材料信息价格（元）
钢材	t	1000	4600	4200
商品混凝土	m^3	5000	500	580
木材	m^3	1200	1590	1630

问题：

列式计算上表中工程材料价格调整总额。

参考答案：

（1）钢材：（4200－4600）/4600×100%=-8.70%＜-5%，应调整价差；

应调减价差为：[4600×（1-5%）-4200]×1000=170000元。

（2）商品混凝土：（580-500）/500×100%=16%＞5%，应调整价差；

应调增价差为：[580-500×（1+5%）]×5000=275000元。

（3）木材：（1630-1590）/1590×100%=2.52%＜5%，不调整价差。

（4）合计：3月份部分材料价格调整总额为：275000-170000=105000元。

考点三：合同、成本

一、合同考点

1. 索赔

索赔也曾是市政专业高频考点，但近年来考核频次较低。当前索赔考核主要涉及以下考点：

（1）案例背景资料列出一起事件，问事件发生后施工单位是否可以索赔，说明理由。

（2）事件可以进行索赔，要求简述索赔内容。

（3）要求写出索赔台账、同期记录、证据资料等内容。

（4）索赔流程（程序）题目。

（5）索赔题目结合不可抗力考点。

工程本身的损害、因工程损害导致第三方人员伤亡和财产损失以及运至施工现场用于施工的材料和待安装的设备的损害，由发包人承担；发包人、承包人人员伤亡由其所在单位负责，并承担相应费用；承包人施工机具设备的损坏及停工损失，由承包人承担；停工期间，承包人应发包人要求留在施工现场的必要的管理人员及保卫人员的费用，由发包人承担；工程所需清理、修复费用，由发包人承担。

后期备考需重点关注（1）、（2）、（5）这三种考核方式。

【经典案例】

例题1

背景资料：

某市政公司承建水厂升级改造工程，其中包括新建容积1600m³的清水池等构筑物。

施工过程中发生下列事件：

事件一：清水池地基土方施工遇到不明构筑物，经监理工程师同意后拆除并换填处理，增加了60万元的工程量。

……

问题：

事件一增加的60万元能索赔吗？说明理由。

参考答案：能（可以）索赔。

理由：施工遇到不明构筑物，致使工程量增加，依据相关标准规范，不属于承包人的行为责任（属于建设方风险责任），且换填处理经过监理工程师批准。

【案例作答提示】

索赔需要根据背景资料找出依据，描述带来的损失，并区分责任（或风险），如果属于对方的责任（或风险），那么索赔成立。另外，关于索赔项目的答案要严谨，尽量写出与案例背景资料相关的索赔项目。

例题2

背景资料：

A公司中标某市污水管工程，总长1.7km。采用直径为1.6~1.8m的混凝土管，其管顶覆土为4.1~4.3m，各井间距80~100m。地质条件为黏性土层，地下水位置在距离地面3.5m。项目部确定采用两台顶管机同时作业，一号顶管机从8号井作为始发井向北顶进，二号顶管机从10号井作为始发井向南顶进。工作井直接采用检查井位置，编制了顶管工程施工方案，并已经通过专家论证。

因拆迁原因，使9号井不能开工。第二台顶管设备放置在项目部附近小区绿地暂存28d。

问题：

项目部就拆迁影响可否向建设方索赔？如可索赔，简述索赔项目。

参考答案：

可以索赔。

索赔项目有：

（1）超过本项工作总时差的工期。

（2）机械闲置费。

（3）小区绿地租用费。

（4）小区绿地及存放此处设备的维护、管理费。

（5）受该设备闲置影响人员窝工费。

（6）恢复绿地费用。

例题3

背景资料：

A公司为某水厂改扩建工程总承包单位，工程包括新建滤池、沉淀池、清水池、进水管道及相应的设备安装，其中设备安装经招标后由B公司实施，施工期间，水厂要保持正常运营。

A公司项目部进场后将临时设施中生产设施搭设在施工的构筑物附近，其余的临时设施搭设在原厂区构筑物之间的空地上，并与水厂签订施工现场管理协议。B公司进场后，A公司项目部安排B公司临时设施搭设在厂区内的滤料堆场附近，造成部分滤料损失，水厂物资部门向B公司提出赔偿滤料损失的要求。

问题：

简述水厂物资部门的索赔程序。

参考答案：

物资部门应呈报水厂，水厂依据施工现场管理协议向A公司提出赔偿要求，A公司可根据分包合同规定，向B公司追偿相应损失。

例题4

背景资料：

某公司承接了某城市道路的改扩建工程，施工计划安排如下图所示。

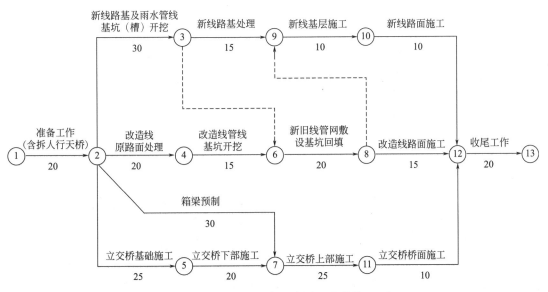

城市道路改扩建工程施工计划图（单位：d）

施工中，发生了如下导致施工暂停的事件：

事件一：在新增路线管网基坑开挖施工中，原有地下管网资料标注的城市主供水管和光电缆位于-3.0m处，但由于标识的高程和平面位置与实际有较大偏差，导致供水管和光电缆被挖断，使开挖施工暂停14d。

事件二：在改造路面施工中，由于摊铺机设备故障，导致施工中断7d。

问题：

分析施工中先后发生的两次事件对工期产生的影响。如果项目部提出工期索赔，应获得几天延期？说明理由。

参考答案：

（1）事件一将使工期拖延4d；事件二将使工期再延长2d。

（2）如果项目部提出工期索赔，应获得由于事件一导致的工期延误补偿，即延期4d。

（3）理由：地下管线高程和平面位置出现偏差，导致施工中挖断了供水管和光电缆，造成停工损失，属于建设方责任（非施工方责任）；事件二中的摊铺机设备故障是承包人自身原因造成的，延期索赔不会获批。

2. 变更

变更知识点市政专业一般考核变更的流程。但是考试中涉及的变更流程与教材介绍稍有区别，在案例题作答中需要特别凸显建设单位这一重要采分点。一般考试中出现的变更流程为：施工单位提出设计变更申请→监理审核后报建设单位签认→设计单位进行变更设计→变更由建设单位下达监理单位→监理单位发出变更函。

【经典案例】

例题

背景资料：

某市为了交通发展，需修建一条双向快速环线，里程桩号为K0+000～K19+998.984。建设单位将该建设项目划分为10个标段，当年10月份进行招标，拟定工期为24个月，同时成立了管理公司，由其代建。

各投标单位按要求中标后，管理公司召开设计交底会，开会时，有③、⑤标段的施工单位提出自己中标的项目中各有1座泄洪沟小桥的桥位将会制约相邻标段的通行，给施工带来不便，建议改为过路管涵，管理公司表示认同，并请设计单位出具变更通知单。

问题：

③、⑤标段的施工单位提出变更申请的理由是否合理？针对施工单位提出的变更设计申请，管理公司应如何处理？

参考答案：

（1）变更理由合理。

（2）管理公司与相邻标段施工单位核实，安排监理单位审查，管理公司进行审批（签认），再由设计单位出具设计变更，最后委托监理单位出具变更令。

解析：本题中管理公司就代表建设单位，所以做法按照变更流程去作答。不过需要注意，答案要更多地体现出管理公司作为主导去完成这个流程。本题变更流程主要采分点体现在"与相邻标段核实、监理公司审查、管理公司审批、设计单位变更设计、监理单位变更令"等内容。

3. 合同其他考点

合同章节除索赔与变更外也有一些频次不高的考点，如合同形式、合同主体，出现问题后的责任，发包方和承包方的义务等相关内容。

【经典案例】

例题

背景资料：

地铁工程某标段包括A、B两座车站以及两座车站之间的区间隧道，区间隧道长1500m，设两座联络通道。区间隧道采用盾构法施工，联络通道采用冻结加固暗挖施工。本标段由甲公司总承包，施工过程中发生下列事件：

事件一：甲公司将盾构掘进施工（不含材料和设备）分包给乙公司，联络通道冻结加固施工（含材料和设备）分包给丙公司。建设方委托第三方进行施工环境监测。

事件二：在1号联络通道暗挖施工过程中发生局部坍塌事故，导致停工10d，直接经济损失100万元。事发后进行了事故调查，认定局部冻结强度不够是导致事故的直接原因。

问题：

1. 事件一中甲公司与乙、丙公司分别签订哪种分包合同？

2. 在事件二所述的事故中，甲公司和丙公司分别承担何种责任？

参考答案：

1. 甲公司与乙公司签订劳务分包合同，甲公司与丙公司签订专业分包合同。

2. 在事件二的事故中甲公司承担连带责任，丙公司承担主要责任。

二、成本管理

在市政专业考试中，成本管理很少涉及案例题，即便偶尔出现，也是一些结合了案例背景资料、施工现场和教材部分知识的应用性考题。成本控制其实就是施工过程中人、材、机的控制，备考时需将教材中的知识点进行归纳总结。

1. 劳务分包管理和控制（人的控制）

（1）建立劳务分包队伍的注册和考核制度。

（2）做好劳务分包队伍的选择和分包合同签订工作。

（3）进场做好入场教育、过程指导、培训监督等工作。

（4）退场做好检查、清点与结算工作。

2. 材料费的控制

（1）加强供应商的资格预审、考察、评审、考核等环节。

（2）对材料价格进行择优、竞标、长期合同的控制方式。

（3）做到限额领料、认真计量、余料回收；减少材料运输和储存过程中的损耗，避免返修。

（4）周转材料尽量重复使用、配置合理，避免积压或数量不够、及时退场。

（5）对建设方提供物资做好签证，组织进场、检验、储存、使用及不合格品管理，按期对账，办理结算。

3. 施工机械使用费的控制

（1）控制好租赁价格和实际用量。

（2）合理配置自有机械设备的数量、型号规格，并加强维护保养。

（3）做好机械设备进退场，并对其完好状态、安全及环保性能验收。

（4）机械费控制要点：

1）提高机械设备的利用率和完好率。

2）掌握市场信息，利用闲置资源，降低机械台班价格。

3）加强保养、减少大修。

4）对设备日常运转进行监督。

4. 原始记录

应包括：施工人员的考勤表、计量验收单、材料进场和出库签认单、机具使用签认单等。

【经典案例】

例题

背景资料：

某项目部承建一项生活垃圾填埋场工程，规模为20万t，场地位于城郊接合部。工程施工过程中发生以下事件：

事件一：原拟堆置的土方改成外运，增加了工程成本。

……

问题：

结合背景资料简述填埋场的土方施工应如何控制成本。

参考答案：

（1）尽量将土方卖给有需求的施工单位。

（2）因土方量大，需确定合理开挖顺序。

（3）计算工程预留土方量，外运不能超量。

（4）选择合理土方消纳处，尽量缩短运距。

（5）做好土方外运的精准计量。

 考点四：施工组织设计

一、施工组织设计考点

1. 市政工程特点

多专业工程交错、综合施工，旧工程拆迁、新工程同时建设，与城市交通、市民生活相互干扰，工期短或有行政指令，施工用地紧张、用地狭小，施工流动性大等。

2. 施工总体部署

应包括主要工程目标、总体组织安排、总体施工安排、施工进度计划及总体资源配置等。

3. 施工组织设计审批流程

项目负责人主持编写，企业技术负责人审批，加盖公章，报建设方和监理方审批后实施。

4．保证措施

（1）施工现场环境保护措施应包括下列内容：

扬尘、烟尘防治措施；噪声防治措施；生活、生产污水排放控制措施；固体废弃物管理措施；水土流失防治措施等。

（2）施工现场文明施工管理措施应包括下列内容：

封闭管理措施；办公、生活、生产、辅助设施等临时设施管理措施；施工机具管理措施；建筑材料、构配件和设备管理措施；卫生管理措施；便民措施等。

【经典案例】

例题

背景资料：

某施工单位中标承建一座三跨预应力混凝土连续钢构桥。

施工项目部根据该桥的特点，编制了施工组织设计，经项目总监理工程师审批后实施。

问题：

本案例的施工组织设计审批符合规定吗？说明理由。

参考答案：

（1）不符合规定。

（2）理由：施工组织设计应经项目负责人主持编制，报企业技术负责人批准，加盖公章；报建设方、监理工程师审批后实施；有变更时要及时办理变更审批手续。

二、专项方案与专家论证（简称"两专"）考点

1．"两专"内容对照（见下表）

"两专"内容对照表

类别	需编制专项施工方案	需专家论证、审查
基坑工程	（1）开挖深度超过3m（含3m）的基坑（槽）的土方开挖、支护、降水工程。 （2）开挖深度虽未超过3m，但地质条件、周围环境和地下管线复杂，或影响毗邻建、构筑物安全的基坑（槽）的土方开挖、支护、降水工程	开挖深度超过5m（含5m）的基坑（槽）的土方开挖、支护、降水工程
模板工程及支撑体系	（1）各类工具式模板工程：包括滑模、爬模、飞模、隧道模等工程。 （2）混凝土模板支撑工程：搭设高度5m及以上，或搭设跨度10m及以上，或施工总荷载（荷载效应基本组合的设计值，以下简称设计值）10kN/m²及以上，或集中线荷载（设计值）15kN/m及以上，或高度大于支撑水平投影宽度且相对独立无联系构件的混凝土模板支撑工程。 （3）承重支撑体系：用于钢结构安装等满堂支撑体系	（1）各类工具式模板工程：包括滑模、爬模、飞模、隧道模等工程。 （2）混凝土模板支撑工程：搭设高度8m及以上，或搭设跨度18m及以上，或施工总荷载（设计值）15kN/m²及以上，或集中线荷载（设计值）20kN/m及以上。 （3）承重支撑体系：用于钢结构安装等满堂支撑体系，承受单点集中荷载7kN及以上

类别	需编制专项施工方案	需专家论证、审查
起重吊装及起重机械安装拆卸工程	（1）采用非常规起重设备、方法，且单件起吊重量在10kN及以上的起重吊装工程。 （2）采用起重机械进行安装的工程。 （3）起重机械安装和拆卸工程	（1）采用非常规起重设备、方法，且单件起吊重量在100kN及以上的起重吊装工程。 （2）起重量300kN及以上，或搭设总高度200m及以上，或搭设基础标高在200m及以上的起重机械安装和拆卸工程
脚手架工程	（1）搭设高度24m及以上的落地式钢管脚手架工程（包括采光井、电梯井脚手架）。 （2）附着式升降脚手架工程。 （3）悬挑式脚手架工程。 （4）高处作业吊篮。 （5）卸料平台、操作平台工程。 （6）异型脚手架工程	（1）搭设高度50m及以上的落地式钢管脚手架工程。 （2）提升高度在150m及以上的附着式升降脚手架工程或附着式升降操作平台工程。 （3）分段架体搭设高度20m及以上的悬挑式脚手架工程
拆除工程	可能影响行人、交通、电力设施、通信设施或其他建（构）筑物安全的拆除工程	（1）码头、桥梁、高架、烟囱、水塔或拆除中容易引起有毒有害气（液）体或粉尘扩散、易燃易爆事故发生的特殊建（构）筑物的拆除工程。 （2）文物保护建筑、优秀历史建筑或历史文化风貌区影响范围内的拆除工程
暗挖工程	采用矿山法、盾构法、顶管法施工的隧道、洞室工程	采用矿山法、盾构法、顶管法施工的隧道、洞室工程
其他	（1）建筑幕墙安装工程。 （2）钢结构、网架和索膜结构安装工程。 （3）人工挖孔桩工程。 （4）水下作业工程。 （5）装配式建筑混凝土预制构件安装工程。 （6）采用新技术、新工艺、新材料、新设备可能影响工程施工安全，尚无国家、行业及地方技术标准的分部分项工程	（1）施工高度50m及以上的建筑幕墙安装工程。 （2）跨度36m及以上的钢结构安装工程，或跨度60m及以上的网架和索膜结构安装工程。 （3）开挖深度16m及以上的人工挖孔桩工程。 （4）水下作业工程。 （5）重量1000kN及以上的大型结构整体顶升、平移、转体等施工工艺。 （6）采用新技术、新工艺、新材料、新设备可能影响工程施工安全，尚无国家、行业及地方技术标准的分部分项工程

2. 专项方案编制

（1）施工单位应当在危险性较大分部分项工程（简称"危大工程"）施工前组织工程技术人员编制专项施工方案。实行施工总承包的，专项施工方案应当由施工总承包单位组织编制。危大工程实行分包的，专项施工方案可以由相关专业分包单位组织编制。

（2）专项施工方案应当由施工单位技术负责人审核签字、加盖单位公章，并由总监理工程师审查签字、加盖执业印章后方可实施。

（3）危大工程实行分包并由分包单位编制专项施工方案的，专项施工方案应当由总承包单位技术负责人及分包单位技术负责人共同审核签字并加盖单位公章。

（4）专项方案编制应当包括以下内容：

1）工程概况：危大工程概况和特点、施工平面布置、施工要求和技术保证条件。

2）编制依据：相关法律、法规、规范性文件、标准、规范及施工图设计文件、施工组织设计等。

3）施工计划：包括施工进度计划、材料与设备计划。

4）施工工艺技术：技术参数、工艺流程、施工方法、操作要求、检查要求等。

5）施工安全保证措施：组织保障措施、技术措施、监测监控措施等。

6）施工管理及作业人员配备和分工：施工管理人员、专职安全生产管理人员、特种作业人员、其他作业人员等。

7）验收要求：验收标准、验收程序、验收内容、验收人员等。

8）应急处置措施。

9）计算书及相关施工图纸。

3. 专项方案的专家论证

（1）对于超过一定规模的危大工程，施工单位应当组织召开专家论证会对专项施工方案进行论证。实行施工总承包的，由施工总承包单位组织召开专家论证会。专家论证前专项施工方案应当通过施工单位审核和总监理工程师审查。

（2）专家组成员构成：

专家应当从地方人民政府住房城乡建设主管部门建立的专家库中选取，符合专业要求且人数不得少于5名。与本工程有利害关系的人员不得以专家身份参加专家论证会。

（3）论证报告：

专项方案经论证后，专家组应当提交论证报告，对论证的内容提出明确的意见，并在论证报告上签字。经专家论证后结论为"通过"的，施工单位可参考专家意见自行修改完善；结论为"修改后通过"的，专家意见要明确具体修改内容，施工单位应当按照专家意见进行修改，并履行有关审核和审查手续后方可实施，修改情况应及时告知专家。

4. 专项施工方案实施

（1）施工单位应当在施工现场显著位置公告危大工程名称、施工时间和具体责任人员，并在危险区域设置安全警示标志。

（2）施工单位应当严格按照专项施工方案组织施工，不得擅自修改专项施工方案。因规划调整、设计变更等原因确需调整的，修改后的专项施工方案应当重新审核和论证。

（3）施工单位应当对危大工程施工作业人员进行登记，项目负责人应当在施工现场履职。

（4）对于按照规定需要进行第三方监测的危大工程，建设单位应当委托具有相应勘察资质的单位进行监测。监测单位应当编制监测方案。监测方案由监测单位技术负责人审核签字并加盖单位公章，报送监理单位后方可实施。

【经典案例】

例题1

背景资料：

某工程公司承建一座城市跨河桥梁工程。河道宽36m、水深2m，流速较大，两岸平坦开阔。桥梁为三跨（35+50+35）m预应力混凝土连续箱梁，总长120m。桥梁下部结构为双柱式花瓶墩，埋置式桥台，钻孔灌注桩基础。

项目部编制了施工组织设计，内容包括：

项目部根据识别出的危大工程编制了安全专项施工方案，按相关规定进行了专家论证，在施工现场显著位置设立了危大工程公告牌，并在危险区域设置安全警示标志。

问题：

危大工程公告牌应标明哪些内容？

参考答案：

危大工程名称、实施时间、具体责任人员。

例题2

背景资料：

某公司中标承建该市城郊接合部交通改扩建高架桥工程，该高架桥上部结构为现浇预应力钢筋混凝土连续箱梁，桥梁底板距地面高15m、桥宽17.5m、主线长720m，桥梁中心轴线位于既有道路边线，在既有道路中心线附近有埋深1.5m的现状DN500mm自来水管道和光纤线缆，平面布置如下图所示，高架桥跨越132m鱼塘和菜地，设计跨径组合为41.5m+49m+41.5m，其余为标准联，跨径组合为（28+28+28）m×7联，支架法施工，下部结构为：H形墩身下接10.5m×6.5m×3.3m承台（深埋在光纤线缆下0.5m），承台下设有直径1.2m、深15m的人工挖孔灌注桩。

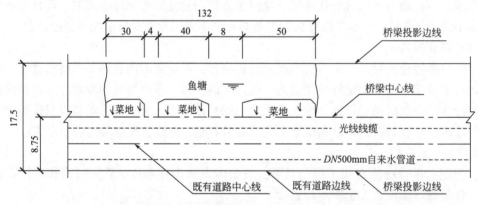

某市城郊改扩建高架桥平面布置示意图（单位：m）

项目部进场后编制的施工组织设计中提出了"支架地基加固处理"和"满堂支架设计"两个专项方案。在"支架地基加固处理"专项方案中，项目部认为在支架地基预压时的荷载应不小于支架地基承受的混凝土结构物恒载的1.2倍即可，并根据相关规定组织召开了专家论证会，邀请了含本项目技术负责人在内的四位专家对方案内容进行了论证，专项方案经论证后，专家组提出了应补充该工程上部结构施工流程及支架地基预压荷载验算需修改完善的指导意见。

问题：

1. 该项目中有哪些"危险性较大的分部分项工程"内容需要编写安全专项施工方案。

2. 本工程对专项方案的论证结果是否有效？如无效请说明理由并写出正确做法。

参考答案：

1. 现浇箱梁支架工程；箱梁内模安装工程；承台基坑土方开挖、支护、降水工程；人工挖孔桩工程。

2. 论证结果无效。

理由：（1）项目技术负责人作为专家参加论证会错误。

（2）四位专家对专项方案论证错误。

正确做法：专家组的成员应由5名以上符合相关专业要求的专家组成，与本工程有利害关系的人员不得以专家身份参加专家论证会。

例题3

背景资料：

某公司承建城市桥区泵站调蓄工程，其中调蓄池为地下式现浇钢筋混凝土结构，混凝土强度等级C35，池内平面尺寸为62.0m×17.3m，底板厚度900mm、顶板厚度600mm，内部净空高度0.63m。

问题：

列式计算池顶模板承受的结构自重分布荷载q（kN/m²），（混凝土重力密度γ=25kN/m³）；根据计算结果，判断模板支架安全专项施工方案是否需要组织专家论证，说明理由。

参考答案：

（1）顶板模板承受结构自重分布荷载：q=25kN/m³×0.6m=15KN/m²；

（2）模板支架专项方案需要组织专家论证。

理由：相关文件规定，施工总荷载15kN/m²及以上的混凝土模板支撑工程所编制的安全专项方案需要组织专家论证。

例题4

背景资料：

某公司中标给水厂扩建升级工程，其中臭氧接触池为半地下钢筋混凝土结构。臭氧接触池的平面有效尺寸为25.3m×21.5m，在宽度方向设有6道隔墙，间距1~3m，隔墙一端与池壁相连，交叉布置；池底板顶面标高−2.750m，顶板顶面标高5.850m。现场土质为湿软粉质砂土，地下水位标高−0.6m。臭氧接触池立面如下图所示。

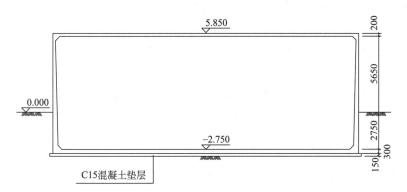

臭氧接触池立面示意图（高程单位：m；尺寸单位：mm）

项目部编制的施工组织设计经过论证审批，臭氧接触池施工方案有如下内容：

（1）将降水和土方工程施工分包给专业公司；

（2）浇筑顶板混凝土采用满堂布置扣件式钢管支（撑）。

问题：

依据《危险性较大的分部分项工程安全管理规定》（中华人民共和国住房和城乡建设部令第37号，经中华人民共和国住房和城乡建设部令第47号修订）及《住房城乡城乡建设部办公厅关于实施〈危险性较大分部分项工程安全管理规定〉有关问题的通知》（建办质〔2018〕31号文）和计算结果，需要编制哪些专项施工方案？是否需要组织专家论证？

参考答案：

依据《危险性较大的分部分项工程安全管理规定》（中华人民共和国住房和城乡建设部令第37号，经中华人民共和国住房和城乡建设部令第47号修订）及《住房城乡城乡建设部办公厅关于实施〈危险性较大分部分项工程安全管理规定〉有关问题的通知》（建办质〔2018〕31号文）和计算结果：

（1）基坑深度3.2m＞3.0m，应编制深基坑施工（土方开挖、支护和降水工程）专项施工方案。

（2）支架高度8.4m＞5.0m，应编制支架施工专项施工方案。

（3）支架高度8.4m＞8.0m，属于超过一定规模的危险性较大的分部分项工程范围，应组织专家论证和履行审批手续。

解析： 依据背景资料和图形进行计算可得：基坑最小开挖深度：2.75+0.30+0.15=3.2m；支架高度：2.75+5.85-0.2=8.4m。

【案例作答提示】

案例题专项方案专家论证考点作答时严格按照建办质〔2018〕31号文件及中华人民共和国住房和城乡建设部令第37号内容。"两专"几乎属于必考题目，除了两个附件以外，教材中其他知识点也一定要熟悉。

三、交通导行

1. 划分区域

设置警告区、上游过渡区、缓冲区、作业区、下游过渡区、终止区。

2. 办理手续部门

道路管理部门，公安交通管理部门，有时还应报市政工程行政主管部门。

3. 保证措施

搭设围挡；设置临时交通导行标志，设置路障、隔离设施；设置夜间照明、警示信号；搭设便桥，协助交警疏导交通；工人安全专项教育、与工人签订《施工交通安全责任合同》。

4. 交通导行应用性考点

现场改扩建工程，结合案例背景资料考核施工先后顺序，或者考核围挡搭设范围。

【经典案例】

例题1

背景资料：

某单位承建城镇主干道大修工程，道路全长2km，红线宽50m，工程主要内容为：①对道路破损部位进行翻挖补强；②铣刨40mm旧沥青混凝土上面层后，加铺40mm厚SMA-13沥青混凝土上面层。

接到任务后，项目部对现状道路进行综合调查，编制了施工组织设计和交通导行方案，并报监理单位及交通管理部门审批，导行方案如下图所示。

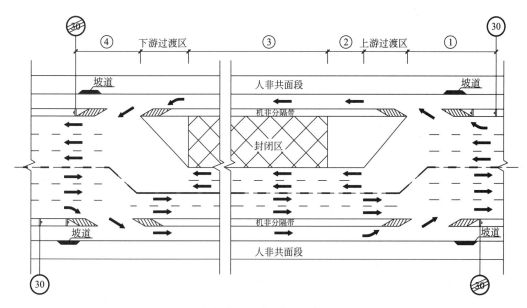

左幅交通导行平面示意图

问题：

1. 交通导行方案还需要报哪个部门审批？

2. 根据交通导行平面示意图，请指出图中①、②、③、④各为哪个疏导作业区？

参考答案：

1. 还应报道路管理部门和市政工程行政主管部门审批。

2. ①是警告区（或警示区）、②是缓冲区、③是作业区（或工作区）、④是终止区。

例题2

背景资料：

某公司承建一项道路扩建工程，长3.3km、设计宽度40m，上下行双幅路；现况路面铣刨后铺表面层形成上行机动车道，新建机动车道面层为三层热拌沥青混合料，工程内容还包括新建雨水、污水、给水、供热、燃气工程。

项目部进行了现况调查：工程位于城市繁华老城区，现况路宽12.5m，人机混行，经常拥堵；两侧密布的企事业单位和民居多处位于道路红线内；地下老旧管线多，待拆改移。在现场调查基础上，项目部分析了工程施工特点及存在的风险，对项目施工进行了综合部署。施工前，项目部编制了交通导行方案，经有关管理部门批准后组织实施。

为保证沥青表面层的外观质量，项目部决定分幅、分段施工沥青底面层和中面层后放行交通，整幅摊铺施工表面层。

问题：

简述本工程交通导行整体思路。

参考答案：

交通导行整体思路：

（1）争取交通分流，减小施工压力；

（2）现况路正常通行、新建路部分进行管线和道路结构施工；

（3）进行交通导行，新建路通行社会交通，施工现况路管线、路面结构。

解析：本题考核交通导行整体思路，相当于考核一个项目经理对背景资料介绍的工程能否有一个整体的合理的安排。背景资料反复强调了现况路、拓宽路、现况路作为新建路的上行机动车道，而且交代现况路只有12.5m，而扩建后道路为40m，只要抓住这些关键性的提示字眼，不难找到答题的思路。

考点五：施工现场管理

一、现场布置与管理

1. 平面布置的内容

（1）施工图上所有地上、地下建筑物、构筑物以及其他设施的平面位置。

（2）给水、排水、供电管线等临时位置。

（3）生产、生活临时区域及仓库、材料构件、机具设备堆放位置。

（4）现场运输通道、便桥及安全消防临时设施。

（5）环保、绿化区域位置。

（6）围墙（挡）与入口（至少要有两处）位置。

2. 五牌一图及围挡：

（1）五牌一图：

1）五牌：工程概况牌、管理人员名单及监督电话牌、消防安全牌、安全生产（无重大事故）牌、文明施工牌。一图：施工现场总平面图。

2）工程概况牌：内容一般应写明工程名称、面积、层数、建设单位、设计单位、施工单位、监理单位、开竣工日期、项目负责人（经理）以及联系电话。

（2）围挡：

围挡搭设应连续、稳定、安全、密封、坚固、整洁、美观；材料采用砌体或金属板材等硬质材料，市区不低于2.5m、郊区不低于1.8m。不得在围挡下堆放砂石等材料。

【经典案例】

例题1

背景资料：

某单位承建一钢厂主干道钢筋混凝土道路工程，道路全长1.2km、红线宽46m。项目部进场后按文明施工要求对施工现场进行了封闭管理，并在现场进口处挂有"五牌一图"。

问题：

"五牌一图"具体指哪些牌和图？

参考答案：

五牌：工程概况牌、管理人员名单及监督电话牌、消防安全牌（消防保卫牌）、安全生产（无重大事故）牌、文明施工牌。一图：施工现场总平面图。

例题2

背景资料：

某公司承建一座市政桥梁工程。

项目部进场后，拟在桥位线路上现有城市次干道旁租地建设T梁预制场，同时编制了预制场的建设方案，由于该次干道位于城市郊区，预制场用地范围采用高1.5m的松木桩挂网围护。

问题：

给出预制场围护的正确做法。

参考答案：

（1）沿预制场四周连续设置围挡（墙），除大门出入口外不得留有缺口。

（2）围挡（墙）高于1.8m，应为金属或砌体等硬质材料，并保证坚固、稳定、整洁、美观。

例题3

背景资料：

某市为了交通发展，需修建一条双向快速环线，施工平面图如下所示。

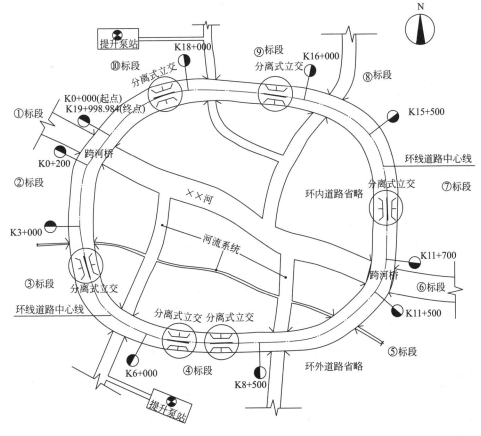

施工平面图（单位：m）

开会时，有③、⑤标段的施工单位提出自己中标的项目中各有1座泄洪沟小桥的桥位将会制约相邻标段的通行，给施工带来不便，建议改为过路管涵，管理公司表示认同，并请设计单位出具变更通知单，施工现场采取封闭管理，按变更后的图纸组织现场施工。

问题：

为保证现场封闭施工，施工单位最先完成与最后完成的工作是什么？

参考答案：

最先完成的是：搭建围挡（围墙）及出入口的定位；最后完成的是：拆除围挡及场地恢复。

3. 临时设施及安全措施

（1）临时设施的种类：

1）办公设施，包括办公室、会议室、门卫传达室等。

2）生活设施，包括宿舍、食堂、厕所、淋浴室、小卖部、阅览娱乐室、卫生保健室等。

3）生产设施，包括材料仓库、防护棚、加工棚［站、厂，如混凝土搅拌站、砂浆搅拌站、木材加工厂、钢筋加工厂、机具（械）维修厂等］、操作棚等。

4）辅助设施，包括道路、院内绿化、旗杆、停车场、现场排水设施、消防安全设施、围墙、大门等。

（2）临时设施的搭设与管理：

宿舍：宿舍必须设置可开启式窗户，宽0.9m、高1.2m，设置外开门；宿舍内应保证有必要的生活空间，室内净高不得小于2.5m，通道宽度不得小于0.9m，每间宿舍人均居住面积满足相关规定。宿舍内的单人铺不得超过2层，严禁使用通铺，床铺应高于地面0.3m，人均床铺面积不得小于1.9m×0.9m，床铺间距不得小于0.3m。宿舍内应有足够的插座，线路统一套管，宿舍用电单独配置漏电保护器、断路器。每间宿舍应配备一个灭火器材。

【经典案例】

例题1

背景资料：

A公司为某水厂改扩建工程总承包单位，工程包括新建滤池、沉淀池、清水池、进水管道及相应的设备安装，其中设备安装经招标后由B公司实施，施工期间，水厂要保持正常运营。

A公司项目部进场后将临时设施中的生产设施搭设在施工构筑物附近，其余的临时设施搭设在原厂区构筑物之间的空地上，并与水厂签订施工现场管理协议。

问题：

列出本工程其余临时设施种类，指出现场管理协议的责任主体。

参考答案：

（1）本工程其余临时设施种类有：①办公设施；②生活设施；③辅助设施。

（2）现场管理协议的责任主体：A公司和水厂。

例题2

背景资料：

某公司在建工程施工进入夏季后，公司项目管理部对该项目的工人宿舍和食堂进行了检查，个别宿舍内床铺均为2层，住有18人，设置有生活用品专用柜；窗户为封闭式窗户，防止他人进入；通道的宽度为0.8m；食堂办理了卫生许可证，3名炊事人员均有身体健康证，上岗中符合个人卫生相关规定。检查后项目管理部对工人宿舍的不足提出了整改要求，并限期达标。

问题：

指出工人宿舍管理的不妥之处并改正。在炊事人员上岗期间，从个人卫生角度还有哪些具体管理规定？

参考答案：

（1）不妥之处一：窗户为封闭式窗户；正确做法：应为开启式窗户。

不妥之处二：通道宽度0.8m；正确做法：应不小于0.9m（900mm）。

不妥之处三：每间住有18人；正确做法：每间宿舍人均居住面积应满足相关规范规定。

（2）对炊事人员上岗期间个人卫生具体管理规定：

穿戴洁净的工作服、工作帽、口罩，不得穿工作服出食堂；保持个人卫生，坚持四勤（勤洗手、勤剪指甲、勤洗澡、勤理发）。

例题3

背景资料：

某市政公司承建水厂升级改造工程。施工过程中发生下列事件：

事件一：为方便水厂运行人员，施工区未完全封闭。发生了一名取水样人员跌落基坑受伤事件，监理工程师要求项目部采取纠正措施。

……

问题：

简述项目部应采取的纠正措施。

参考答案：

施工现场必须封闭管理，围挡连续设置，不留缺口、安装牢固、整洁美观，围挡设有警示标志和警示红灯。

例题4

背景资料：

某公司承建的市政桥梁工程中，桥梁引道与现有城市次干道呈T形平面交叉，次干道路堤采用植草防护；引道位于种植滩地，线位上距离拟建桥台15m现存池塘一处（长15m、宽12m、深1.5m）；引道两侧边坡采用挡土墙支护：桥台采用重力式桥台，基础为直径120cm混凝土钻孔灌注桩。

在桩基施工期间，发生一起行人滑入泥浆池事故，但未造成伤害。

问题：

针对"行人滑入泥浆池"的安全事故，指出桩基施工现场应采取哪些安全措施。

参考答案：

应采取以下安全措施：

（1）泥浆池周围设置防护栏杆并挂密目式安全网，底部设置踢脚板，悬挂警示标志，夜间有警示红灯，有专人巡视。

（2）施工现场设置连续封闭的施工围挡，大门口安排门卫值守。

4. 卫生保健

（1）施工现场应设置保健卫生室，配备保健药箱、常用药及绷带、止血带、颈托、担架等急救器材，小型工程可以用办公用房兼做保健卫生室。

（2）当施工现场作业人员发生法定传染病、食物中毒、急性职业中毒时，必须在2h内向事故发生所在地建设行政主管部门和卫生防疫部门报告，并应积极配合调查处理。

（3）现场施工人员患有法定的传染病或病源携带者时，应及时进行隔离，并由卫生防疫部门进行处置。

二、环境保护管理

1. 大气污染与固体废弃物污染采分点

硬化（道路、料场、生活办公区）；覆盖（车辆、集中堆放的土方、裸露的场地）；绿化（存放的土方）；固化（集中存放的土方）；洒水（裸露场地，运输线路）；密闭、封闭（散装材料、生活垃圾和建筑垃圾存储和运输）；尾气排放（运输车辆与施工机械）；严禁燃烧（任何可以燃烧的都不能在现场燃烧）；洗车池、少装慢行、减速、专人清扫（土方外运）。

2. 水污染采分点

沉淀、过滤、抗渗（例如现场泥浆、污水进行沉淀、过滤，油漆、化学溶剂的仓库施作防渗层等）。

3. 噪声污染采分点

办理手续；公告居民；远离居民区；装卸材料轻拿轻放；机具设备采取消声、吸声、隔声措施。

4. 光污染采分点

控制灯光照射角度和灯光亮度；电焊设置遮光棚。

【经典案例】

例题1

背景资料：

某公司承接一项城镇主干道新建工程。项目部按照制定的扬尘防控方案，对土方平衡后的多余土方进行了外弃。

问题：

项目部在土方外弃时应采取哪些扬尘防控措施？

参考答案：

（1）出口设洗车池冲洗车辆。

（2）车辆不得装载过满且密闭覆盖（遮盖）。

（3）转弯上坡减速慢行。

（4）规划专门路线并洒水降尘。

（5）如有遗撒派专人清扫。

例题2

背景资料：

某公司承建城区防洪排涝应急管道工程，其中一段管道位于城市主干路机动车道下，在沿线3座检查井位置施作工作竖井。

施工前，项目部编制了浅埋暗挖隧道下穿道路专项施工方案，拟在工作竖井位置占用部分机动车道，搭建临时设施，进行工作竖井施工和出土。项目部采取了以下环保措施：

（1）对现场临时路面进行硬化，散装材料进行覆盖。

（2）临时堆土采用密闭式防尘网进行覆盖。

（3）夜间施工进行露天焊接作业，控制好照明装置灯光亮度。

问题：

结合背景资料，补充项目部应采取的环保措施。

参考答案：

（1）现场洒水降尘，出入口设置洗车池清洁车辆。

（2）土方运输车装载不宜过满且密闭（覆盖），拐弯上坡减速慢行。

（3）设专人清扫沿路遗撒土方。

（4）办理夜间施工手续并公告附近居民。

（5）夜间装卸材料做到轻拿轻放，并采取消声、吸声、隔声等降噪措施。

（6）控制灯光照射角度，电焊设置遮光棚。

三、劳务管理考点

1. 内容

市政公用工程施工现场管理人员和关键岗位人员实名制管理的内容有：个人身份证、个人执业注册证或上岗证件、个人工作业绩、个人劳动合同或聘用合同等内容。

2. 管理措施

（1）劳务企业要与劳务人员依法签订书面劳动合同，明确双方权利义务、工资支付标准、支付形式、支付时间和项目。应将劳务人员花名册、身份证、劳动合同文本、岗位技能证书复印件报总包方项目部备案，并确保人、册、证、合同、证书相符统一。劳务队的劳务工必须符合国家规定的用工条件，对关键岗位和特种作业人员，必须持有相应的职业（技术）资格证书或国家认可的操作证书。

（2）要逐人建立劳务人员入场、继续教育培训档案，档案中应记录培训内容、时间、课时、考核结果、取证情况。

（3）进入现场施工的劳务人员要佩戴工作卡，工作卡应注明姓名、身份证号、工种、所属劳务企业。

考点六：进度管理

进度章节是施工管理部分的高频考点，但教材中关于网络图编制、调整，进度总结、报告等相关内容均不再进行案例考核。当前案例考核多围绕着双代号网络图和横道图展开，备考中建议围绕着曾经考核过的真题以及相关专业的考题进行学习。

【经典案例】

例题1

背景资料：

某市政桥梁工程经监理工程师批准的施工网络进度计划如下图所示。

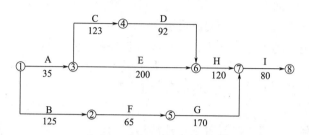

施工网络进度计划图（单位：d）

当工程施工按计划进行到第110天末时，因承包人的施工设备故障造成E工作中断施工。为保证工程顺利完成，有关人员提出以下施工调整方案：

因B工作所用的设备能满足E工作的需要，故使用B工作的设备完成E工作未完成工作量，其他工作均按计划进行。

问题：

1. 指出施工网络进度计划的关键线路，并计算施工网络进度计划的工期，以及E工作的总时差。

2. 绘制调整后的施工网络进度计划，并指出关键线路（网络进度计划中应将E工作分解为E_1和E_2，其中E_1表示已完成工作，E_2表示未完成工作）。

参考答案：

1. 计划工期为450d。

关键线路为①→③→④→⑥→⑦→⑧（或A→C→D→H→I）。

E工作的总时差为15d。

2. 调整后的施工网络进度计划如下图所示：

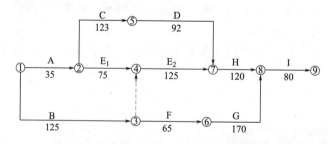

修改后的施工网络计划图（单位：d）

关键线路之一：①→③→④→⑦→⑧→⑨（或B→E2→H→I）；

关键线路之二：①→②→⑤→⑦→⑧→⑨（或A→C→D→H→I）。

例题2

背景资料：

某管道铺设工程项目，工程内容包括燃气、给水、热力等项目，热力管道采用支架铺设。合同工期80d。

开工前，甲施工单位项目部编制了总体施工组织设计，确定了各种管道施工工序的工作顺序如下表所示，同时绘制了网络进度计划如下图所示。

在热力管道排管施工过程中，由于下雨影响停工1d。为保证按时完工，项目部采取了加快施工进度的措施。

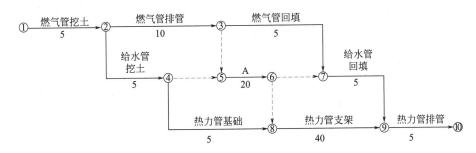

网络计划进度图（单位：d）

各种管道施工工序工作顺序表

紧前工作	工作	紧后工作
—	燃气管挖土	燃气管排管、给水管挖土
燃气管挖土	燃气管排管	燃气管回填、给水管排管
燃气管排管	燃气管回填	给水管回填
燃气管挖土	给水管挖土	给水管排管、热力管基础
B、C	给水管排管	D、E
燃气管回填、给水管排管	给水管回填	热力管排管
给水管挖土	热力管基础	热力管支架
热力管基础、给水管排管	热力管支架	热力管排管
给水管回填、热力管支架	热力管排管	—

问题：

1. 项目部加快施工进度应采取什么措施？

2. 写出上图中代号A和上表中代号B、C、D、E代表的工作内容。

3. 列式计算上图的工期，并判断工程施工是否满足合同工期要求，同时给出关键线路（关键线路用图1中代号"①~⑩"及"→"表示）。

参考答案：

1. 项目部加快施工进度措施：

（1）加班，增加人员、机械设备（焊机、吊机）。

（2）确保现场施工作业面。

（3）设工期提前奖励措施。

（4）改变管道排管施工工艺。

2．上图中代号 A 表示给水管排管。上表中 B、C 表示燃气管排管、给水管挖土；D、E 表示给水管回填、热力管支架。

3．（1）工期：5+10+20+40+5=80d，满足合同工期要求。

（2）关键线路为：①→②→③→⑤→⑥→⑧→⑨→⑩。

例题 3

背景资料：

A 公司承建城市道路改扩建工程，其中新建设一座单跨简支桥梁，节点工期为 90d，项目部编制了网络进度计划如下图所示。公司技术负责人在审核中发现施工进度计划不能满足节点工期要求，工序安排不合理，要求在每项工作作业时间不变，桥台钢模仍为一套的前提下对网络进度计划进行优化。

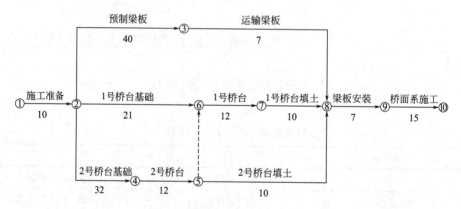

桥梁施工进度网络计划图（单位：d）

问题：

绘制优化后的该桥施工网络进度计划，并给出关键线路和节点工期。

参考答案：

（1）优化后桥梁施工网络计划如下图所示：

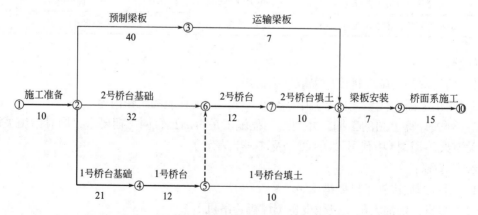

优化后桥梁施工进度网络计划图（单位：d）

2023 年版全国一级建造师市政公用工程管理与实务专题聚焦

或者:

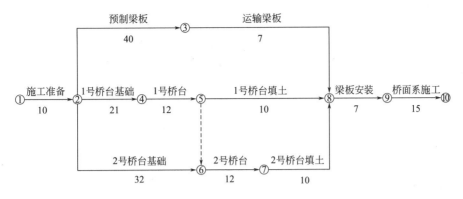

优化后桥梁施工进度网络计划图（单位：d）

（2）关键线路：①→②→④→⑤→⑥→⑦→⑧→⑨→⑩。

（3）节点工期为87d。

例题4

背景资料：

某新建住宅群体工程，包含10栋装配式高层住宅，1栋社区活动中心及地下车库等。

社区活动中心开工后，由项目技术负责人组织专业工程师根据施工进度总计划编制社区活动中心施工进度计划，内部评审中项目经理提出C、G、J工作由于特殊工艺共同租赁一台施工机具，在工作B、E按计划完成的前提下，考虑该机具租赁费用较高，尽量连续施工，要求对进度计划进行调整。经调整，最终形成既满足工期要求又经济可行的进度计划。社区活动中心调整后的部分施工进度计划如下图所示。

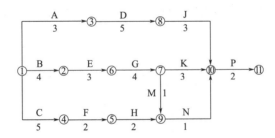

社区活动中心施工进度计划（部分）（单位：d）

问题：

列出图中调整后有变化的逻辑关系（以工作节点表示如：①→②或②→③）。计算调整后的总工期，列出关键线路（以工作名称表示如：A→D）。

参考答案：

调整后，逻辑关系变化的有：④→⑥和⑦→⑧；

调整后的总工期：16d；

关键线路为：B→E→G→K→P，B→E→G→J→P。

调整后的社区活动中心施工进度计划如下图所示：

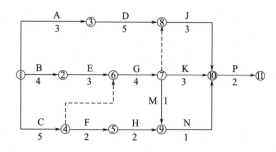

调整后的社区活动中心施工进度计划（单位：d）

例题5

背景资料：

某项目部承建一项新建城镇道路工程，指令工期100d。

道路工程施工在雨水管道主管铺设、检查井砌筑完成、沟槽回填土的压实度合格后进行。项目部将道路车行道施工分成四个施工段和三个主要施工过程（包括路基挖填、路面基层、路面面层），每个施工段、施工过程的作业天数见下表。

施工段、施工过程及作业天数计划表

施工过程	施工段作业天数（d）			
	①	②	③	④
路基挖填	10	10	10	10
路面基层	20	20	20	20
路面面层	5	5	5	5

工程部按流水作业计划编制的横道图见下图，并组织施工，路面基层采用二灰混合料，常温下养护7d。

施工过程	施工段(d)																					
	5	10	15	20	25	30	35	40	45	50	55	60	65	70	75	80	85	90	95	100	105	110
路基挖填	①		②		③		④															
路面基层																						
路面面层																						

新建城镇道路施工进度计划横道图

问题：

1. 按上表、上图所示，补画路面基层与路面面层的横道图线。确定路基挖填与路面基层之间及路面基层与路面面层之间的流水步距。

2. 该项目计划工期为多少天？是否满足指令工期。

参考答案：

1. 路面基层与路面面层完整的横道图如下所示：

施工过程	施工段(d)																					
	5	10	15	20	25	30	35	40	45	50	55	60	65	70	75	80	85	90	95	100	105	110
路基挖填	①		②		③		④															
路面基层				①			②					③			④							
路面面层															①	②	③	④				

补充完整后的新建城镇道路施工进度计划横道图

路基挖填与路面基层之间流水步距10d；路面基层与路面面层之间的流水步距为65d。

解析：依据错位相减取大差，本工程按照下列方式计算流水步距：

$$
\begin{array}{ccccc}
10 & 20 & 30 & 40 & \\
- & 20 & 40 & 60 & 80 \\
\hline
10 & 0 & -10 & -20 & -80
\end{array}
\qquad
\begin{array}{ccccc}
20 & 40 & 60 & 80 & \\
- & 5 & 10 & 15 & 20 \\
\hline
20 & 35 & 50 & 65 & -20
\end{array}
$$

本小问可能有人会将基层养护时间（7d）加入流水施工进行计算，得出路面基层与面层的流水步距是72d，这种理解方式不妥。作为一个施工常识，基层施工的速度要比路基施工快很多，而本工程中每一段基层施工时间是20d，是每一段路基施工时间（10d）的两倍，所以说这个基层施工时间包括了养护的时间。

2．该项目计划工期为多少天？是否满足指令工期。

参考答案：

该项目计划工期95d，指令工期100d，满足指令工期。

例题6

背景资料：

某公司承建一段新建城镇道路工程，其雨水管道位于非机动车道下，设计采用$D800mm$钢筋混凝土管，相邻井段间距40m。

施工前，项目部对管道施工进度计划内容规定如下：管道施工划分为三个施工段，时标网络计划如下图所示（两条虚工作线需补充）。

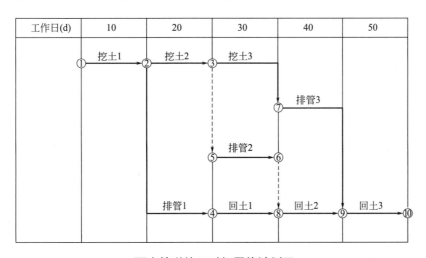

雨水管道施工时标网络计划图

问题：

补全图中缺少的虚工作（用时标网络图提供的节点代号及箭线作答，或用文字叙述，在背景资料中作答无效）。补全后的网络图中有几条关键线路，总工期为多少？

参考答案：

或者：④节点至⑤节点增加虚箭线，⑥节点至⑦节点之间增加虚箭线。

补全后的网络图中有6条关键线路，本工程总工期50d。

考点七：质量、安全管理

一、质量管理

1. 质量控制流程

实施班组自检、工序或工种间互检、专业检查的"三检制"流程。

2. 质量控制方法

应在施工过程中确定关键工序及特殊过程并明确其质量控制点及控制措施。影响施工质量的因素包括与施工质量有关的人员、施工机具、建筑材料、构配件和设备、施工方法和环境因素。

3. 图纸会审

（1）建设单位负责组织并记录，设计单位对图纸内容及相关问题进行交底。

（2）施工单位内部图纸会审目的：领会设计意图，发现图纸问题，检查设计文件是否与在施标准规范违背，找出图纸本身冲突和矛盾。

4. 现场准备

（1）工程开工前，完成场地整平、施工道路通畅，并由建设单位提供给水水源、排水口位置、电源、通信等。

（2）做好设计、勘测的交桩和交线工作，建立施工控制网并测量放样。

（3）建设符合国家及地方标准要求的现场试验室。

（4）按照交通疏导（行）方案修建临时施工便线、导行临时交通。

（5）根据现场施工条件及实际需要，搭建现场生产、生活、办公等临时设施。

5. 技术交底

（1）内容：

施工管理人员在每分项工程（工序）施工前应对作业人员进行书面技术交底，交底内容包括工具及材料准备、施工技术要点、质量要求及检查方法、常见问题及预防措施。

（2）交底程序：

单位工程、分部工程和分项工程开工前，项目技术负责人对承担施工的负责人或分包方全体人员进行书面技术交底。技术交底资料应办理签字手续并归档。

【案例作答提示】

教材中纯质量管理章节的相关知识点考核案例频率非常低，当前质量内容的考核多结合道路、桥梁、基坑、结构和管线相关技术内容，题型多为发生质量问题后分析原因、找出预防办法和处理措施。

二、安全管理

（1）常见的职业伤害事故：

高处坠落、物体打击、触电、机械伤害、坍塌、中毒和窒息、火灾是市政公用工程施工项目最常见的职业伤害事故。（根据案例背景资料不同，还可能会有：车辆伤害、起重伤害、淹溺、火药爆炸）。

（2）安全生产"六关"：即措施关、交底关、教育关、防护关、检查关、改进关。

（3）环境条件对工程施工安全的影响：

环境因素包括：工程技术环境（如地质、水文、气象等），工程作业环境（如作业面大小、防护设施、通风、通信等），现场自然环境（如冬期、雨期等），工程周边环境﹝如邻近地下管线、建（构）筑物等﹞。

（4）风险事件发生后果的描述及等级标准（见下表）：

风险后果描述及等级标准一览表

损失等级	1级	2级	3级	4级
人员伤亡	是指造成30人以上死亡，或者100人以上重伤	10人以上30人以下死亡，或者50人以上100人以下重伤	3人以上10人以下死亡，或者10人以上50人以下重伤	3人以下死亡，或者10人以下重伤

（5）安全风险公告内容应包括：主要安全风险、可能引发的事故类别、事故后果、管控措施、应急措施及报告方式等。

（6）安全风险预防措施：

安全风险预防措施主要从技术措施、管理措施、应急措施等方面制定并实施：

1）技术措施主要包括科学先进的施工技术、施工工艺、操作规程、设备设施、材料配件、信息化技术、监测技术等。

2）管理措施主要包括合理的施工组织、严谨的管理制度等。

3）应急措施主要包括编制应急救援预案、建立健全应急救援体系、建立应急抢险队伍、储备应急物资、进行有针对性的应急演练等。

（7）对查出的安全隐患要做到"五定"：即定整改责任人、定整改措施、定整改完成时间、定整改完成人、定整改验收人。

（8）企业必须取得行业主管部门颁发的"安全生产许可证"，工程项目取得"建设工程施工许可证"方可开工。

（9）企业应当设置独立的安全生产管理机构，配备专职安全生产管理人员。工程项目应建立以项目负责人为组长的安全生产领导小组，实行施工总承包的，安全生产领导小组由总承包企业、专业承包企业和劳务分包企业的项目经理、技术负责人、专职安全生产管理人员组成。

（10）分包人安全生产责任应包括：分包人对本施工现场的安全工作负责，认真履行分包合同规定的安全生产责任；遵守总承包人的有关安全生产制度，服从总承包人的安全生产管理，及时向总承包人报告伤亡事故并参与调查，处理善后事宜。

（11）新进场的工人，必须接受公司、项目、班组的三级安全培训教育，经考核合格后，方可上岗：

1）公司安全培训教育的主要内容：从业人员安全生产权利和义务；本单位安全生产情况及规章制度；安全生产基本知识，有关事故案例等。

2）项目安全培训教育的主要内容：作业环境及危险因素；可能遭受的职业伤害和伤亡事故；岗位安全职责、操作技能及强制性标准；安全设备设施的使用、劳动纪律及安全注意事项；自救互救、急救方法、疏散和现场紧急情况的处理等。

3）班组安全培训教育的主要内容：本班组生产工作概况，工作性质及范围；本工种的安全操作规程；容易发生事故的部位及劳动防护用品的使用要求；班组安全生产基本要求；岗位之间工作衔接配合的安全注意事项。

（12）应急预案：

1）应按照应急预案的规定，落实应急指挥体系、应急救援队伍、应急物资及装备，建立应急物资、装备配备及其使用档案，并对应急物资、装备进行定期检测和维护，使其处于适用状态。

2）应急预案自公布之日起20个工作日内，按照分级属地原则，向上级单位和属地应急管理部门及其他负有安全生产监督管理职责的部门进行备案。

3）应制定应急预案演练计划，根据事故风险特点，每年至少组织一次综合应急预案演练或者专项应急预案演练，每半年至少组织一次现场处置方案演练。

4）应急预案演练结束后，应对应急预案演练效果进行评估，撰写应急预案演练评估报告，分析存在的问题，并对应急预案提出修订意见。

（13）专项检查考点：

主要由项目专业人员开展施工机具、临时用电、防护设施、消防设施等专项安全检查。专项检查应结合工程项目进行，如沟槽、基坑土方的开挖、脚手架、施工用电、吊装设备专业分包、劳务用工等安全问题均应进行专项检查。专业性较强的安全问题应由项目负责人组织专业技术人员、专项作业负责人和相关专职部门进行。

（14）安全管理检查评分分为保证项目和一般项目。保证项目包括：安全生产责任制、施工组织设计或专项施工方案、安全技术交底、安全检查、安全教育、应急救援等；一般项目包括：分包单位安全管理、持证上岗、生产安全事故处理、安全标志。

（15）依据《建筑施工安全检查标准》JGJ 59—2011：

第3.11.2条　基坑工程检查评定保证项目应包括：施工方案、基坑支护、降水排水、基坑开挖、坑边荷载、安全防护。一般项目应包括：基坑监测、支撑拆除、作业环境、应急预案。

第3.12.2条　模板支架检查评定保证项目应包括：施工方案、支架基础、支架构造、支架稳定、施工荷载、交底与验收。一般项目应包括：杆件连接、底座与托撑、构配件材质、支架拆除。

（16）安全技术交底的主要内容：

安全技术交底应结合施工作业场所状况、特点、工序，对危险因素、施工方案、规范标准、操作规程和应急措施进行交底。

【经典案例】

例题1

背景资料：

某公司承建长1.2km的城镇道路大修工程。机动车道下方有一条$DN800mm$污水管线，垂直于该干线有一条$DN500mm$混凝土污水管支线接入，由于污水支线不能满足排放量要求，拟在原位更新为$DN600mm$，更换长度50m，为2号~2′号井段。

在对2号井内进行扩孔接管道作业之前，项目部编制了有限空间作业专项施工方案和事故应急预案并经过审批；在作业人员下井前打开上、下游检查井通风，对井内气体进行检测后未发现有毒气体超标；在打开的检查井周边摆放了反光锥桶，完成上述准备工作后，检测人员带着气体检测设备离开了现场，此后两名作业人员佩穿戴防护设备下井施工。由于施工时扰动了井底沉积物，有毒气体逸出，造成作业人员中毒，虽救助及时未造成人员伤亡，但暴露了项目部安全管理的漏洞，监理因此开出停工整改通知。

问题：

针对管道施工时发生的事故，补充项目部在安全管理方面应采取的措施。

参考答案：

（1）对作业人员专项培训考核并进行安全技术交底。

（2）备有送、排风设备且人员下井期间不间断通风。

（3）井下作业时，不能中断气体检测工作，且配备救援器材。

（4）按交通方案设置反光锥桶、安全标志、警示灯，设专人维护交通秩序。

（5）安排具备有限空间作业监护资格的人在现场监护。

例题2

背景资料：

A公司中标承建某污水处理厂扩建工程，新建构筑物包括沉淀池、曝气池及进水泵房，其中沉淀池采用预制装配式预应力混凝土结构。

鉴于运行管理因素，在沉淀池施工前，建设单位将预制装配式预应力混凝土结构变更为现浇无粘结预应力结构，并与施工单位签订了变更协议。

施工过程中发生如下事件：

事件一：预应力张拉作业时平台突然失稳，一名张拉作业人员从平台上坠落到地面摔成重伤；项目部及时上报A公司并参与事故调查，查清事故原因后，继续进行张拉施工。

……

问题：

根据有关事故处理原则，继续张拉施工前还应做好哪些工作？

参考答案：

依据"四不放过"原则，继续张拉施工前还应做好以下工作：做到对事故责任人进行处理；对事故的责任人和周围群众进行教育；制定切实可行的整改和预防措施。

例题3

背景资料：

某公司中标一座跨河桥梁工程，所跨河道流量较小，水深超过5m，河道底土质为黏土。在项目实施过程中发生了以下事件：

事件一：由于工期紧，电网供电未能及时到位，项目部要求各施工班组自备发电机供电。某施工班组将发电机输出端直接连接到多功能开关箱。将电焊机、水泵和打夯机接入同一个开关箱，以保证工地按时开工。

......

问题：

事件一中用电管理有哪些不妥之处？说明理由。

参考答案：

不妥之处一：各施工班组自备发电机供电不妥。

理由：必须由项目部统一配备并检测合格方可使用。

不妥之处二：发电机与开关箱直接连接不妥。

理由：应采用总配电箱、分配电箱、开关箱三级配电系统。

不妥之处三：电焊机、水泵和打夯机接入同一个开关箱不妥。

理由：严禁同一开关箱直接控制两台以上用电设备（一机一闸）。

解析：根据《施工现场临时用电安全技术规范》JGJ 46—2005第8.1.1条规定：配电系统应设置配电柜或总配电箱、分配电箱、开关箱，实行三级配电。第8.1.3条规定：每台用电设备必须有各自专用的开关箱，严禁用同一个开关箱直接控制两台及以上用电设备（含插座）。

例题4

背景资料：

某公司中标污水处理厂升级改造工程，处理规模为70万 m^3/d，其中包括中水处理系统的配水井为矩形钢筋混凝土半地下室结构。

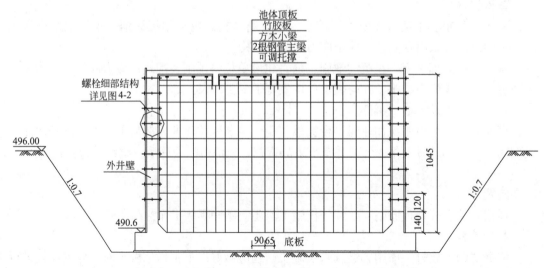

配水井顶板支架剖面示意图（标高单位：m；尺寸单位：cm）

施工中发生了如下事件：

事件一：项目部识别了现场施工的主要危险源，其中配水井施工现场主要易燃易爆物体包括隔离剂、油漆稀释料等。

……

问题：

现场的易燃易爆物体危险源还应包括哪些？

参考答案：

竹胶板、方木小梁，氧气瓶、乙炔瓶，养护用的麻袋、草袋、薄膜，防水材料，各种施工机械和车辆用油。

解析：考试越来越接近施工现场，本问相当于考核水池施工用到的材料和设备，且需要知道其是否属于易燃易爆品。另外要注意，易燃易爆物体并非指模板搭设一个环节，而是包含了整个工程施工环节。

考点八：职业健康安全与环境

1. 安全风险控制措施计划制定与评审

职业健康安全风险控制措施计划是以改善项目劳动条件、防止工伤事故、预防职业病和职业中毒为主要目的的一切技术组织措施。具体包括以下四类：

（1）职业健康安全技术措施：以预防工伤事故为目的，包括防护装置、保险装置、信号装置及各种防护设施。

（2）工业卫生技术措施：以改善劳动条件、预防职业病为目的，包括防尘、防毒、防噪声、防振动设施以及通风工程等。

（3）辅助房屋及设施：指保证职业健康安全生产、现场卫生所必须的房屋和设施，包括淋浴室、更衣室、消毒室等。

（4）安全宣传教育设施：包括职业健康安全教材、图书、仪器，施工现场安全培训教育场所、设施。

2. 施工现场预防职业病的主要措施

（1）为保持空气清洁或使温度符合职业卫生要求而安设的通风换气装置和采光、照明设施。

（2）为消除粉尘危害和有毒物质而设置的除尘设备和消毒设施。

（3）防治辐射、热危害的装置及隔热、防暑、降温设施。

（4）为职业卫生而设置的对原材料和加工材料消毒的设施。

（5）减轻或消除工作中的噪声及振动的设施。

（6）为改善劳动条件而铺设的各种垫板。

（7）为消除有限空间空气含氧量不达标或有毒有害气体超标而设置的设施。

【经典案例】

例题

背景资料：

某公司总承包了一条单跨城市隧道，隧道长度为800m、跨度为15m，地质条件复杂。

设计采用浅埋暗挖法进行施工。

施工阶段项目部根据工程的特点对施工现场采取了一系列职业病防治措施，安设了通风换气装置和照明设施。

问题：

现场职业病防治措施还应增加哪些内容？

参考答案：

（1）设置除尘设备和消毒设施；

（2）设置防辐射和热危害的装置及隔热、防暑、降温设施；

（3）设置原材料和加工材料消毒设施；

（4）设置降噪、减振、气体检测及夜间防止光污染的设施；

（5）改善劳动条件，铺设各种垫板；

（6）采用空中喷雾，地面洒水，地表覆盖，消除土地扬尘；

（7）本工程特有的其他设施。

考点九：竣工验收与备案

1. 竣工验收备案程序

（1）施工单位自检合格后向建设单位提交工程竣工报告，申请竣工验收，并经总监理工程师签署意见。

（2）对符合竣工验收要求的工程，建设单位负责组织勘察、设计、施工、监理等单位组成的专家组实施验收。

（3）建设单位必须在竣工验收7个工作日前将验收的时间、地点及验收组名单书面通知负责监督该工程的市场监督管理部门。

（4）建设单位应当自工程竣工验收合格之日起15d内，提交竣工验收报告，向工程所在地县级以上地方人民政府建设行政主管部门（备案机关）备案。

2. 资料管理一般规定

（1）施工资料应有建设单位签署的意见或监理单位对认证项目的认证记录。

（2）总承包工程项目，由总承包单位负责汇集，并整理所有有关施工资料。

（3）分包单位在施工过程中应主动向总承包单位提交有关施工资料，需要监理工程师签字的由总包资料员提请专业监理工程师签字。

（4）建设工程项目由几个单位承包的，各承包单位应负责收集、整理立卷其承包项目的工程文件，并应及时向建设单位移交。

（5）施工资料，特别是需注册建造师签章的，应严格按有关法规规定签字、盖章。

（6）列入城建档案馆档案接收范围的工程，城建档案管理机构按照建设工程竣工联合验收的规定对工程档案进行验收。

3. 资料整理要求

（1）资料排列顺序一般为：封面、目录、文件资料和备考表。

（2）封面应包括：工程名称、开竣工日期、编制单位、卷册编号、单位技术负责人和法人代表或法人委托人签字并加盖公章。

4. 质量验收资料

（1）单位工程质量验收记录。

（2）单位工程质量控制资料核查表。

（3）单位（子单位）工程安全和功能检查及主要功能抽查记录。

（4）市政公用工程应附有质量检测和功能性试验资料。

（5）工程使用的主要建筑材料、建筑构配件和设备的进场试验报告。

5. 工程竣工报告和工程竣工验收报告

（1）工程竣工报告由施工单位编制，主要内容有：工程概况；施工组织设计文件；工程施工质量检查结果；符合法律法规及工程建设强制性标准情况；工程施工履行设计文件情况；工程合同履约情况。

（2）工程竣工验收报告由建设单位编制。

【经典案例】

例题1

背景资料：

某公司承建一座城市桥梁。开工前，项目部对该桥划分了相应的分部、分项工程和检验批，作为施工质量检查、验收的基础。

工程完工后，项目部立即向当地市场监督管理部门申请工程竣工验收，该申请未被受理。此后，项目部按照工程竣工验收规定对工程进行全面检查和整修，确认工程符合竣工验收条件后，重新申请工程竣工验收。

问题：

1. 施工单位应向哪个单位申请工程竣工验收？

2. 工程完工后，施工单位在申请工程竣工验收前应做好哪些工作？

参考答案：

1. 工程完工后，施工单位向建设单位提交工程竣工报告，申请工程竣工验收。

2. 施工单位应做好以下工作：

（1）施工单位自检合格。

（2）监理单位组织的预验收合格。

（3）施工资料档案完整。

（4）建设主管部门及市场监督管理部门责令整改的问题全部整改完毕。

例题2

背景资料：

某公司总承包了一条单跨城市隧道，隧道长度为800m、跨度为15m，地质条件复杂。设计采用浅埋暗挖法进行施工，其中支护结构由建设单位直接分包给一家专业施工单位。

工程竣工联合验收阶段总承包单位与专业分包单位分别向城建档案馆提交了施工验收资料，专业分包单位的资料直接由专业监理工程师签字。

问题：

城建档案馆竣工验收是否会接收总包、分包单位分别递交的资料？总承包工程项目施工资料汇集、整理的原则是什么？

参考答案:

(1)不会接收。

(2)原则:由总承包单位负责汇集并整理所有有关施工资料;分包单位应主动向总承包单位提交有关施工资料,需要监理工程师签字的由总包单位提请专业监理工程师签字;需建造师签章的,履行签字、盖章程序。

第二篇　专题模块篇

图形题

一、识图常识（见下列图）

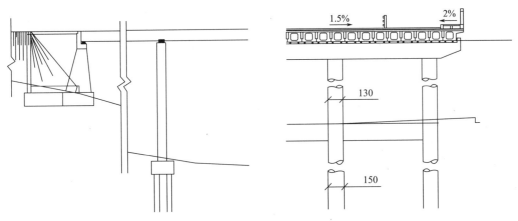

折断线（断口线）标志（单位：mm）

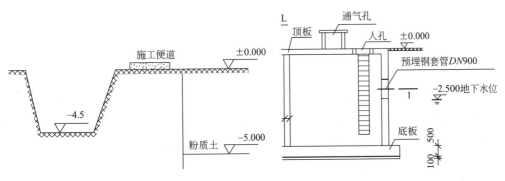

设计高程标志（高程单位：m，尺寸单位：mm）

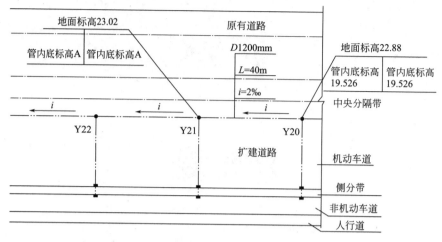

坡度（高程单位：m）

二、图形基础知识（部位名称、作用、施工要求等）

【专题精要】

图形基础知识是当前热门考点之一，每年案例题均有涉及，图形基础知识的考核体现了命题人响应考试大纲要求，考核应试者施工基本技能、解决实际问题的能力。虽然市政专业涉及专业众多，但教材中并未展示各专业施工图，所以平时备考中需要对这部分知识进行有效梳理和补充，当前考核的图形多以节点图、剖面图、大样图为主，考核最多的是图形局部A或B的名称，并且简述其作用或施工要求。考试中如果遇到平时比较熟悉的图形，那么图形局部名称的分数比较容易拿到。但由于市政专业太多，考试图形很可能是平时未遇见过的，这时需要先判断他属于哪类结构，先确定大方向，再描述其细节，比如先判断是混凝土结构还是钢板结构，然后再根据混凝土或者钢材的特性进一步描述其作用和施工要求。

有时候遇到的图形名称可能在工程上说法不一，这时要尽可能地多列举采分点，争取用你的采分点涵盖命题人给出的参考答案。例如：图形给出的结构施工缝中间止水装置，可以写成止水钢板（钢板止水带）；围护结构与第二道、第三道支撑连接的可以写成围檩（腰梁、圈梁）；诸如此类的还有桥梁中盖梁（帽梁）、桥头搭板（桥台搭板），桥台中的耳墙（侧墙）、背墙（前墙）等。

在考试中遇到构件无法准确描述其作用时，可以试想本图中缺少A或B会是什么状况，而增设了A或B后又会有哪些不同，这个区别往往就是其作用，例如施工缝的止水钢板、变形缝的橡胶止水带、挡土墙的墙踵板等。而在考试中遇到不能准确回答施工要求时，可以尝试按照"褒贬对立"的方式进行描述，不管施工还是安装都应做到平稳、直顺、稳定、牢固、对称、密贴等，绝不能出现偏斜、错位、扭曲、空鼓、裂纹等。

📖 案例1（2021年二建案例二）

背景资料：

某公司承接了某市高架桥工程，桥幅宽25m，共14跨，跨径为16m，为双向六车道，上部结构为预应力空心板梁，半幅桥断面示意图如下图所示。

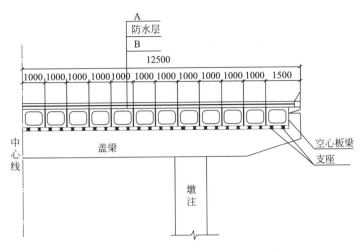

半幅桥梁横断面示意图（单位：mm）

问题：

写出图中桥面铺装层中 A、B 的名称。

参考答案：

A 的名称是沥青混凝土面层或水泥混凝土面层。

B 的名称是整平层（找平层）。

案例 2（2017 年二建案例一）

背景资料：

某公司承建一座城市桥梁。该桥上部结构为 6×20m 简支预制预应力混凝土空心板梁，每跨设置边梁 2 片，中梁 24 片；下部结构为盖梁及 φ1000mm 圆柱式墩，重力式 U 形桥台，基础均采用 φ1200mm 钢筋混凝土钻孔灌注桩。桥墩构造如下图所示。

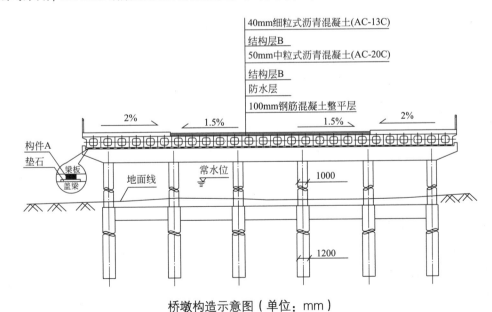

桥墩构造示意图（单位：mm）

问题：

1. 写出上图中构件 A 和桥面铺装结构层 B 的名称，并说明构件 A 在桥梁结构中的作用。

2. 写出图中桥梁支座的作用，以及支座的名称。

参考答案：

1. 构件 A 的名称是桥梁支座，结构层 B 的名称是粘层。

构件 A 的作用是传递荷载，保证桥跨结构能产生一定的变位，连接上下部结构，对桥梁上部动载起到缓冲等作用。

2. （1）支座的作用：将桥梁上部结构承受的荷载和变形（位移和转角）可靠地传递给桥梁下部结构，是桥梁的重要传力装置。

（2）支座名称：板式橡胶支座（固定支座）。

案例 3（2018 年一建案例五）

背景资料：

某公司承建一座城市桥梁工程。该桥跨越山区季节性流水沟谷，上部结构为三跨式钢筋混凝土结构，重力式 U 形桥台，基础均采用扩大基础；桥面铺装自下而上为 8cm 厚钢筋混凝土整平层+防水层+粘层+7cm 厚沥青混凝土面层；桥面设计高程为 99.630m。桥梁立面布置如下图所示。

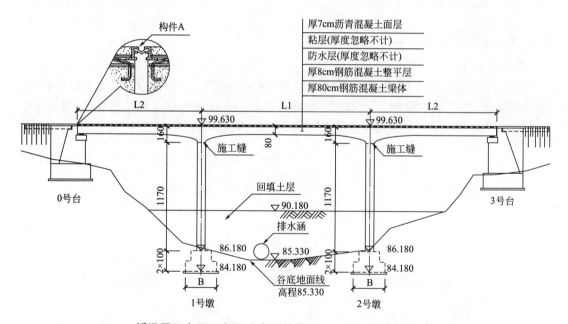

桥梁平面布置示意图（高程单位：m；尺寸单位：cm）

问题：

1. 写出图中构件 A 的名称。

2. 根据上图判断，按桥梁结构特点，该桥梁属于哪种类型？简述该类型桥梁的主要受力特点。

3．在浇筑桥梁上部结构时，上图中施工缝应如何处理？

参考答案：

1．构件A的名称是伸缩装置（伸缩缝）。

解析： 从图形中明显可以看出，构件A是在梁与桥台之间，所以不难写出是伸缩装置或者伸缩缝。

2．本桥为刚架桥（刚构桥）。

受力特点是：梁或板和立柱或竖墙整体结合在一起的刚架结构，梁和柱的连接处具有很大的刚性，在竖向荷载作用下，梁部主要受弯，而在柱脚处也具有水平反力，其受力状态介于梁桥和拱桥之间。

解析： 图形中没有支座，梁与墩柱进行刚性连接，所以可以确定是刚架桥或刚构桥。

3．（1）先将混凝土表面的浮浆凿除。

（2）混凝土结合面应凿毛处理，并冲洗干净，表面湿润但不得有积水。

（3）在浇筑梁板混凝土前，应铺同配合比（同强度等级）的水泥砂浆（厚度10～20mm）。

案例 4（2019年二建案例一）

背景资料：

某公司承建一项路桥结合城镇主干路工程，桥台设计为重力式U形结构。基础采用扩大基础，持力层位于砂质黏土层，地层中少量潜水；台后路基平均填土高度大于5m。场地地质自上而下分别为腐殖土层、粉质黏土层、砂质黏土层、砂卵石层等。桥台及台后路基立面如下图所示。

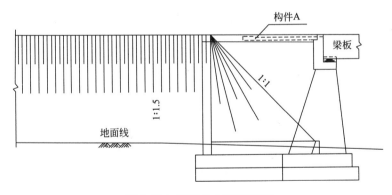

桥台及台后路基立面示意图

问题：

写出图中构件A的名称及其主要作用。

参考答案：

构件A的名称是桥头搭板（桥台搭板）。

主要作用：防止桥端连接处因不均匀沉降出现错台，车辆行至此处可起到缓冲作用，从而避免发生桥头跳车现象。

背景资料：

某公司承建一座城市互通工程，工程内容包括①主线跨线桥（Ⅰ、Ⅱ）、②左匝道跨线桥、③左匝道一、④右匝道一、⑤右匝道二五个子单位工程，平面布置如下图所示。两座跨线桥均为预应力混凝土连续箱梁桥，其余匝道均为道路工程。主线跨线桥跨越左匝道一；左匝道跨线桥跨越左匝道一及主线跨线桥；左匝道一为半挖半填路基工程，挖方除就地利用外，剩余土方用于右匝道一；右匝道一采用混凝土挡墙路堤工程，欠方需要外购解决；右匝道二为利用原有道路路面局部改造工程。

根据工程特点，施工单位编制的总体施工组织设计中，制定了如下事宜：

事件一：为限制超高车辆通行，主线跨线桥和左匝道跨线桥施工期间，在相应的道路上设置车辆通行限高门架，其设置的位置选择在图中所示的 A~K 的道路横断面处。

事件二：两座跨线桥施工均在跨越道路的位置采用钢管−型钢（贝雷桁架）组合门式支架方案，并采取了安全防护措施。

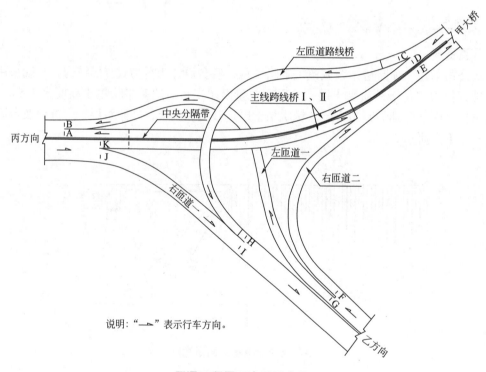

说明："→"表示行车方向。

互通工程平面布置示意图

问题：

1. 事件一中，主线跨线桥和左匝道跨线桥施工期间应分别在哪些位置设置限高门架？（用上图中所示的道路横断面的代号"A~K"表示）

2. 事件二中，两座跨线桥施工时应设置多少座组合门式支架？

参考答案：

1.（1）主线跨线桥施工期间应在 G 点位置设置限高门架。

（2）左匝道跨线桥施工期间应在G、D、K位置设限高门架。

解析： 本题其实在问哪些路线可以通过主线跨线桥下和左匝道跨线桥下，只要在桥下的道路支架施工，就要设置限高门架；再根据图示行车方向，即可找到路、桥的几个相交点，继而找到设置限高门架的位置。另外，题目中问"主线跨线桥和左匝道跨线桥施工期间应'分别'在哪些位置设置限高门架"，那么最好将主线跨线桥和左匝道跨线桥设置支架的位置也分别作答。

2．两座跨线桥施工时应设置4座组合门式支架。

解析： 作答此题时很多人想当然地写成了3座组合门式支架，主要原因是没有认真剖析案例背景资料，在背景资料和图形中明确表示主线跨线桥（Ⅰ、Ⅱ）是分离式立交桥，在施工这种分离式立交桥时绝不能共用一个支架，否则浇筑混凝土时会相互影响，造成严重的质量事故。

案例6（2017年一建公路案例）

背景资料：

某工程钻孔灌注桩施工中，钻孔施工的钻孔及泥浆循环系统示意图如下图所示，其中D为钻头、E为钻杆、F为钻机回转装置、G为输送管，泥浆循环如图中箭头所示方向。

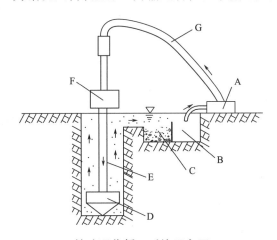

钻孔泥浆循环系统示意图

问题：

写出图中设备（或设施）A、B、C的名称与该回旋钻机的类型。

参考答案：

A的名称是泥浆泵，B的名称是泥浆池，C的名称是沉淀池；正循环钻机。

案例7（2015年一建案例四）

背景资料：

某公司中标污水处理厂升级改造工程，处理规模为70万 m^3/d，其中包括中水处理系统的配水井为矩形钢筋混凝土半地下室结构，平面尺寸17.6m×14.4m、高11.8m、设计水深9m，底板、顶板厚度分别为1.1m、0.25m。

配水井顶板支架剖面示意图、模板对拉螺栓细部结构图、拆模后螺栓孔处置节点①图如下列所示。

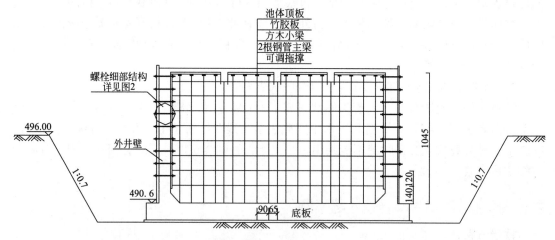

配水井顶板支架剖面示意图（标高单位：m；尺寸单位：cm）

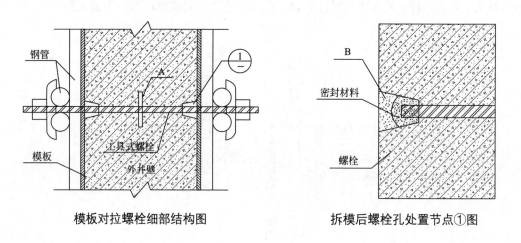

模板对拉螺栓细部结构图　　　　　拆模后螺栓孔处置节点①图

问题：

指出模板对拉螺栓细部结构图、拆模后螺孔处置节点①图中A、B名称，简述本工程采用这种形式螺栓的原因。

参考答案：

A的名称是止水环（止水钢板）；B的名称是聚合物水泥砂浆（或防水砂浆）。

理由：本工程是中水工程的配水井，设计水深9m，容易造成池壁的渗漏，这种对拉螺栓可以有效地阻止水沿着螺栓杆渗漏，也可确保混凝土池壁的厚度。

📖 案例8（2022年二建案例四）

背景资料：

某城市供热外网一次线工程，管道为DN500mm钢管，设计供水温度110℃，回水温度70℃，工作压力1.6MPa。沿现况道路敷设段采用D2600mm钢筋混凝土管作为套管，泥水平衡机械顶进，套管位于卵石层中，卵石最大粒径300mm，顶进总长度421.8m。顶管与现况道路位置关系见下图。

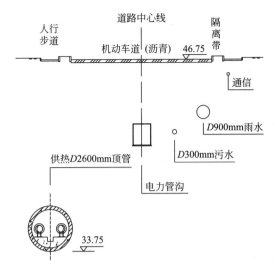

顶管与道路关系示意图（标高单位：m；尺寸单位：mm）

套管顶进完成后，在套管内安装供热管道，断面布置见下图。

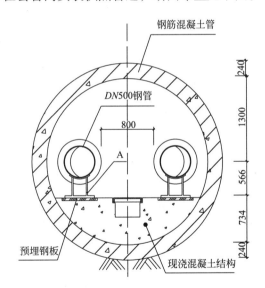

供热管道安装断面图（单位：mm）

问题：

指出构件A的名称，简述构件A安装技术要点。

参考答案：

A的名称是滑动支架（滑动支托、滑动支座、滑靴）。

安装技术要点：支架接触面应平整、光滑；不得有歪斜及卡涩现象，支架应与管道焊接牢固，不得有漏焊（欠焊、咬肉或裂纹）等缺陷。

案例 9（模拟题）

背景资料：

A公司中标城市排水管线工程，检查井如下列图所示。

井室为砖砌矩形检查井，检查井内部采用砂浆抹面，项目部要求如下：墙壁表面清理干净，并洒水湿润，抹面分两道进行，抹面砂浆终凝后，进行保湿养护，不少于14d。

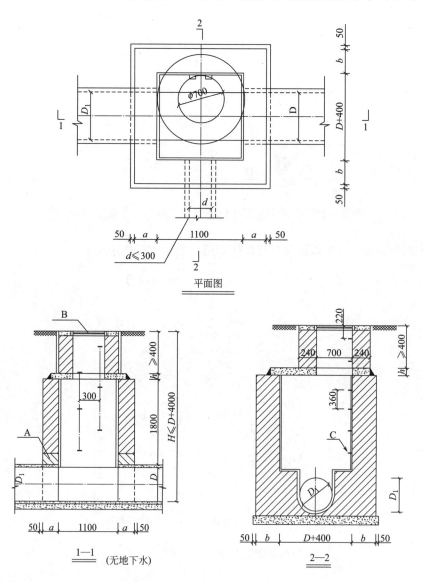

问题：

写出图中A、B、C的名称，简述其作用，并说出图中a、h各代表什么。

参考答案：

A的名称是砖碹（砖圈），作用是保证管道不受压。

B的名称是井盖，作用是密封保证道路平整畅通。

C的名称是踏步（爬梯），作用是人员上下井室。

a代表井室的墙体厚度；h代表井室盖板的厚度。

解析： "砖碹"相当于在管道上面有一座"拱桥"，对管道有保护作用，一般管道直径大于300mm时，就需要在管道与井室衔接位置发砖碹，检查井构造现场图片如下所示。

井室盖板　　　　　　　　　　　　　　　管道发砖碹

井盖、井座　　　　　　　　　　　　　　踏步(爬梯)、流槽

检查井构造现场图片

三、图形改错

【专题精要】

图形改错题属于当前新兴考题之一，属于文字改错题的延伸题型。这类题目一般会考核两个方面：一个是图形改错，另一个是设施（或设备）补充。

图形改错比较简单，考试时基本遵循一个原则，即作答时朝着与表述错误相反的方向改正。一般图形中的错误也有规律可寻，例如支架、脚手架的钢管标记的管壁厚度一定是薄；支架横杆步距、立杆间距等标识的距离一定比规范数值大；钢筋焊缝、摊铺沥青混凝土等标识的搭接长度数值一定小；堆放土方、码放材料高度一定超高；施工现场的加工厂与居民区或居民楼的距离一般都近；沟槽边坡坡度往往太陡之类。

设施（设备）补充比较复杂一点，首先需要搞清楚已知图形属于哪类工艺图，缺少了哪部分内容，然后根据图示一一补充。例如给出一个基坑或沟槽开挖图，那么按常识坑顶应硬化、有隔水墙和安全防护设施，坡面应有泄水孔，坑底应有集水井、抽水设施等，找出图中缺项补充即可。

案例1（2016年一建建筑案例）

背景资料：

某新建工程，建筑面积15000m²，地下2层，地上5层，钢筋混凝土框架结构，800mm厚钢筋混凝土筏板基础，建筑总高20m。建设单位与某施工总承包单位签订了总承包合同。施工总承包单位将建设工程的基坑工程分包给了建设单位指定的专业分包单位。

外装修施工时，施工单位搭设了扣件式钢管脚手架（如下图所示）。架体搭设完成后，进行了验收检查，提出了整改意见。

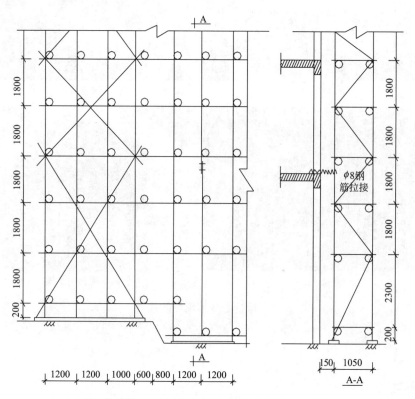

脚手架搭设示意图（非作业层）（单位：mm）

问题：

指出背景资料中脚手架搭设的错误之处。

参考答案：

外脚手架搭设构造中的错误有：

（1）局部步距过大（首步超过2000mm，或首步为2300mm）。

（2）横杆不在节点处。

（3）横向扫地杆在纵向扫地杆上方。

（4）连墙件用钢筋拉接（不能采用软连接）。

（5）连墙件竖向间距过大。

（6）立杆搭接。

（7）首步未设置连墙件。

（8）高低处水平杆延长跨度不够。

（9）剪刀撑宽度只有3跨（或小于6m）。

（10）立杆底部悬空。

案例2（2017年二建案例四）

背景资料：

某地铁盾构工作井，平面尺寸为18.6m×18.8m、深28m，位于砂性土、卵石地层，地下水埋深为地表以下23m。施工影响范围内有现状给水、雨水、污水等多条市政管线。盾构工作井采用明挖法施工，围护结构为钻孔灌注桩加钢支撑，盾构工作井周边设降水管井。设计要求基坑土方开挖分层厚度不大于1.5m，基坑周边2～3m范围内堆载不大于30MPa，地下水位需在开挖前1个月降至基坑底以下1m。

项目部编制的施工组织设计有如下事项：

事项一：施工现场平面布置如下图所示，布置内容有施工围挡范围50m×22m，东侧围挡距居民楼15m，西侧围挡与现状路步道路缘平齐；搅拌设施及堆土场设置于基坑外缘1m处；布置了临时用电、临时用水等设施；场地进行硬化等。

······

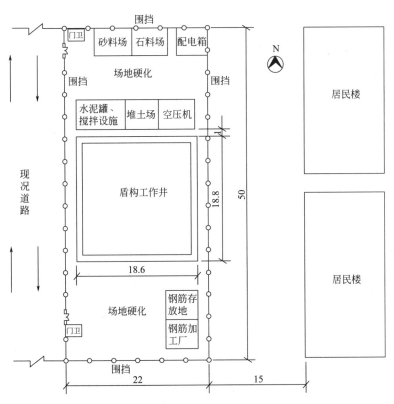

盾构工作井施工现场平面布置示意图（单位：m）

问题：

施工现场平面布置图还应补充哪些临时设施？请指出布置不合理之处。

参考答案：

（1）还要补充：

1）大门出入口洗车池、沉淀池和排水沟。

2）消防设施及五牌一图。

3）垂直提升设备、水平运输设备。

4）料具间、机修间、管片堆放场、防雨棚等。

（2）不合理的地方有：

1）搅拌设施和堆土场与工作井的距离不满足设计要求。

2）砂石料场紧挨围挡内侧。

3）砂石料场未与搅拌设施放在一起。

4）空压机设在居民区一侧。

5）钢筋加工厂与钢筋存放场地位置颠倒。

解析： 本题是当前典型的图形找错题目，是原案例题中文字描述改错和补充的变形。作答这种题目的宗旨就是先假设图上画出来的内容都有问题，然后逐一检查画得对不对，如果是对的，再看全不全。

案例3（2015年一建案例四）

背景资料：

某公司中标污水处理厂升级改造工程，处理规模为70万m^3/d，其中包括中水处理系统的配水井为矩形钢筋混凝土半地下室结构，平面尺寸17.6m×14.4m、高11.8m，设计水深9m；底板、顶板厚度分别为1.1m、0.25m。

施工中发生了如下事件：

事件一：配水井基坑边坡坡度1:0.7（基坑开挖不受地下水影响），采用厚度6~10cm的细石混凝土护面。配水井顶板现浇施工采用扣件式钢管支架，支架坡面如下图所示。方案报公司审批时，主管部门认为基坑缺少降、排水设施，顶板支架缺少重要杆件，要求修改补充。

……

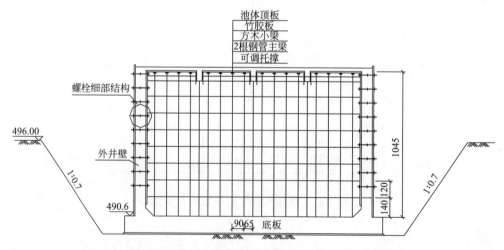

配水井顶板支架剖面示意图（标高单位：m；尺寸单位：cm）

问题：

图中基坑缺少哪些降水排水设施？顶板支架缺少哪些重要杆件？

参考答案：

（1）基坑缺少的降水排水设施：

1）基坑顶部未设立排水沟、防淹墙。

2）基坑内缺少排水明沟、集水井、水泵。

（2）顶板支架缺少：可调底座，水平剪刀撑，竖向剪刀撑，扫地杆、封顶杆。

案例4（2017年一建案例四）

背景资料：

某城市水厂改扩建工程，内容包括多个现有设施改造和新建系列构筑物。新建的一座半地下式混凝沉淀池。池壁高度为5.5m，设计水深4.8m，容积为中型水池；钢筋混凝土薄壁结构，混凝土设计强度C35、防渗等级P8（见下图）。池体地下部分处于用硬塑状粉质黏土层和夹砂黏土层，有少量浅层滞水，无需考虑降水施工。

鉴于工程项目结构复杂，不确定因素多。项目部进场后，项目经理主持了设计交底；在现场调研和审图基础上，向设计单位提出多项设计变更申请。

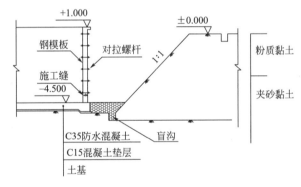

混凝沉淀池施工横断面示意图（单位：m）

问题：

找出图中存在的应修改和补充之处。

参考答案：

（1）需要修改的有：

1）边坡坡度（1:1）不符合（陡于）规范规定，应放缓坡度。

2）如果条件不容许修改（放缓）坡度，应设置土钉、挂钢筋（金属）网喷混凝土硬化。

3）排水沟距坡脚过近，要离开坡脚0.3m。

（2）需要补充的有：

1）坑底加集水井及抽水设施。

2）坑顶硬化、加阻水墙和安全防护设施。

3）坡面设泄水孔。

4）池壁内外设施工脚手架。

5）池壁模板设置确保直顺和防倾覆的装置。

6）对拉螺栓中间设止水片。

📖 案例5（2020年（12月）二建案例三）

背景资料：

项目部承建郊外新区一项钢筋混凝土排水箱涵工程，全长800m，结构尺寸为3.6m（宽）×3.8m（高），顶板厚度400mm，侧墙厚度300mm，底板为厚度400mm的外拓反压抗浮底板，箱涵内底高程为–5.0m，C15混凝土垫层厚度100mm，详见下图。地层由上而下为杂填土厚度1.5m、粉砂土厚度2.0m、粉质黏土厚度2.8m、粉细砂厚度0.8m、细砂厚度2m，地下水位于标高–2.5m处。

箱涵的沟槽施工采用放坡明挖法，边坡依据工程地质情况设计为1∶1.5，基底宽度6m。项目部考虑在沟槽西侧用于钢筋和混凝土运输，拟将降水井设置在东侧坡顶2m外，井点间距为8m。沟槽开挖和降水专项施工方案已组织专家论证，专家指出降水方案存在降水井布局不合理、缺少沟槽降水排水防护措施等问题，项目部按专家建议对专项施工方案做了修改。

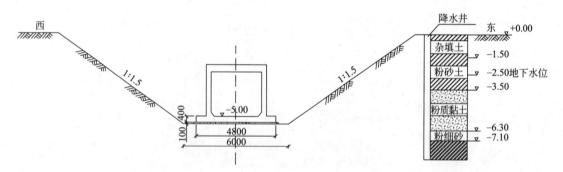

沟槽开挖断面示意图（标高单位：m；尺寸单位：mm）

问题：

项目部应如何修改专家指出的问题？

参考答案：

（1）在沟槽东西两侧采用双排井点。

（2）降水井间距宜为0.8~2.0m。

（3）沟槽顶部设置防淹墙、截水沟。

（4）沟槽坡面进行硬化或覆盖。

（5）沟槽底设置排水沟、集水井和抽水设置。

解析：依据建造师考试改错题的规律，背景资料中给出单排井点降水，参考答案采分点一定是双排井点；背景资料中降水井间距8m，那么降水井间距一定是往小的方向去改；这里虽然没有明确是轻型井点，但是井点的间距问题在教材和规范中只有轻型井点有交代，所以可以按照轻型井点的数值（0.8~2.0m）进行改动。最后将基坑施工中其他降、排水措施补充完整，即围绕着沟槽顶、坡面和槽底三个方向作答。

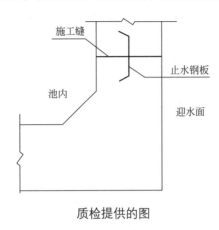

案例6（2022年一建案例四）

背景资料：

某公司承建一项污水处理厂工程，水处理构筑物为地下结构，底板最大埋深12m，富水地层设计要求管井降水并严格控制基坑内外水位标高变化。主体结构部分按方案要求对沉淀池、生物反应池、清水池采用单元组合式混凝土结构分块浇筑工法，块间留设后浇带。主体部分混凝土设计强度为C30、抗渗等级P8。

底板倒角壁板施工缝止水钢板安装质量是影响构筑物防渗性能的关键，项目部施工员要求施工班组按图纸进行施工，质量检查时发现止水钢板安装如下图所示。

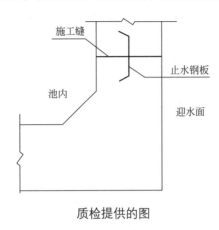

质检提供的图

问题：

指出图中的错误之处，写出可与止水钢板组合应用的提高施工缝防水质量的止水措施。

参考答案：

（1）错误之处：止水钢板朝向错误（或止水钢板开口朝向背水面）。

（2）采用遇水膨胀止水条、预埋注浆管、凹凸缝、背贴式止水带；施工缝凿毛、清理、湿润、铺浆。

四、图形计算

【专题精要】

图形计算题最早出现在2013年，最近几年（2022年除外）每份试卷都会涉及十几分的分值，不同应试者对图形计算这个题型的态度完全不一样，从事施工现场的考生认为这是福利，而对于非现场人士这种题目可能就是他的梦魇，因为图形计算题除了考核应试者对案例背景资料的分析能力之外，其核心更是对工程图形的认知和解读。

图形计算题在各个专业中均可进行考核，考核的形式主要有竖直方向计算、水平距离计算、坡度计算、面积或体积计算、资源周转使用计算等。竖直方向计算其实是对施工现场高程（标高）、挖深、覆土、步距等常识点的考核，相对而言是所有计算题中考核难度系数最低的。水平方向计算多围绕着道路、桥梁、管线、隧道的里程桩号进行考核，也有根据图形及相应文字介绍考核预应力钢绞线的情况。前两种单一的计算题当前考核频次已经越来越少了，当下考核的计算题更多地向综合类题目转换，例如依据道路设计高程、坡度计算路边设计高程，利用沟槽下口宽度、边坡坡度计算沟槽上口宽度或开挖土方的体积等，有时题干介绍中看似没有图形，但作答时需要依据背景资料的介绍自己画出图形进行计算。另外，当前考核的还有模板、预制梁台座等资源周转方面的计算，例如通过背景资料或图形可以计算出工程量，且已知资源（模板、台座）周转效率来计算工期等。

图形计算题的出现给非专业考生增加了难度，体现了市政考试向施工现场倾斜的态度，进一步强化了案例背景资料中描述的信息，我们需要透过图形对工程全貌或细部尺寸有个一目了然的快速认知，同时结合案例背景资料，充分利用图形隐藏的部分条件（坡度、高程等），以及其暗含的一些作答规则（小数点位数等），及时了解出题人的意图和目的，以便整理出针对性的答题思路，掌握正确的作答方法。

📖 案例1（2018年一建案例一）

背景资料：

某公司承建一段新建城镇道路工程，其雨水管道位于非机动车道下，设计采用 $D800mm$ 钢筋混凝土管，相邻井段间距40m，8号~9号雨水井段平面布置及雨水井构造如下列图所示，8号~9号井类型一致。

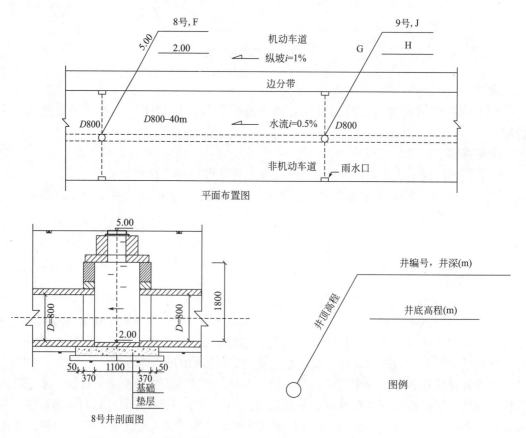

8号~9号雨水井、道路示意图（标高单位：m；尺寸单位：mm）

问题：

列式计算图中F、G、H、J的数值。

参考答案：

F：5.00–2.00=3.00m；

G：5.00+40×1%=5.40m；

H：2.00+40×0.5%=2.20m；

J：5.40–2.20=3.20m。

案例2（2018年一建广东、海南卷案例四）

背景资料：

某公司承建某城市道路综合市政改造工程，同期敷设雨水、污水等管线。污水干线采用HDPE双壁波纹管，管道直径D=600～1000mm，雨水干线为3600mm×1800mm钢筋混凝土箱涵，底板、围墙结构厚度均为300mm。管线设计为明开槽施工，自然放坡，雨、污水管线采用合槽方法施工，如下图所示。

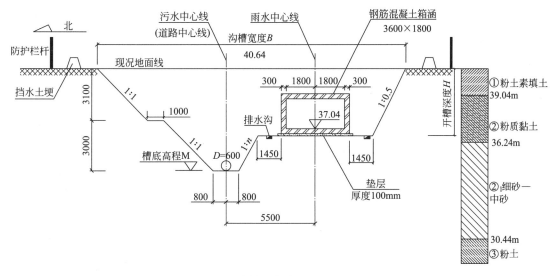

沟槽开挖断面图

（高程单位为m，其他单位为mm）

问题：

1. 列式计算雨水管道开槽深度H、污水管道槽底高程M和沟槽宽度B（单位为m）。

2. 指出污水沟槽南侧边坡的主要地层，并列式计算其边坡坡度中的n值（保留小数点后2位）。

参考答案：

1. H：40.64–（37.04–0.3–0.1）=4m；

M：40.64–3.1－3.0=34.54m；

B：3.1+1+3+0.8+5.5+1.8+0.3+1.45+4×0.5=18.95m。

2.（1）主要地层为：粉质黏土，细沙－中砂；

（2）宽度：5.5–0.8–1.45–0.3–1.8=1.15m；

高度：（40.64–4）–34.54=2.1m；

1：n=2.1：1.15，即n=0.55。

案例3（2013年一建案例一）

背景资料：

某公司低价中标跨越城市主干道的钢–混凝土组合结构桥梁工程，城市主干道横断面如下图所示。

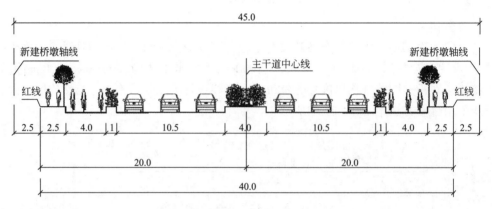

城市主干道横断面（单位：m）

三跨连续梁的桥跨组合：30+45+30（m），钢梁（单箱单室钢箱梁）分5段工厂预制、现场架设拼接，分段长度：22+20+21+20+22（m），如下图所示。桥面板采用现浇后张预应力混凝土结构。由于钢梁段拼接缝位于既有城市主干道上方，在主干道上设置施工支架、搭设钢梁段拼接平台对现状道路交通存在干扰问题。

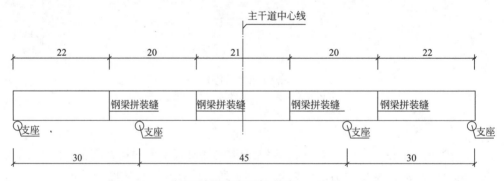

钢梁预制分段图（单位：m）

问题：

钢梁安装时在主干道上应设置几座支架？要否占用机动车道？说明理由。

参考答案：

钢梁安装时在主干道上应设两座支架。需要占用机动车道。

理由：钢梁拼接缝中心即为支架中心，支架中心距离主干道中央隔离带路缘石距离为：21/2–4/2=8.5m，路宽为10.5m，支架必须要占用机动车道，如下图所示。

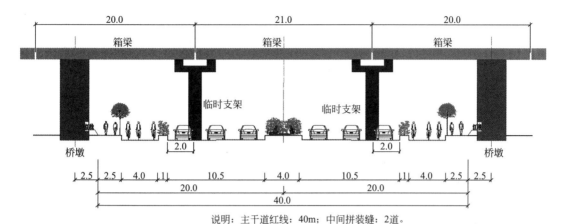

说明：主干道红线：40m；中间拼装缝：2道。

拼装示意图（单位：m）

案例4（2014年二建案例四）

背景资料：

某公司承建一座市政桥梁工程，桥梁上部结构为9孔30m后张法预应力混凝土T梁，桥宽横断面布置T梁12片，T梁支座中心线距梁端600mm，T梁横截面如下图所示。

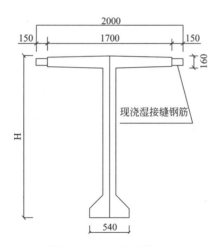

现浇湿接缝钢筋

T梁横截面示意图（单位：mm）

项目部进场后，拟在桥位线路上现有城市次干道旁租地建设T梁预制场，平面布置如下图所示，同时编制了预制场的建设方案：（1）混凝土采用商品混凝土；（2）预制台座数量按预制工期120d、每片梁预制占用台座时间为10d配置；（3）在T梁预制施工时，现浇湿接缝钢筋不弯折，两个相邻预制台座间要求具有宽度2m的支模及作业空间。

问题：

列式计算T梁预制场平面布置示意图中预制台座的间距 B 和支撑梁的间距 L（单位以m表示）。

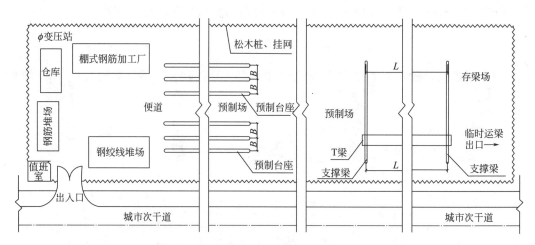

T梁预制场平面布置示意图

参考答案：

$B = (2000/1000) \div 2 \times 2 + 2 = 4\text{m}$；

$L = 30 - 0.6 \times 2 = 28.8\text{m}$。

解析： 预制场T梁模板、台座及湿接头如下列图所示。

T梁预制模板与台座

T梁钢筋湿接头

背景资料：

某公司承建一座城市桥梁工程，双向四车道，桥跨布置为4联×（5×20m），上部结构为预应力混凝土空心板，横断面布置空心板共24片。桥墩构造横断面如下图所示，空心板中板的预应力钢绞线设计有N1、N2两种形式，均由同规格的单根钢绞线索组成，空心板中板构造及钢绞线索布置如下图所示。

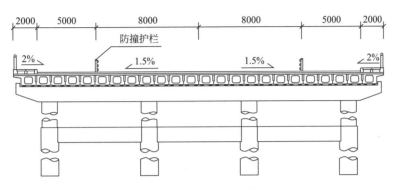

桥墩构造横断面示意图（尺寸单位：mm）

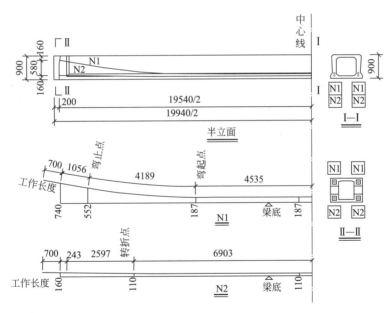

空心中板构造及钢绞线索布置半立面示意图（尺寸单位：mm）

问题：

列式计算全桥空心板中板的钢绞线用量（单位m，计算结果保留3位小数）。

参考答案：

全桥空心板中板片数：4×5×（24−2）=440片；

单根N1：（4535+4189+1056+700）×2=20960mm=20.960m；

单根N2：（6903+2597+243+700）×2=20886mm=20.886m；

每片空心板中板的钢绞线长度：（20.960+20.886）×2=83.692m；

全桥空心板中板钢绞线用量：440×83.692=36824.480m。

解析： 本题计算中板的钢绞线用量，所以每跨24片梁需要减去两片边梁，也就是每跨按照22片梁计算。

案例6（2020年一建案例三）

背景资料：

某公司承建一座跨河城市桥梁。基础均采用φ1500mm钢筋混凝土钻孔灌注桩，设计为端承桩，桩底嵌入中风化岩层2D（D为桩基直径）；桩顶采用盖梁连结；盖梁高度为1200mm，顶面标高为20.000m。

项目部编制的桩基施工方案明确如下内容：

（1）下部结构施工采用水上作业平台施工方案。水上作业平台结构为φ600mm钢管桩+型钢+人字钢板搭设。水上作业平台如下图所示。

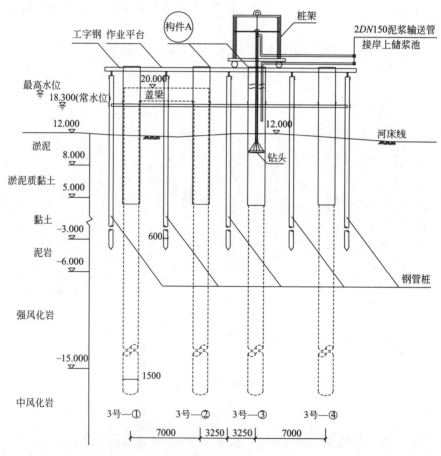

3号墩水上作业平台及桩基施工横断面布置示意图（标高单位：m；尺寸单位：mm）

……

问题：

结合背景资料及上图，列式计算3号—①桩的桩长。

参考答案：

3 号—①桩的桩长：20.000–1.200–（–15.000–2 × 1.500）=18.800+18.000=36.800m。

案例 7（2016 年二建案例二）

背景资料：

某公司承建城市桥区泵站调蓄工程，其中调蓄池为地下式现浇钢筋混凝土结构，混凝土强度等级C35，池内平面尺寸为62.0m×17.3m，筏板基础。场地地下水类型为潜水，埋深6.6m。设计基坑长63.8m、宽19.1m、深12.6m，围护结构采用φ800mm钻孔灌注桩排桩+2道φ609mm钢支撑，桩间挂网喷射C20混凝土，桩顶设置钢筋混凝土冠梁。基坑围护桩外侧采用厚度700mm止水帷幕，如下图所示。

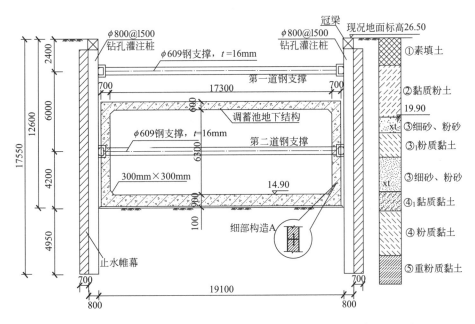

调蓄池结构与基坑围护断面图（单位：结构尺寸：mm，高程：m）

问题：

计算止水帷幕在地下水中的高度。

参考答案：

止水帷幕在地下水中的高度为：

19.90–（26.5–17.55）=10.95m；

或：17.55–6.60=10.95m；

或：19.90–14.90+1.0+4.95=10.95m。

案例 8（模拟题）

背景资料：

某公司中标新建水厂大清水池工程，现浇清水池内部尺寸120m×30m×4.8m（长×宽×高），清水池底板厚度0.8m，顶板厚度0.6m，侧墙厚度0.4m。水池侧墙采用滑模施工，顶板采用满堂支架法。水池采用自防水混凝土，强度等级C50，重力密度（旧称容重）γ=24.8kN/m³。

地质资料显示，地下水位位于地表以下15m。依据开挖方案，在清水池基坑的北侧采用土钉墙支护措施，土钉墙边坡整体长度120m，断面如下图所示。

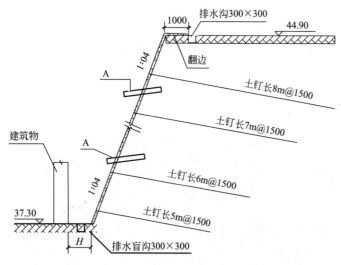

说明：
1. 本工程高程单位为m，其余标注均为mm。
2. 基坑采用土钉墙支护，钢筋直径ϕ18，灌注M20素水泥浆，土钉墙面层喷射100mm厚C20混凝土。
3. 基坑底部排水沟内填充石子，为盲沟；顶部排水沟为明沟。

土钉墙支护措施示意图

问题：

图中H的最小距离应该是多少米？本工程需要喷射C20混凝土多少立方米？

参考答案：

图中H的最小距离应该是1m，因为排水沟布置需要在建筑基础边0.4m以外，沟边缘距离边坡坡脚应不小于0.3m，排水沟本身要求0.3m，数字相加，所以H不应小于1m。

$$\sqrt{(44.9-37.3)^2+[(44.9-37.3)\times0.4]^2}=8.19m；$$

（8.19+1）×120×0.1=110.28m³；

所以本工程需要喷射C20混凝土110.28m³。

案例9（2021年二建案例三）

背景资料：

某公司中标给水厂扩建升级工程，主要内容有新建臭氧接触池和活性炭吸附池。其中臭氧接触池为半地下钢筋混凝土结构，混凝土强度等级C40、抗渗等级P8。

臭氧接触池的平面有效尺寸为25.3m×21.5m，在宽度方向设有6道隔墙，间距1~3m，隔墙一端与池壁相连，交叉布置；池壁上宽200mm，下宽350mm；池底板厚度300mm，C15混凝土垫层厚度150mm；池顶板厚度200mm；池底板顶面标高−2.750m，顶板顶面标高5.850m。现场土质为湿软粉质砂土，地下水位标高−0.6m。臭氧接触池立面如下图所示。

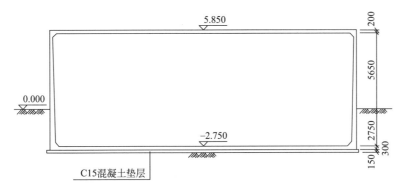

臭氧接触池立面示意图（高程单位：m；尺寸单位：mm）

问题：

列式计算基坑的最小开挖深度和顶板支架高度。

参考答案：

（1）基坑最小开挖深度：2.75+0.30+0.15=3.2m；

（2）顶板支架高度：5.85-0.2-（-2.75）=8.4m。

案例 10（2021 年二建案例四）

背景资料：

某公司承建一项道路扩建工程，在原有道路一侧扩建，并在路口处与现况道路交接，现况道路下方有多条市政管线，新建雨水管线接入现况路下既有雨水管线。项目部进场后，编制了施工组织设计、管线施工方案、道路施工方案、交通导行方案及季节性施工方案。道路中央分隔带下布设一条 $D1200mm$ 雨水管线，管线长度800m，采用平接口钢筋混凝土管，道路及雨水管线布置平面如下图所示。

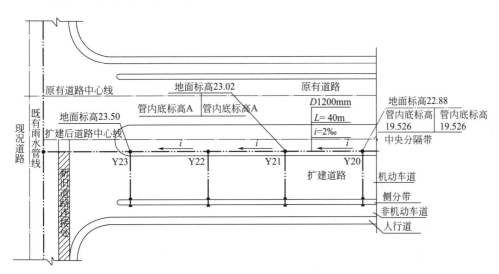

道路及雨水管线布置平面示意图（高程单位：m）

沟槽开挖深度 $H \leqslant 4m$，采用放坡法施工，沟槽开挖断面如下图所示；$H>4m$ 时，采用钢板桩加内支撑进行支护……为保证管道回填的质量要求，项目部选取了适宜的回填材料，并按规范要求施工。

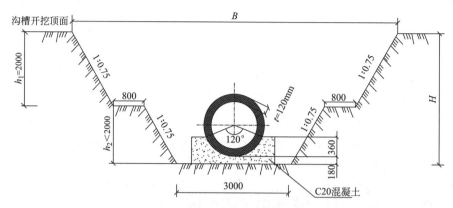

3m < H ≤ 4m 沟槽开挖断面示意图（单位：mm）

问题：

计算图道路及雨水管线布置平面示意图中Y21管内底标高 A，$3m < H \leq 4m$ 沟槽开挖断面示意图中该处的开挖深度 H 以及沟槽开挖断面上口宽度 B（保留1位小数，单位：m）。

参考答案：

管内底标高 $A = 19.526 - 40 \times 2‰ = 19.446m$，即 $A \approx 19.4m$；

开挖深度 $H = 23.02 - 19.446 + 0.12 + 0.18 = 3.874m$，即 $H \approx 3.9m$；

上口宽度 $B = 3 + 3.874 \times 0.75 \times 2 + 2 \times 0.8 = 10.411m$，或 $B = 3 + (3.874 - 2) \times 0.75 \times 2 + 0.8 \times 2 + 2 \times 0.75 \times 2 = 10.411m$，即 $B \approx 10.4m$。

案例 11（2019 年二建案例三）

背景资料：

某施工单位承建一项城市污水主干管道工程，全长1000m。设计管材采用Ⅱ级承插式钢筋混凝土管，管道内径 $D_1 1000mm$，壁厚为100mm；沟槽平均开挖深度为3m，底部开挖宽度设计无要求。场地地层以硬塑粉质黏土为主，土质均匀，地下水位于槽底设计标高以下，施工期为旱季。

项目部编制的施工方案明确了下列事项：

（1）依据现场施工条件、管材类型及接口方式等因素确定了管道沟槽底部一侧的工作面宽度为500mm，沟槽边坡坡度为1:0.5。

（2）根据沟槽平均开挖深度及沟槽开挖断面估算沟槽开挖土方量（不考虑检查井等构筑物对土方量估算值的影响）。

（3）由于施工场地受限及环境保护要求，沟槽开挖土方必须外运，土方外运量依据《土方体积换算系数表》估算。外运用土方车辆容量为10m³/车·次，外运单价为100元/车·次。

土方体积换算系数表

虚方	松填	天然密实	夯填
1.00	0.83	0.77	0.67
1.20	1.00	0.92	0.80
1.30	1.09	1.00	0.87
1.50	1.25	1.15	1.00

问题：

依据施工方案，列式计算管道沟槽开挖土方量（天然密实体积）及土方外运的直接成本。

参考答案：

（1）沟槽底宽：$1000 \div 1000 + 100 \div 1000 \times 2 + 500 \div 1000 \times 2 = 2.2$m；

沟槽顶宽：$2.2 + 3 \times 0.5 \times 2 = 5.2$m；

沟槽开挖土方量：（$5.2 + 2.2$）$\times 3 \div 2 \times 1000 = 11100$m³。

（2）外运土方量（虚方）：$11100 \times 1.3 = 14430$m³；

土方外运直接成本：$14430 \div 10 \times 100 = 144300$元。

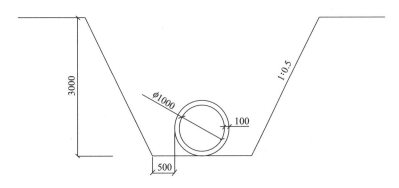

沟槽开挖断面示意图（单位：mm）

解析：题干中没有图形，需要自己画出图形进行计算（参见上图）。本题属于沟槽开挖土方量计算，其实是考核计算梯形面积，再根据梯形面积乘以沟槽长度得出开挖土方体积，难度系数不大，注意题干中不同单位需要换算。本题第二问要求计算土方外运的直接成本。土方外运时，指的是经挖掘后松散土方体积即虚方体积，由表中可知天然密实体积与虚方体积的折算系数为1：1.3，根据已经计算出的天然密实体积很容易算出来虚方体积，进而得出土方外运直接成本。

专题二

工序题

一、施工工序（措施、方案）补充

【专题精要】

市政专业工序类题型最早诞生于2009年，当时的考试对教材原文内容有较强的依赖性，所以最初的工序类题目是将教材中的工序类文字作为考点进行考核。随着考试的发展，工序类的题目出现了分化，从单纯地补充某一工法施工工序的题目衍生出施工工序排序题和按照施工顺序补充工序题，而直接补充施工工序类的题目被严重的分流，并且考核形式也慢慢地从记忆性考点演变为应用性考点。

补充工序类的题目体现了应试者对市政最基础的施工工艺的认知程度，只要对市政专业的常规工法有简单了解即可，例如结构工程施工涉及的工序有搭设支架、绑钢筋、支模板、浇筑混凝土、养护等；砌筑检查井涉及的工序有放线开挖、基底处理、井室撂底、井室砌筑、安装踏步、安装盖板、砌筑井筒、井室勾缝抹面、后续回填土等；管道焊接涉及的工序有排管、打坡口、对口、定位焊、焊接前检查、焊接、焊后外观检查、无损检测（超声检测和射线检测）、功能性试验、接口防腐等内容。对补充工序类题目能力提升的办法就是平时在备考过程中，将教材中和施工现场常见的施工工艺按照施工顺序进行定期梳理，这样考试时既可以在补充工序时心中有数，也可以间接提升作答工序排序题和按照施工顺序补充工序题的能力。

案例1（2021年二建案例四）

背景资料：

某公司承建一项道路扩建工程，在原有道路一侧扩建，并在路口处与现况道路平接。

扩建道路与现况道路均为沥青混凝土路面，在新旧路接头处，为防止产生裂缝，采用阶梯形接缝、新旧路接缝处逐层骑缝设置了土工格栅。

问题：

写出新旧路接缝处，除了骑缝设置土工格栅外，还有哪几道工序。

参考答案：

还应有以下工序：

（1）逐层垂直切割旧路接缝处。

（2）采用垫方木等措施保护接槎棱角。

（3）清洗切割面。

（4）接槎干燥后涂刷粘层油。

（5）摊铺新沥青混凝土后骑缝碾压。

案例2（2012年一建案例一）

背景资料：

某施工单位中标承建一座三跨预应力混凝土连续刚构桥，桥高30m，跨度为80m+136m+80m，箱梁宽14.5m、底板宽8m，箱梁高度由根部的7.5m渐变到跨中的3.0m。根据设计要求，0号、1号段混凝土为托架浇筑，然后采用挂篮悬臂浇筑法对称施工，挂篮采用自锚式桁架结构。

施工项目部根据该桥的特点，编制了施工组织设计，经项目总监理工程师审批后实施。项目部在主墩的两侧安装托架并预压施工0号、1号段，在1号段混凝土浇筑完成后在节段上拼装挂篮。

问题：

补充挂篮进入下一节施工前的必要工序。

参考答案：

（1）拆除限制位移的模板。

（2）张拉预应力钢绞线（预应力筋）并压浆。

（3）拆除底模和部分托架。

（4）挂篮检查及载重试验。

案例3（2010年一建案例四）

背景资料：

A公司中标某城市污水处理厂的中水扩建工程，合同工期10个月，合同价为固定总价，工程主要包括沉淀池和滤池等现浇混凝土水池。拟建水池距现有建（构）筑物最近距离5m，其地下部分最深为3.6m，厂区地下水位在地面下约2.0m。

A公司施工项目部编制了施工组织设计，其中含有现浇混凝土水池施工方案和基坑施工方案。基坑施工方案包括降水井点设计施工、土方开挖、边坡围护和沉降观测等内容。现浇混凝土水池施工方案包括模板支架设计及安装拆除，钢筋加工，混凝土供应及止水带、预埋件安装等。

问题：

补充现浇混凝土水池施工方案的内容。

参考答案：

现浇混凝土水池施工方案的内容还应包括：

混凝土原材料控制、配合比设计、拌合；钢筋安装绑扎；预应力筋安装、张拉预应力，混凝土浇筑、养护、后浇带施工，水池功能性试验（满水试验）等。

案例4（模拟题）

背景资料：

A单位承建一项污水泵站工程，主体结构采用沉井，埋深15m，现场地层主要为粉砂土，地下水埋深为4m，采用排水下沉。沉井制作采用带内隔墙的沉井，沉井下沉的安全专项施工方案经过专家论证。

随着沉井入土深度增加，井壁侧面阻力不断增加，沉井难以下沉。项目部采用触变泥浆减阻措施，使沉井下沉。沉井下沉到位后施工单位将底板下部超挖部分回填土方砂石，夯实后浇筑底板混凝土垫层、绑扎底板钢筋、浇筑底板混凝土。

问题：

项目部在干封底中有缺失的工艺，把缺失的工艺补充完整。

参考答案：

干封底缺失的工艺为：

（1）设置泄水井，保持地下水位距坑底500mm以下。

（2）用大石块将刃脚垫实。

（3）将触变泥浆置换。

（4）新、老混凝土接触部位凿毛处理。

（5）底板混凝土达到设计强度且满足抗浮要求时，封闭泄水井。

案例5（2010年一建案例一）

背景资料：

某城镇雨水管道工程为混凝土平口管，采用抹带结构，总长900m，埋深6m，场地无需降水施工。

项目部编制的施工组织设计对原材料、沟槽开挖、管道基础浇筑制定了质量控制保证措施。

问题：

项目部制定的质量控制保证措施中还缺少哪些项目？

参考答案：

项目部制定的质量保证措施中还缺少以下项目：沟槽支护，钎探，管道安装、抹带，砌筑检查井，闭水试验（流砂或者湿陷性黄土），沟槽回填。

案例6（模拟题）

背景资料：

某公司承建一快速路工程，下图为道路工程K2+350m断面图，两侧排水沟为钢筋混凝土预制U形槽，U形槽壁厚度0.1m，内部净高1m，现场安装。

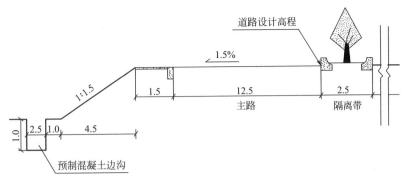

道路 K2+350m 断面图（单位：m）

问题：

简述两侧排水 U 形槽施工工序。

参考答案：

测量放线、沟槽开挖、基础处理、垫层施工、铺筑结合层、U 形槽安装、调整（高程、轴线）、U 形槽勾缝、外侧回填土。

解析： 本题目属于施工常识。U 形槽一般是设置在高速公路填方段两侧的排水沟，在城市道路当中并不多见。不过由题意可知钢筋混凝土 U 形槽的主要作用是排水，那么可以将 U 形槽看成是管道，可以借鉴管道的施工流程来完成 U 形槽的施工工序。

二、施工工序排序

【专题精要】

在施工工序补充题的发展过程中，很多应试者逐渐发现了其中的一些规律，即案例中的考核内容要么是教材原文，要么就是市政专业中最常规的工序补充，例如道路工程主要围绕着路基、垫层、基层或沥青混凝土面层的放线、摊铺、找平、碾压、检测等工序考核，管道工程主要围绕着放线、降水、开挖、验槽、管道基础、下管（布管）、安装管道、砌筑检查井、功能性试验等工序考核，所以应试者针对市政专业的一些常规工序进行强行记忆，即便根本不懂工法原理，在考试中也可以拿到分数，这与命题人能力考核的初衷相违背。针对上述情况，命题人研发了一种新的题型，就是在案例背景资料中将拟考核的施工工序全部写出来，要求应试者在考场中将这些工序的顺序进行排列。

排序题看似简单，实则无形中加大了对应试者考核的难度，因为此时给你的任何一个结构工程，虽然支架、钢筋、模板、预应力、浇筑等工序不用再去写，但是你需要依据常规施工进行排序，这类题目也传递着考试向施工现场倾斜的态度，考核的是现场施工流程。对于这类题型，应对办法依然是平时多注重对常规工艺及施工工序的了解，对较为常见的工序要有意加强记忆。在排序题目中也经常会出现一些争议题目，解决办法是一定要通篇解读和剖析案例背景资料，从字里行间去分析命题人的意图，作答时一定要写出命题人想要得到的施工顺序，如果最终写出的施工顺序与案例背景资料明显违背，那么你分析的方向很可能就是错误的，因为命题人的施工顺序与案例背景资料的每个条件一定是自洽的。

背景资料：

某公司中标北方城市道路工程，道路全长1000m，道路结构与地下管线布置如下图所示：

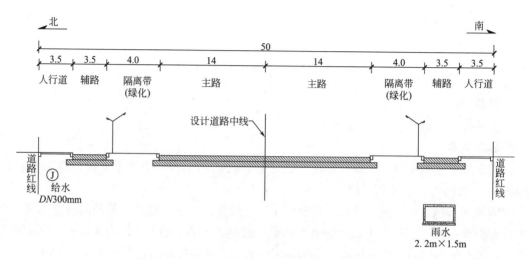

道路结构与地下管线布置示意图（单位：m）

项目部对①辅路、②主路、③给水管道、④雨水方沟、⑤两侧人行道及隔离带（绿化）做了施工部署，依据各种管道高程以及平面位置对工程的施工顺序做了总体安排。

问题：

用背景资料中提供的序号表示本工程的总体施工顺序。

参考答案：

本工程总体施工顺序为：④→③→②→①→⑤。

解析： 施工应遵循"先地下、后地上，先深后浅"的原则，那么本工程应该先施工管线，然后进行道路施工；先施工较深的雨水方沟，再施工较浅的给水管线。而道路施工本着"先主体后附属"的原则，那么施工顺序是主路→辅路→人行道及隔离带（绿化）。

案例2（2022年一建案例五）

背景资料：

某公司承建一座城市桥梁工程，双向六车道，桥面宽度36.5m。主桥设计为T形刚构，跨径组合为50m+100m+50m；上部结构采用C50预应力混凝土现浇箱梁；下部结构采用实体式钢筋混凝土墩台，基础采用φ200cm钢筋混凝土钻孔灌注桩。桥梁立面构造如下图所示。

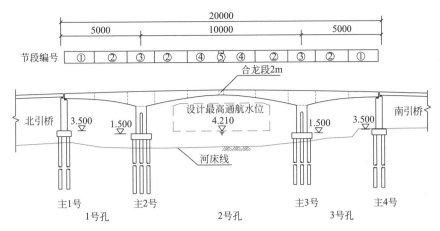

桥梁立面构造及上部结构箱梁节段划分示意图（标高单位：m；尺寸单位：cm）

项目部编制的施工组织设计有如下内容：

（1）上部结构采用搭设满堂式钢支架施工方案。

（2）将上部结构箱梁划分成①、②、③、④、⑤五种类型节段，⑤节段为合龙段，长度2m；确定了施工顺序。上部结构箱梁节段划分如上图所示。

施工过程中发生如下事件：

事件一：施工过程中，受主河道水深的影响及通航需求，项目部取消了原施工组织设计中上部结构箱梁②、④、⑤节段的满堂式钢支架施工方案，重新变更了施工方案，并重新组织召开专项施工方案专家论证会。

……

问题：

写出施工方案变更后的上部结构箱梁的施工顺序（用图中的编号①~⑤及→表示）。

参考答案：

③→②→①→④→⑤。

解析： 本题目争论焦点在①和④的施工顺序。大家都知道悬臂浇筑施工需要保证对称，使悬臂梁两端尽量保持平衡。原来箱梁设计是满堂支架施工，后期只是将上部的②、④、⑤三段变更为悬臂浇筑，也就是说①段依然是支架施工，那么将南北两端的①段搭设支架，连通②段与两侧墩柱，虽然T形刚构两侧箱梁长度不均等，但是边跨处有支撑，不会造成T形刚构偏斜。但如果在②段施工完成后直接施工④段，悬臂梁会因两端受力不平衡而造成跨中端向下变形，有人提出可以压配重解决变形问题，但是④段是一个动态的施工过程，那么配重加载也需要随着④段的施工而进行动态调整，施工难度要比先施工①段难度大得多。

案例3（2012年一建案例二）

背景资料：

A公司中标承建某污水处理厂扩建工程，新建构筑物包括沉淀池、曝气池及进水泵房，其中沉淀池采用预制装配式预应力混凝土结构，池体直径为40m、池壁高6m、设计水深4.5m。

鉴于运行管理因素，在沉淀池施工前，建设单位将预制装配式预应力混凝土结构变更为现浇无粘结预应力结构，并与施工单位签订了变更协议。

项目部重新编制了施工方案，列出池壁施工主要工序：①安装模板；②绑扎钢筋；③浇筑混凝土；④安装预应力筋；⑤张拉预应力。

问题：

将背景资料中工序按常规流程进行排序（用序号排列）。

参考答案：

②→④→①→③→⑤。

案例4（模拟题）

背景资料：

A公司中标城市排水管线工程，工程施工开工前，项目技术负责人就以下各工序进行了全面技术交底：①沟槽开挖与支撑；②砌筑检查井；③管道基础；④管道安装；⑤下管；⑥沟槽内排水沟；⑦沟槽回填；⑧功能性试验。

问题：

对本工程背景资料中各工序进行排序（用序号即可）。

参考答案：

①→⑥→③→⑤→④→②→⑧→⑦。

案例5（2018年二建案例四）

背景资料：

某公司项目部施工的桥梁基础工程，灌注桩混凝土强度为C25，直径1200mm、桩长18m，承台、桥台的位置如下图所示。

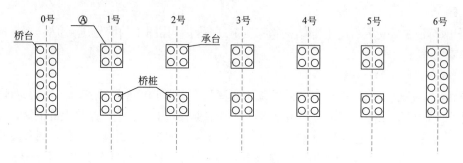

承台、桥台位置示意图

承台钻孔编号如下图所示。

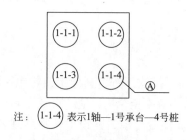

注：$\textcircled{1\text{-}1\text{-}4}$ 表示1轴—1号承台—4号桩

承台钻孔编号图

项目部依据工程地质条件，安排4台反循环钻机同时作业，钻机工作效率（1根桩／2d）。在前12d，完成了桥台的24根桩，后20d要完成10个承台的40根桩。承台施工前项目部对4台钻机作业划分了区域，如下图所示，并提出了要求：①每台钻机完成10根桩；②一座承台只能安排1台钻机作业；③同一承台两桩施工间隙时间为2d。

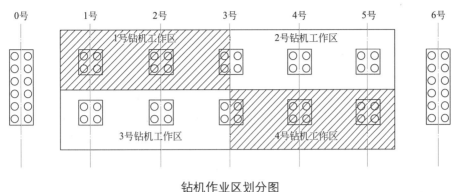

钻机作业区划分图

1号钻机工作进度安排及2号钻机部分工作进度安排如下图所示。

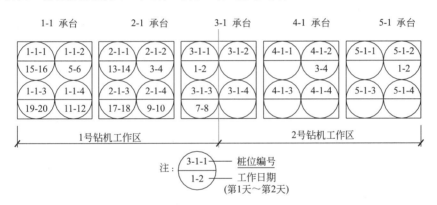

1号钻机、2号钻机工作进度安排示意图

问题：

补全2号钻机工作区作业计划，用1号钻机、2号钻机工作进度安排示意图的形式表示。

参考答案：

见下图。

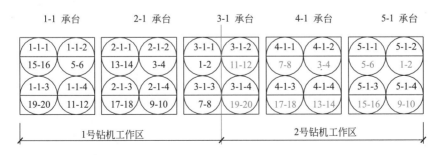

补全后的1号钻机、2号钻机工作进度安排示意图

三、按照施工顺序补充工序

【专题精要】

随着考试的进一步深化，命题人又发现了排序题的短板，首先排序题不能出现过于另类的工艺，也因为考生整体素质的提升，这种题目起不到有效筛选的目的，因而命题人将前面两种工序题做了有效的整合，发明了一种新的题型，即按照施工顺序补充工序题目，并且迅速成为当前工序题的主流题型。例如装配式桥梁的"先简支后连续梁"的梁板安装，涉及梁与梁之间横向湿接缝和纵向湿接头的浇筑先后顺序。在实际施工中，既有先浇筑湿接缝混凝土后浇筑湿接头混凝土的，也有先浇筑湿接头混凝土后浇筑湿接缝混凝土的，所以如果是单纯的排序题就容易出现争议。而按照施工工艺顺序补充施工工序，就可以有相对固定的答案，命题人会将湿接头或者湿接缝中的一项工序先写出来，那么只要知道所需补充工序的另外一项，按照应有位置列出即可，有效避免了施工工序排序题目引起的争议。

按照施工顺序补充工序的题目专业性明显更高，作为不懂施工工法的考生想拿到这类题目的分数难度也更大了，所以备考过程中一定要充分熟悉现浇箱梁施工、基坑开挖围护结构施工、定向钻或顶管等非开挖管线施工、钢筋混凝土主体结构的常规施工、降水井施工、道路及其附属构筑施工等施工工艺及顺序，而且一定要充分结合案例背景资料中的文字或图形信息去作答。

📖 案例1（2021年一建案例三）

背景资料：

某项目部承接一项河道整治项目，其中一段景观挡土墙，长为50m，连接既有景观墙。该项目平均分为5个施工段施工，端缝为20mm。第一施工段临河侧需沉6根基础方桩，基础方桩按"梅花形"布置（如下图）。围堰与沉桩工程同时开工，然后再进行挡土墙施工，最后完成新建路面施工与栏杆安装。

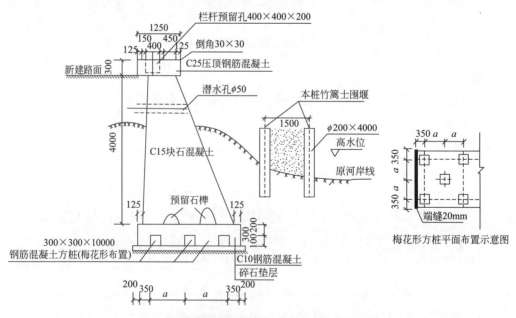

挡土墙断面示意图（单位：mm）

项目部根据方案使用柴油锤沉桩，遭附近居民投诉，监理随即叫停，要求更换沉桩方式，完工后，进行挡土墙施工，挡土墙施工工序有机械挖土、A、碎石垫层、基础模板、B、浇筑混凝土、立墙身模板、浇筑墙体，压顶采用一次性施工。

问题：

根据背景资料，正确写出A、B工序名称。

参考答案：

A工序名称是破除（凿除）桩头，人工清底。

B工序名称是绑扎基础钢筋。

解析： 图中在挡土墙下面有混凝土方桩，那么开挖土方和基础施工之前按常规应该剔凿或破除桩头并清理基底。另外图上标识了钢筋混凝土基础，而在相应工序中描述的是"立基础模板、B、浇筑混凝土"，那么B工序一定是绑扎基础钢筋。

案例2（2021年二建案例二）

背景资料：

某公司承接了某市高架桥工程，桥幅宽25m，共14跨，跨径为16m，为双向六车道，上部结构为预应力空心板梁，半幅桥断面示意图如下图所示。

项目部制定的空心板梁施工工艺流程依次为：钢筋安装→C→模板安装→钢绞线穿束→D→养护→拆除边模→E→压浆→F，移梁让出底模。

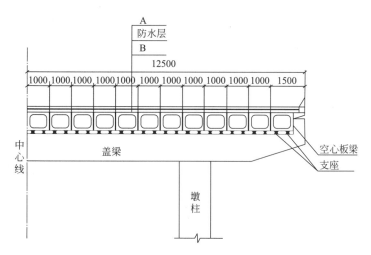

半幅桥梁横断面示意图（单位：mm）

问题：

补齐项目部制定的预应力空心板梁施工工艺流程，写出C、D、E、F的工序名称。

参考答案：

C工序名称是预应力孔道安装；D工序名称是混凝土浇筑；E工序名称是预应力张拉；F工序名称是封锚。

解析： 从背景资料中"钢绞线穿束"可以分析出来本工程中的预应力张拉是后张法，那么按照后张法工艺即可分析得出孔道安装、混凝土浇筑、预应力张拉、封锚等工序。

案例 3（2018 年一建案例二）

背景资料：

某公司承建的地下水池工程，设计采用薄壁钢筋混凝土结构，长×宽×高为 30m×20m×6m，池壁顶面高出地表 0.5m，池体位置地质分布自上而下分别为回填土（厚度 2m）、粉砂土（厚度 2m）、细砂土（厚度 4m），地下水位于地表下 4m 处。

水池基坑支护设计采用 $\phi800mm$ 灌注桩及高压旋喷桩止水帷幕，第一层钢筋混凝土支撑，第二层钢管支撑，井点降水采用 $\phi400mm$ 无砂管和潜水泵。当基坑支护结构强度满足要求及地下水位降至满足施工要求后，方可进行基坑开挖施工。

施工前，项目部编制的施工方案相关内容如下：

（1）水池主体结构施工工艺流程如下：水池边线与桩位测量定位→基坑支护与降水→A→垫层施工→B→底板钢筋模板安装与混凝土浇筑→C→顶板钢筋模板安装与混凝土浇筑→D（功能性试验）

......

问题：

写出施工工艺流程中工序 A、B、C、D 的名称。

参考答案：

A 的名称是土方开挖与支撑；

B 的名称是底板防水层施工；

C 的名称是池壁与柱钢筋、模板安装及混凝土浇筑；

D 的名称是水池满水试验。

解析： 本题描述了两道支撑，而前面工序有"基坑支护与降水"，那么可以确定这个"支护"是围护桩和第一道的钢筋混凝土支撑，所以 A 选项应该是"土方开挖与支撑"，也就是在开挖基坑土方过程中，挖到第二道支撑时，进行第二道钢管支撑的安装，完成第二道支撑后继续开挖至基底，这样也与前面的"基坑支护与降水"遥相呼应。

B 选项之前的工序是"垫层施工"，后面工序是"底板钢筋模板安装与混凝土浇筑"，那么最符合题意的就是底板防水层施工，注意这里不必将过多的细节描述出来（例如防水保护层和弹墨线等工序），因为整个背景资料中的工序都没有那么细化。

本题池壁高出地面（第一道支撑）0.5m 以上，如果将 C 选项描述成"池壁施工与拆撑"就不太合适，因为本案例没有交代在底板施工以后进行传力带，后面也没有交代坑壁外侧回填土，也就是说，没有替换原来的既有支撑，那么也就不能拆除支撑，所以本案例只能比较粗线条地顺着背景资料描述为池壁与柱钢筋、模板安装及混凝土浇筑。

案例 4（2022 年一建案例二）

背景资料：

某公司承建一项市政管沟工程，其中穿越城镇既有道路的长度 75m，采用 $\phi2000mm$ 泥水平衡机械顶管施工。道路两侧设顶管工作井、接收井各一座，结构尺寸如下图所示，两座井均采用沉井法施工，开挖前采用管井降水。设计要求沉井分节制作、分次下沉，每节高度不超过 6m。

项目部编制的沉井施工方案如下：

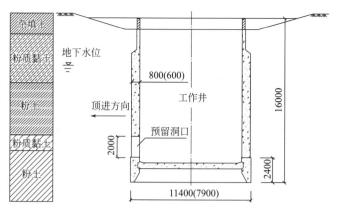

沉井剖面示意图（单位：mm）
（注：括号内数字为接收井尺寸）

（1）测量定位后，在刃脚部位铺设砂垫层，铺垫木后进行刃脚部位钢筋绑扎、模板安装、浇筑混凝土。

（2）刃脚部位施工完成后，每节沉井按照 满堂支架→钢筋制安→A→B→C→内外支架加固→浇筑混凝土 的工艺流程进行施工。

问题：

沉井分几次制作（含刃脚部分）？写出施工方案（2）中A、B、C代表的工序名称。

参考答案：

沉井需分4次制作。

A的名称是内模安装。

B的名称是穿对拉螺栓。

C的名称是外模安装。

解析： 背景中强调刃脚完成后进行沉井施工，并且图中也显示刃脚与沉井之间设有施工缝，沉井包括刃脚高度共16m，刃脚高度是2.4m，那么沉井结构为13.6m，按照每次浇筑不超过6m，需要预制3次，加上刃脚1次，整个沉井预制需要4次。

案例5（2019年二建案例三）

背景资料：

某施工单位承建一项城市污水主干管道工程，全长1000m。设计管材采用Ⅱ级承插式钢筋混凝土管，管道内径$D_1$1000mm，壁厚为100mm；沟槽平均开挖深度为3m，底部开挖宽度设计无要求。场地地层以硬塑粉质黏土为主，土质均匀，地下水位于槽底设计标高以下，施工期为旱季。

项目部编制的施工方案明确了下列事项：

事项一：将管道的施工工序分解为：①沟槽放坡开挖；②砌筑检查井；③下（布）管；④管道安装；⑤管道基础与垫层；⑥沟槽回填；⑦闭水试验。

施工工艺流程：①→A→③→④→②→B→C。

……

问题：

写出施工方案（1）中管道施工工艺流程中A、B、C的名称。（用背景资料中提供的序

号①~⑦或工序名称作答）

参考答案：

A 的名称是⑤（管道基础与垫层）；

B 的名称是⑦（闭水试验）；

C 的名称是⑥（沟槽回填）。

解析： 背景资料中①是沟槽放坡开挖，③是下（布）管，④是管道安装，从常识也可以判断出在下管、安管之前要施工管道的基础与垫层，所以 A 选项很容易选出来。流程的最后两项是⑥沟槽回填和⑦闭水试验，而排水管道施工的闭水试验必须在回填前进行，由此可得最终排序结果。

案例 6（2015 年一建案例三）

背景资料：

A 公司中标长 3km 的天然气钢质管道工程，DN300mm，设计压力 0.4MPa，采用明挖开槽法施工。项目部拟定的燃气管道施工程序如下：沟槽开挖→管道安装、焊接→a→管道吹扫→回填土至管顶上方 0.5m，留出焊口位置→b 试验→焊口防腐→全部管线回填土至管顶上方 0.5m→c 试验→敷设 d→回填土至设计标高。

问题：

施工程序中 a、b、c、d 分别是什么？

参考答案：

a 工序名称是焊缝检查（包括外观检查和内部质量检验）；b 工序名称是强度（试验）；c 工序名称是严密性（试验）；d 工序名称是警示带。

案例 7（模拟题）

背景资料：

某公司承接钢筋混凝土拱形涵洞施工。本工程钢筋混凝土拱涵的底板、涵身为素混凝土，拱圈为钢筋混凝土，管涵验收合格后，在外侧粘贴两层 SBS 卷材防水。拱涵各部位如下图所示。在钢筋混凝土拱涵施工前，项目部拱涵施工顺序做了如下安排：

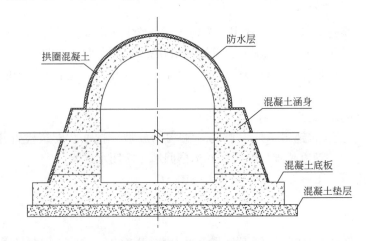

钢筋混凝土拱涵断面图

测量放样→基坑开挖、排水及换填→浇筑垫层→B→拱涵涵身、台座立模→浇筑涵身台座混凝土→C→安装拱圈内模→绑扎拱圈钢筋→D→对称灌注拱圈混凝土→养护拱圈混凝土强度达85%设计值→E→施作防水层→涵洞对称填土夯实→出入口、八字墙等附属工程施工。

问题：

写出拱涵施工顺序中缺失的B、C、D、E几个工序名称。

参考答案：

B工序名称是混凝土底板施工；C工序名称是支立拱架；D工序名称是安装拱圈外模；E工序名称是对称拆除拱架、拱模。

解析： 本题需要将背景资料中的工序与图形结合起来作答。图形中有混凝土垫层、混凝土底板、混凝土涵身、拱圈混凝土、防水，而施工流程中在B工序之前是浇筑垫层，B工序之后是拱涵涵身、台座立模并浇筑混凝土，明显缺少了混凝土底板施工这一重要环节，所以B工序为混凝土底板施工。拱涵的拱圈结构介于板和墙之间，所以施工中既需要支架也需要支设内外模板，这几个工序依次为：先支立拱架再安装拱圈内模，在拱圈钢筋绑扎完成后，浇筑混凝土之前安装拱圈外模。而混凝土养护之后、拱涵防水之前需要做的工作显而易见是拆除拱圈的模板和支架。钢筋混凝土拱涵施工现场图片如下所示。

钢筋混凝土拱涵施工现场图片

专题三

施工材料

【专题精要】

施工材料考点主要考核材料进场的检查验收和存储两个环节。

施工材料进场的第一个环节是检查验收，这里的施工材料是广义的，既包括各种材料，也包括施工现场购置的设备或构件。检查验收的第一步工作就是对材料的"外观检查"，一般只需进行肉眼观察即可，对于不同材料的外观要求也不同，大体上可分为金属类、橡胶类、混凝土构件等，对于各类金属材料的外观要求，基本上围绕着不能有变形、锈蚀、裂纹、断伤、刻痕等采分点展开；对于各类混凝土制品的外观要求，基本上围绕着不能有露筋、裂缝、缺棱掉角、蜂窝麻面等采分点描述；而对于各类橡胶材料（橡胶止水带、密封橡胶圈等），采分点大略是不能有脱胶、老化、重皮、撕裂等。材料外观合格后进入第二步工作"证书汇总"，即检查材料的各种证书，一般都需要有产品合格证、质量证明书、使用说明书（各种设备）、产品出厂试验报告、型式检验报告等。当然不同材料的证书也有所不同，可从获取考试采分点的角度，尽量将检查的证书多一些角度去罗列。材料进场的第三步是"验"，即见证取样做复试，这里见证人是监控主体的监理或建设单位，施工单位质检人员要在见证人员见证下，从进场材料上现场取样，并且将样本送到有资质的第三方试验室进行检测。当然随着考试发展，见证取样的考核方式也在不断变化，很可能会考核具体某种材料见证取样的项目，例如预应力钢绞线见证取样检测项目有表面质量、直径偏差、力学性能试验；HDPE管见证取样检测项目是环刚度试验；热轧带肋钢筋见证取样检测项目是重量偏差、拉伸试验、弯曲试验；砌体用水泥见证取样检测的项目是凝结时间、强度、安定性等。

施工材料进场后的第二个环节是存放（存储），进入施工现场的所有材料均需按照产品厂家、批次、级别、型号进行分类码放，但不同材料在存放环节会有不同的要求，例如金属类材料（钢管、钢筋、钢绞线）需要下垫、上盖、防雨、防潮、防腐蚀、防雨露，现场存放时间一般不允许超过六个月；橡胶类（密封橡胶圈、橡胶止水带）、化学类管材（PE管、HDPE管）、SBS卷材防水等现场存放需要采取防腐蚀、防晒、防老化、防冻等措施；水泥类材料现场存放需要采取防潮、防雨措施等。

案例1（2021年一建案例四）

背景资料：

某公司承建一座城市桥梁工程，双向四车道，桥跨布置为4联×（5×20m），上部结构为预应力混凝土空心板，空心板中板的预应力钢绞线设计有N1、N2两种形式，均由同规格的单根钢绞线索组成。

项目部编制的空心板专项施工方案有如下内容：

钢绞线采购进场时，材料员对钢绞线的包装、标志等资料进行查验，合格后入库存放。随后，项目部组织开展钢绞线见证取样送检工作，检测项目包括表面质量等。

问题：

补充施工方案中钢绞线入库时材料员还需查验的资料；指出钢绞线见证取样还需检测的项目。

参考答案：

（1）入库还需补充的查验项目：质量证明文件（产品合格证、出厂检验报告）、规格和进场试验报告。

（2）见证取样还需检测的项目：直径偏差、力学性能试验。

案例2（2014年二建案例四）

背景资料：

某公司承建一座市政桥梁工程。项目部进场后，拟在桥位线路上现有城市次干道旁租地建设T梁预制场。监理审批预制场建设方案时，指出预制场围护不符合规定。在施工过程中发生了如下事件：

事件一：雨期导致现场堆放的钢绞线外包装腐烂破损，钢绞线堆场处于潮湿状态。

……

问题：

事件一中的钢绞线应如何存放？

参考答案：

钢绞线应该存放在专门的仓库，仓库应该干燥、防潮、通风良好、无腐蚀性气体。如果存放在室外，不得直接堆放在地面上，必须垫高、覆盖、防腐蚀、防雨露，并且存放时间不得超过6个月。

案例3（2020年二建案例四）

背景资料：

某公司承建一座再生水厂扩建工程。项目部进场后，结合地质情况，按照设计图纸编制了施工组织设计。

监理工程师现场巡视发现：钢筋加工区部分钢筋锈蚀、不同规格钢筋混放、加工完成的钢筋未经检验即投入使用，要求项目部整改。

问题：

项目部现场钢筋存放应满足哪些要求？

参考答案：

（1）钢筋不得直接堆放在地面上，须垫高（下设垫木）、覆盖、防腐蚀、防雨露。

（2）时间不宜超过6个月。

（3）不同规格钢筋需分类码放。

（4）加工好的钢筋应有检验合格标识牌。

📖 案例4（2012年一建案例三）

背景资料：

某小区新建热源工程，安装了3台14MW燃气热水锅炉。

施工过程中出现了如下情况：

在设备安装过程中，当地特种设备安全监察机构到工地检查发现参建单位尚未到监察机构办理相关手续，违反了有关规定。燃烧器出厂资料中仅有出厂合格证。

问题：

燃烧器出厂资料中，还应包括什么？

参考答案：

燃烧器出厂资料中还应包括：①产品质量证明书。②性能检测报告。③型式试验报告（复印件）。④安装图纸。⑤维修保养说明。⑥装箱清单。⑦其他资料。

📖 案例5（2021年二建案例四）

背景资料：

某公司承建沿海某开发区路网综合市政工程，随路敷设雨水、污水、给水、通信和电力等管线；其中污水管道为HDPE缠绕结构壁B型管（以下简称HDPE管），承插－电熔接口，开槽施工，拉森钢板桩支护，流水作业方式。

施工过程中发生如下事件：

事件一：HDPE管进场，项目部有关人员收集、核验管道产品质量证明文件、合格证等技术资料，抽样检查管道外观和规格尺寸。

……

问题：

HDPE管进场验收存在哪些问题？给出正确做法。

参考答案：

（1）管件外观质量检验方法不正确。

正确的做法是：对进入现场的管件逐根进行检验；管件不得有影响结构安全、使用功能和接口连接的质量缺陷，内外壁光滑，无气泡、无裂纹。

（2）缺少检验项目（或检验项目不全）。

正确的做法是：对HDPE管件取样进行环刚度复试，管件环刚度应满足设计要求。

解析： 材料进场验收遵循看、检、验这三个环节，背景资料中只介绍了看和检这两个环节，验的环节没有写出来。HDPE管道属于柔性管道，而柔性管道最主要的技术指标就是环刚度试验，所以需要补充对HDPE管进行环刚度的复试。另外，本题看外观的内容写的是抽检，从考试答题技巧也不难得出逐根（全部）检验的这个采分点。

背景资料：

某公司承建一项天然气管道工程，全长 1380m，公称外径 DN110mm，采用聚乙烯燃气管道（SDR11 PE100），直埋敷设，热熔连接。

工程实施过程中发生如下事件：

事件一：管材进场后，监理工程师检查发现聚乙烯直管现场露天堆放，堆放高度达 1.8m，项目部既未采取安全措施，也未采用棚护。监理工程师签发通知单要求项目部进行整改，并按下表所列项目及方法对管材进行检查。

聚乙烯管材进场检查项目及检查方法

检查项目	检查方法
A	查看资料
检测报告	查看资料
使用聚乙烯原材料级别和牌号	查看资料
B	目测
颜色	目测
长度	量测
不圆度	量测
外径及壁厚	量测
生产日期	查看资料
产品标志	目测

······

问题：

1. 指出直管堆放的最高高度应为多少米，并应采取哪些安全措施？管道采用棚护的主要目的是什么？

2. 写出上表中检查项目 A 和 B 的名称。

参考答案：

1.（1）堆放的最高高度应为不超过 1.5m。

（2）应采取防止直管滚动的安全保护措施：管材码放应分层纵横交叉码放；同方向堆放多层管材时，两侧加支撑保护，且支撑牢固。

（3）采用棚护的主要目的：防止阳光暴晒，减缓管材老化的发生。

2. 检查项目 A 的名称是检验合格证；检查项目 B 的名称是外观。

案例 7（2009 年一建案例五）

背景资料：

某项目部承建一生活垃圾填埋场工程。填埋场防水层为土工合成材料膨润土垫（GCL），上层防渗层为高密度聚乙烯膜，项目部以招标形式选择了高密度聚乙烯膜供应商及专业焊接队伍。工程施工过程中发生以下事件：

事件一：为满足高密度聚乙烯膜焊接进度要求，专业焊接队伍购进一台焊接机，经外观验收，立即进场作业。

……

问题：

给出事件一的正确处置方法。

参考答案：

本工程新购焊接机进场先应查验三证（合格证、说明书、检验报告）是否齐全，在作业前需要做性能试验和试焊，合格后方可作业。

案例 8（2010 年一建案例一）

背景资料：

某城镇雨水管道工程为混凝土平口管，采用抹带结构，总长 900m，埋深 6m，场地无需降水施工。

项目部依据合同工期和场地条件，将工程划分为 A、B、C 三段施工，每段长 300m，每段工期为 30d，总工期为 90d。

项目部编制了材料进场计划，并严格执行进场检验制度。由于水泥用量小，按计划用量在开工前一次进场入库，并做了见证取样试验。混凝土管按开槽进度及时进场。

由于 C 段在第 90 天才完成拆迁任务，使工期推迟 30d。浇筑 C 段的平基混凝土时，监理工程师要求提供所用水泥的检测资料后再继续施工。

问题：

为什么必须提供所用水泥检测资料后方可继续施工？

参考答案：

因为开工前水泥一次性进场，且储存时间超过了 90d（3 个月）。依据规范规定：贮存期超过 3 个月或受潮的水泥，必须经过试验，合格后方可使用。

案例 9（2017 年一建建筑案例）

背景资料：

某新建住宅工程项目，建筑面积 23000m²，地下 2 层，地上 18 层，现浇钢筋混凝土剪力墙结构。项目实行施工总承包管理。

该工程的外墙保温材料和粘结材料等进场后，项目部会同监理工程师核查了其导热参数、燃烧性能等质量证明文件；在监理工程师见证下，对保温、粘结和增强材料进行了复验取样。

问题：

外墙保温、粘结和增强材料复试项目有哪些？

参考答案：

复试项目应该包括：保温材料的导热系数、密度、抗压强度或压缩强度；粘结材料的粘结强度；增强网的力学性能、抗腐蚀性能。

案例10（2022年二建建筑案例）

背景资料：

某新建住宅工程，地上18层，首层为非标准层，结构现浇，工期8d。2～18层为标准层，采用装配式结构体系。其中，墙体以预制墙板为主，楼板以预制叠合板为主。

经验收合格的预制构件按计划要求分批进场，构件生产单位向施工单位提供了相关质量证明文件。

问题：

预制构件进场前，应对构件生产单位设置的哪些内容进行验收？预制构件进场时，构件生产单位提供的质量证明文件包含哪些内容？

参考答案：

（1）验收内容：构件编号；构件标识。

（2）质量证明文件：

1）出厂合格证。

2）混凝土强度检验报告。

3）钢筋复验单。

4）钢筋套筒等其他构件钢筋连接类型的工艺检验报告。

5）合同要求的其他质量证明文件。

专题四

施工机械设备

【专题精要】

机械设备考点在建筑、公路等专业也有相应考核，但考核频次远不及市政专业。本专题机械设备的考核一般要求应试者列举某专业施工中用到的机械或设备，这里不再涉及机械设备进场的检查和验收内容。

机械设备考点的核心其实是考核应试者对案例背景资料中的工艺是否有一个基本的认知，例如考核直径1000mm的钢筋混凝土污水管开槽施工会用到哪些机械？首先要知道土石方的施工机械有挖掘机、装载机、自卸汽车、压路机等，而直径1000mm的管道向沟槽中下管（布管）需要用到吊车（吊机、起重机），涉及雨期施工还需要水泵等设备。如果是刚性接口会涉及混凝土基础和管座，那么还应考虑混凝土泵车和运输混凝土罐车，如果是化学管材或者钢管，还应考虑到电焊机、热熔机。再如考核土钉墙施工会用到哪些机械设备？也需要按照施工过程一一作答，像基坑开挖的挖掘机、土钉墙打孔的钻机、钢筋网焊接的电焊机、土钉周围注浆的注浆机，边坡喷射混凝土的湿喷机等。

针对机械设备考点，在平时备考中要做到两点：第一是将市政工程常见专业按照施工顺序，仔细梳理施工中可能用到的机械和设备。第二是找到一些通用的机械设备，例如只要工序中涉及土石方（道路工程、基坑或沟槽工程），就应该列出挖掘机、推土机、装载机、自卸汽车等，只要涉及混凝土结构，就应该列出混凝土泵车、罐车、振捣棒、振捣器等，只要有钢管、钢筋或钢板的连接，一般少不了电焊机，只要有正、负高空作业都不会离开吊车（吊机、起重机）等。

案例1（2013年一建案例四）

背景资料：

某公司中标修建城市新建主干道，全长2.5km，双向四车道，其结构从下至上为：20cm厚石灰稳定碎石底基层，38cm厚水泥稳定碎石基层，8cm厚粗粒式沥青混合料底面层，6cm厚中粒式沥青混合料中面层，4cm厚细粒式沥青混合料表面层。

项目部编制的施工机械计划表列有：挖掘机、铲运机、压路机、洒水车、平地机、自卸汽车。

问题：

补充施工机械计划表中缺少的主要机械。

参考答案：

主要机械还应该有摊铺机、推土机、装载机、小型夯压机、沥青洒布车、嵌丁料洒布车、拌合机等。

解析：本题背景资料中已给出了挖掘机、铲运机、压路机、洒水车、平地机、自卸汽车六种机械，这给作答题目增加了很大难度。通过分析背景资料可以联想到摊铺机，其余机械则需要知识的积累，例如推土机、装载机在道路工程的土方和基层施工中都要用到；另外从本题的道路结构可以分析出，本工程需要在基层表面喷洒透层油，在面层之间喷洒粘层油，那么就需要乳化沥青洒布车和嵌丁料洒布车；小型夯压机是针对过街雨水支管沟槽和检查井周围以及碾压不到的部位选用的。

案例2（2020年一建案例三）

背景资料：

某公司承建一座跨河城市桥梁。基础均采用ϕ1500mm钢筋混凝土钻孔灌注桩，设计为端承桩，桩底嵌入中风化岩层2D（D为桩基直径）；桩顶采用盖梁连结；盖梁高度为1200mm，顶面标高为20.000m。河床地层揭示依次为淤泥、淤泥质黏土、黏土、泥岩、强风化岩、中风化岩。

项目部编制的桩基施工方案明确如下内容：

（1）下部结构施工采用水上作业平台施工方案。水上作业平台结构为ϕ600mm钢管桩＋型钢＋人字钢板搭设。水上作业平台如下图所示。

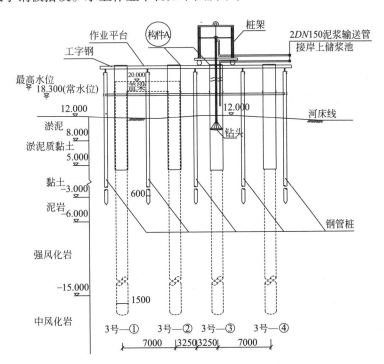

3号墩水上作业平台及桩基施工横断面布置示意图（标高单位：m；尺寸单位：mm）

（2）图中构件A名称和使用的相关规定。

问题：

施工方案（2）中，所指构件A的名称是什么？构件A施工时需使用哪些机械配合？

参考答案：

（1）构件A的名称是钢护筒。

（2）构件A埋设需使用的机械设备：吊机，振动锤（或冲击锤），泥浆泵或小型抓斗机。

案例3（2021年一建公路案例）

背景资料：

某施工单位承建了长度为12.2km的高速公路路基工程，其中，K7+370～K7+740通过滑坡体前缘，滑坡体长约370m，宽约650m，厚度14.1～28.5m，属于大型滑坡。路线在滑坡体前缘以挖方路基的形式穿过。

施工图设计处理挖方路段右侧的滑坡段采用抗滑桩板墙进行加固，抗滑桩为钢筋混凝土悬臂桩，桩截面尺寸为2.0m×3.0m，桩长22～30m，桩间距5.0m。抗滑桩内侧设桩板挡土墙，抗滑桩采用钢筋混凝土现浇，地面以下部分为人工挖孔桩形式。

问题：

针对该抗滑桩的桩孔开挖，写出在背景资料中未提及但需配置的3种施工机械。

参考答案：

需配置的施工机械有：水磨钻（或风镐、风钻）、送风机、水泵、空气压缩机。

案例4（2014年一建案例五）

背景资料：

某施工单位中标承建过街地下通道工程，周边地下管线较复杂。设计采用明挖法施工。隧道基坑总长80m，宽12m，开挖深度10m，基坑围护结构采用SMW工法施工。基坑场地地层自上而下依次为：2m厚素填土、6m厚黏质粒土、10m厚砂质粉土，地下水埋深约1.5m，在基坑内布置了5口管井降水。

项目部选用坑内小挖机与坑外长臂挖机相结合的土方开挖方案。

问题：

列出基坑围护结构施工的大型工程机械设备。

参考答案：

本工程基坑围护结构施工的大型机械设备包括：三轴搅拌桩机，吊车（吊机），挖掘机，工法桩拔桩机，混凝土泵车、罐车。

案例5（2019年一建建筑案例）

背景资料：

某工程钢筋混凝土基础底板，长度120m，宽度100m，厚度2.0m。混凝土设计强度等级C35P6，设计无后浇带。施工单位选用商品混凝土浇筑，采用跳仓法施工方案，同时按照规范要求设置测温点。

问题：

写出施工现场混凝土浇筑常用的机械设备名称。

参考答案：

混凝土施工常用机械：地泵、泵车（汽车泵）、混凝土运输车、布料机、振动棒、平板振动器、塔式起重机、收面机。

案例6（2019年一建案例五）

背景资料：

某项目部承接一项顶管工程，设计要求始发工作井采用沉井法施工。

下沉前，需要降低地下水（已预先布置了喷射井点），采用机械取土。

问题：

沉井下沉有哪些机械可以取土？

参考答案：

取土机械有：伸缩臂挖掘机、长臂挖掘机、抓斗机、皮带运输机、升降机、小挖掘机（见下列图）。

伸缩臂挖掘机

小挖掘机

长臂挖掘机

背景资料：

某公司承建一项市政管沟工程，其中穿越城镇既有道路的长度75m，采用φ2000mm泥水平衡机械顶管施工。道路两侧设顶管工作井、接收井各一座，结构尺寸如下图所示，两座井均采用沉井法施工，开挖前采用管井降水。设计要求沉井分节制作、分次下沉，每节高度不超过6m。

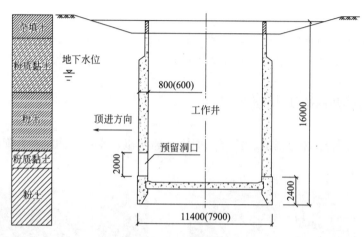

沉井剖面示意图（单位：mm）
（注：括号内数字为接收井尺寸）

项目部编制的沉井施工方案如下：

（1）测量定位后，在刃脚部位铺设砂垫层，铺垫木后进行刃脚部位钢筋绑扎、模板安装、浇筑混凝土。

（2）刃脚部位施工完成后，每节沉井按照 满堂支架→钢筋制安→A→B→C→内外支架加固→浇筑混凝土 的工艺流程进行施工。

（3）每节沉井混凝土强度达到设计要求后，拆除模板，挖土下沉。沉井分次下沉至设计标高后进行干封底作业。

问题：

写出支架搭设需配备的工程机械名称。

参考答案：

工程机械：汽车吊机（起重机、吊车）、水泵、小型夯压机。

解析： 沉井施工需要内外支架（脚手架），外脚手架一般搭设一次，要求外脚手架与沉井的井壁脱离开，而内脚手架在分次下沉的过程中需要反复地搭拆，搭设支架的钢管会多次从沉井内部向上运输或者下放，必然会涉及吊机（起重机、吊车）。另外，在沉井下沉过程中会涉及支架的第二次、第三次搭设，在二次、三次支架搭设前需要对支架地基进行夯实处理，所以会涉及小型夯实机械，如果担心施工过程中支架基础有水，那么还需要考虑水泵等排水设施。

施工改错、补充题

一、施工改错题

【专题精要】

改错题和补充题是从建造师考试元年一直保留至今的题型，而且建筑、机电和公路考试也经常采取这种形式，所以即便增项市政的考生对于这类题目也不会觉得陌生。

改错题既可以考核技术相关内容，也可以考核管理内容，本书主要针对技术部分进行介绍。考核形式一般是在案例背景资料中对施工方法、施工顺序、质量验收等进行错误地描述，要求应试者将错误做法找出来，并说明理由（原因）或写出正确做法。有时命题人为了增加考试难度，不再要求应试者判别对错，而要求考生直接改正施工中的错误做法，所以审题时要注意这一点，以免在考试时做无用功。改错题更多的是考核教材原文，或教材原文稍作修改的知识点，但并非所有的地方都可以出改错题，教材中能够出改错题的地方还是有迹可循的，例如道路工程中，路基施工前的清表、施工过程中的留台阶、填土要求、试验段、碾压等；基层施工中材料拌合运输、摊铺、碾压、养护等；沥青面层施工中的透层油与粘层油洒布要求、沥青摊铺、碾压和养护等；水泥混凝土面层施工中混凝土搅拌、运输、浇筑、切缝和养护等；以及道路冬（雨）期施工等知识点均可以改错题的形式进行考核。考生在备考中应有的放矢，切不可眉毛胡子一把抓，针对可以出现考题的知识点，需要平时做好预案，并且依据历年真题，找出那些可考而未考的点作为重点强化。

案例1（模拟题）

背景资料：

A公司承接了3.5km城市主干道工程施工。

路面施工过程中，施工单位对上面层的压实十分重视，确定了质量控制关键点，并就压实工序做出如下书面要求：①初压采用双钢轮振动压路机静压1~2遍，初压开始温度不低于140℃；②复压采用双钢轮振动压路机，碾压采取低频率、高振幅的方式快速碾压，为保证密实度，要求振动压路机碾压4遍；③终压采用轮胎压路机静压1~2遍，终压结束温度不低于80℃；④为保证搭接位置路面质量，要求相邻碾压带重叠宽度应大于30cm；⑤为保证沥青混合料碾压过程中不粘轮，应采用洒水车及时向混合料喷雾状水。

问题：

施工单位对上面层碾压的规定有不合理的地方，请改正。

参考答案：

（1）改性沥青初压温度应不低于150℃。

（2）应采取高频率、低振幅的方式慢速碾压，碾压遍数要根据试验确定。

（3）改性沥青不得采用轮胎压路机，碾压终了温度应不低于90~120℃。

（4）相邻碾压带重叠宽度应为100~200mm。

（5）不粘轮措施应为对压路机钢轮刷隔离剂或防粘接剂，或向碾压轮上喷淋添加少量表面活性剂的雾状水。

📖 案例2（2019年一建案例二）

背景资料：

某公司承建长1.2km的城镇道路大修工程，现状路面层为沥青混凝土，主要施工内容包括：对沥青混凝土路面沉陷、碎裂部位进行处理；局部加铺网孔尺寸10mm的玻纤网以减少旧路面对新沥青面层的反射裂缝；对旧沥青混凝土路面铣刨拉毛后加铺40mm厚AC-13沥青混凝土面层。

项目部在处理破损路面时发现挖补深度介于50~150mm之间，拟用沥青混凝土一次补平。在采购玻纤网时被告知网孔尺寸10mm的玻纤网缺货，拟变更为网孔尺寸20mm的玻纤网。

交通部门批准的交通导行方案要求：施工时间为夜间22：00—次日5：30，不断路施工。为加快施工进度，保证每日5：30前恢复交通，项目部拟提前一天采取机械撒布乳化沥青（用量0.8L/m²），为第二天沥青面层摊铺创造条件。

问题：

1. 指出项目部破损路面处理的错误之处并改正。

2. 指出项目部玻纤网更换的错误之处并改正。

3. 改正项目部为加快施工进度所采取的措施的错误之处。

参考答案：

1. 错误之处：项目部在处理破损路面时发现挖补深度介于50~150mm，拟用沥青混凝土一次补平。

改正：填补旧沥青路面，凹坑应按高程控制、分层摊铺，每层最大厚度不宜超过100mm。

2. 错误之处：擅自将玻纤网网孔尺寸由10mm变更为20mm。

正确做法：替换原方案玻纤网时，应向监理申请设计变更，经设计、监理及建设单位同意后更换；更换玻纤网尺寸宜为上层沥青材料最大粒径的0.5~1.0倍（6.5~13mm）。

解析：本题涉及两个考点，第一个是变更玻纤网未按照正确程序进行；第二个考点相对而言比较隐蔽，本工程沥青粒径为AC—13，依据要求玻纤网孔径应采用摊铺沥青粒径的0.5~1.0倍，所以玻纤网孔尺寸应在6.5~13mm之间。

3. 项目部应该在面层施工当天（夜）洒布粘层油，洒布用量应满足规范要求（0.3~0.6L/m²）。

解析：本题需要改正的错误有两点，第一是粘层油需要当天洒布；第二是教材中未曾介绍的粘层油洒布用量，在《城镇道路工程施工与质量验收规范》CJJ 1—2008表8.4.2沥青路面粘层材料的规格和用量中对乳化沥青用量有以下表中要求：

沥青路面粘层材料的规格和用量 表8.4.2

下卧层类型	液体沥青		乳化沥青	
	规格	用量（L/m²）	规格	用量（L/m²）
新建沥青层或旧沥青路面	AL（R）-3 ~ AL（R）-6 AL（M）-3 ~ AL（M）-6	0.3 ~ 0.5	PC-3 PA-3	0.3 ~ 0.6
水泥混凝土	AL（M）-3 ~ AL（M）-6 AL（S）-3 ~ AL（S）-6	0.2 ~ 0.4	PC-3 PA-3	0.3 ~ 0.5

注：表中用量是指包括稀释剂和水分等在内的液体沥青、乳化沥青的总量，乳化沥青中的残留物含量是以50%为基准。

案例3（2021年一建案例五）

背景资料：

某公司承建一项城市主干路工程，长度2.4km，在桩号K1+180 ~ K1+196位置与铁路斜交，采用四跨地道桥顶进下穿铁路的方案，顶进工作坑顶进面采用放坡加网喷混凝土方式支护，其余三面采用钻孔灌注桩加桩间网喷支护。

混凝土钻孔灌注桩施工过程包括以下内容，采用旋挖钻成孔，装顶设置冠梁，钢筋笼主筋采用直螺纹套筒连接，桩顶锚固钢筋按深入冠梁长度500mm进行预留，混凝土浇筑至桩顶设计高程后，立即开始相邻桩的施工。

问题：

改正混凝土灌注桩施工过程中的错误之处。

参考答案：

（1）改正：桩顶钢筋深入长度应为冠梁厚度（桩顶钢筋深入长度应不低于冠梁厚度）。

（2）改正：混凝土浇筑应超过桩顶设计高程0.5 ~ 1.0 m。

（3）改正：应隔桩（跳桩）施工（相邻桩混凝土终凝后施工）。

解析： 本题涉及三个知识点，混凝土浇筑超出设计高程0.5 ~ 1.0m以及成桩需要隔桩（跳桩）施工为教材内容，相对比较简单；另外一个考点相对比较隐蔽，桩顶锚固钢筋按伸入冠梁长度500mm进行预留，可能是很多考生的盲区，但通过分析也可以获得答案。既然是改错题，那么这些数值一定会有问题，那就朝着质量和安全更为合理的方向修改，钢筋进入冠梁距离越长，结合效果越好，最长可以与整个冠梁厚度一样甚至超出冠梁厚度再进行弯曲焊接，如此作答一定可以拿到本题采分点。

案例4（2015年二建案例二）

背景资料：

某公司承建的市政桥梁工程中，桥梁引道与现有城市次干道呈T形平面交叉，次干道路堤采用植草防护；引道位于种植滩地，线位上距离拟建桥台15m现存池塘一处（长15m、宽12m、深1.5m）；引道两侧边坡采用挡土墙支护；桥台采用重力式桥台，基础为直径120cm混凝土钻孔灌注桩。引道纵断面如下图所示。

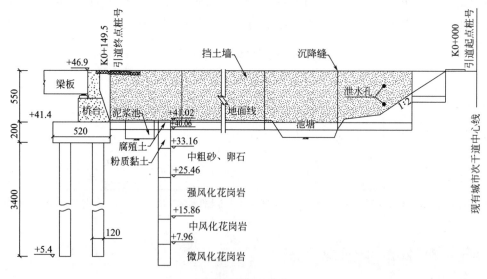

引道纵断面示意面

（标高单位：m；尺寸单位：cm）

挡土墙横截面如下图所示。

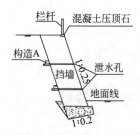

挡土墙横截面示意图

项目部编制的引道路堤及桥台施工方案有如下内容：

（1）桩基泥浆池设置于台后引道滩地上（见引道纵断面示意图），公司现有如下桩基施工机械可供选用：正循环回转钻，反循环回转钻，潜水钻，冲击钻，长螺旋钻机，静力压桩机。项目部准备采用反循环钻机进行成孔。

（2）引道路堤在挡土墙及桥台施工完成后进行，路基用合格的土方从现有城市次干道直接倾倒入路基后，用推土机运输后摊铺碾压。施工工艺流程图如下所示：

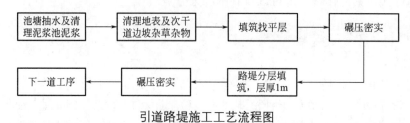

引道路堤施工工艺流程图

监理工程师在审查施工方案时指出：施工方案（2）中施工组织存在不妥之处；施工工艺流程图存在较多缺漏和错误，要求项目部改正。

在桩基施工期间，发生一起行人滑入泥浆池事故，但未造成伤害。

问题：

1. 施工方案（1）中，项目部做法有何不妥？说明理由。

2. 指出施工方案（2）中引道路堤填土施工组织存在的不妥之处，并改正。

3. 结合引道纵断面示意图，补充并改正施工方案（2）中施工工艺流程的缺漏和错误之处（用文字叙述）。

参考答案：

1. 不妥之处一：准备采用反循环回转钻机成孔不妥。

理由：桩基础的地层为风化花岗岩，不适合用反循环回转机，应采用冲击钻机进行成孔作业。

不妥之处二：桩基泥浆池设置于台后引道滩地上不妥。

理由：项目部应该利用现有的池塘作为泥浆池，减少施工作业量，降低施工成本。

2. 不妥之处一：填筑土方从现有城市次干道直接倾倒入路基不妥。

正确做法：倾倒土方远离次干道，不影响车辆通行且满足文明施工要求。

不妥之处二：用推土机运输后摊铺碾压不妥。

正确做法：土方应按里程桩号分开堆放，便于推土机发挥工作效率。

不妥之处三：引道路堤在挡土墙及桥台施工完成后进行不妥。

正确做法：挡土墙在路基填土后再进行施工。

3.（1）错误之处：路堤填土层厚1m。

正确做法：机械填筑碾压路堤时，层厚不超过300mm。

（2）施工工艺流程的缺漏：①池塘和泥浆池基底处理，分层回填压实。②施工前做试验段。③次干路边坡修成台阶状。④桥台台背路基填土加筋。⑤压实度的检测。

案例 5（2010 年一建案例一）

背景资料：

某城镇雨水管道工程为混凝土平口管，采用抹带结构，总长900m，埋深6m，场地无需降水施工。

项目部编制的施工组织设计对原材料、沟槽开挖、管道基础浇筑制定了质量控制保证措施。其中，对沟槽开挖的质量控制保证措施如下：

沟槽开挖时，挖掘机司机根据测量员测放的槽底高程和宽度成槽，经人工找平压实后进行下道工序施工。

问题：

指出沟槽开挖质量保证措施中存在的错误之处并改正。

参考答案：

不妥之处一：根据测量员测放的槽底高程和宽度成槽不妥。

正确做法：应经过监理验线后开挖，并且槽底应预留200～300mm厚土层，由人工开挖至设计高程、整平。

不妥之处二：经人工找平压实后进行下道工序施工不妥。

正确做法：槽底应该经设计单位、勘察单位、监理单位和施工单位共同验槽，验槽合格后进行下一道工序施工。

案例 6（2020 年一建案例四）

背景资料：

某市为了交通发展，需修建一条双向快速环线（见下图），里程桩号为 K0+000～K19+998.984。建设单位将该建设项目划分为 10 个标段，项目清单见下表，当年 10 月份进行招标，拟定工期为 24 个月，同时成立了管理公司，由其代建。

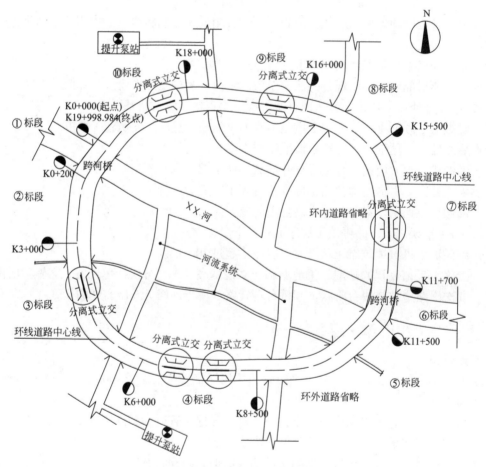

某市双向快速环线平面示意图

某市快速环路项目清单

标段号	里程桩号	项目内容
①	K0+000～K0+200	跨河桥
②	K0+200～K3+000	排水工程、道路工程

标段号	里程桩号	项目内容
③	K3+000 ~ K6+000	沿路跨河中小桥、分离式立交、排水工程、道路工程
④	K6+000 ~ K8+500	提升泵站、分离式立交、排水工程、道路工程
⑤	K8+500 ~ K11+500	沿路跨河中小桥、排水工程、道路工程
⑥	K11+500 ~ K11+700	跨河桥
⑦	K11+700 ~ K15+500	分离式立交、排水工程、道路工程
⑧	K15+500 ~ K16+000	沿路跨河中小桥、排水工程、道路工程
⑨	K16+000 ~ K18+000	分离式立交、沿路跨河中小桥、排水工程、道路工程
⑩	K18+000 ~ K19+998.984	分离式立交、提升泵站、排水工程、道路工程

各投标单位按要求中标后，管理公司召开设计交底会，与会参加的有设计、勘察、施工单位等。

③标段的施工单位向管理公司提交了施工进度计划横道图（见下图）。

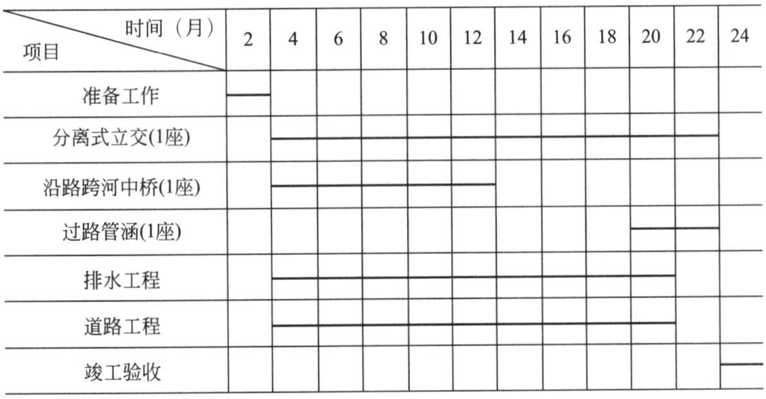

③标段施工进度计划横道图

问题：

写出③标段施工进度计划横道图中出现的不妥之处，应该怎样调整？

参考答案：

不妥之处一：过路管涵竣工在道路工程竣工后。调整：过路管涵在排水工程之前竣工。

不妥之处二：排水工程与道路工程同步竣工。调整：排水工程在道路工程之前竣工。

不妥之处三：准备工作与竣工验收时间过长；应该压缩准备工作与竣工验收时间。

解析：本题实际上是一个施工部署和施工工序安排的问题。本工程③标段中包含沿路跨河中桥、过路管涵、分离式立交、排水工程、道路工程等多个单位工程，施工时需要合理安排施工顺序。从背景资料和图上看，排水工程以及过路管涵在道路以下，那么排水工程一定是在道路工程之前竣工，因为排水工程一般是在道路的路基范围内，而路基施工完成以后才可以进行道路的基层和面层施工。由背景资料可知，本工程设置排水管涵最主要的目的就是使相邻标段顺利通行，那么应该在排水工程之前完成，这样才不至于影响到相邻标段施工，所以将管涵竣工安排在排水工程竣工前是最合理的选择。准备工作和竣工验收时间过长，这条不保证一定有分值，但是在作答时尽可能将这些点写出来。

📖 案例7（2021年一建案例二）

背景资料：

某区养护管理单位在雨期到来之前，例行城市道路与管道巡视检查，在K1+120和K1+160步行街路段沥青路面发现多处裂纹及路面严重变形。养护单位经研究决定，对两井之间的雨水管采取开挖换管施工。

养护单位接到巡视检查结果处置通知后，将该路段采取1.5m低围挡封闭施工，方便行人通行，设置安全护栏将施工区域隔离，设置不同的安全警示标志、道路安全警告牌、夜间挂闪烁灯示警，并派养护工人维护现场行人交通。

问题：

项目部对施工现场安全管理采取的措施中，有几处描述不正确，请改正。

参考答案：

改正一：采用高围挡，高度不低于2.5m。

改正二：设置道路安全指示牌。

改正三：夜间设红灯示警，并增设照明设施、反光标志（反光锥筒）。

改正四：设专职交通疏导员（安全员）。

解析：一般改错题需要对背景资料描述的实质性内容进行修改，例如题目中是低围挡，那么答案就应该有高围挡；题目中围挡高度1.5m且在城市步行街，那么答案中围挡高度应不低于2.5m；因为道路部分路段施工，所以道路上不应设置警告牌，而应设置指示牌将施工区域隔离，明示通行区域；夜间施工闪烁灯也不严谨，应该设置红灯示警，并且应该有照明设施和反光标志；养护人员维护交通也不合理，应该由专职交通疏导员或者安全员疏导交通。

二、施工补充题

【专题精要】

相较于改错题，补充题涉及的知识点和考试形式都更加灵活，施工准备工作、试验段目的、施工方案、安全技术交底、质量控制措施、检查验收及施工管理部分的内容均可以补充题的形式进行考核。随着考试的发展，当前补充题已不再是教材中单一的知识点，更多时候是将教材中不同专业涉及的知识点串联起来进行考核，有的补充题还会将考核延伸到施工中的常识。例如补充某水池混凝土高温施工措施，采分点既涉及道路混凝土的高温施工措施，也涉及给水排水构筑物防裂、抗渗的施工措施，并且还有一部分大体积混凝土的知识点。

补充题属于开口题，所以一定要从多个方向和角度进行作答，但同时也要控制好字数，力求用最精简的语言将采分点展示出来。

案例 1（2018 年一建广东、海南试卷案例四）

背景资料：

某公司承建某城市道路综合市政改造工程，总长 2.17km，道路横断面为三幅路形式，主路机动车道为改性沥青混凝土面层，宽度 18m，同期敷设雨水、污水等管线。

项目部分段组织道路沥青底面层施工，并细化横缝处理等技术措施。

问题：

试述沥青底面层横缝处理措施。

参考答案：

将端头部分切割成直槎并垫方木保护，接槎保持干燥并涂刷粘层油，摊铺时用新料或喷灯将接槎软化，应先横向骑缝（跨缝）碾压，再沿着道路方向碾压，连接平顺。

案例 2（2009 年一建案例四）

背景资料：

某城市跨线桥工程，上部结构为现浇预应力混凝土连续梁，其中主跨跨径为 30m 并跨越一条宽 20m 河道。

上部结构施工时，项目部采取如下方法安装钢绞线：纵向长束在混凝土浇筑之前穿入管道；两端张拉的横向束在混凝土浇筑之后穿入管道。

问题：

补充项目部采用的钢绞线安装方法中的其余要求。

参考答案：

（1）先穿束后浇筑时，应定时抽动、转动钢绞线；河道上施工空气湿度大，应控制预应力筋安装后至孔道灌浆完成的时间，否则应采取防锈措施。

（2）后穿束时，浇筑后应立即疏通管道，确保其畅通。

案例 3（2017 年一建案例一）

背景资料：

某施工单位承建城镇道路改扩建工程，全程 2km，工程项目主要包括：①原机动车道两侧加宽，新建非机动车道和人行道；②新建人行天桥一座，人行天桥桩基共计 12 根，为人工挖孔桩灌注桩。

项目编制了人工挖孔桩专项施工方案。在专项施工方案中，钢筋混凝土护壁技术要求为：井圈中心线与设计轴线的偏差不得大于 20mm，上下节护壁搭接长度不小于 50mm，护壁模板的拆除应在灌注混凝土 24h 之后，强度大于 5MPa 时方可进行。

问题：

补充钢筋混凝土护壁支护的技术要求。

参考答案：

采用混凝土或钢筋混凝土支护孔壁技术，护壁的厚度、拉接钢筋、配筋、混凝土强度等级均应符合设计要求；每节护壁必须保证振捣密实，并应当日施工完毕；应根据土层渗水情况使用速凝剂。

案例4（2018年一建案例二）

背景资料：

某公司承建的地下水池工程，设计采用薄壁钢筋混凝土结构，长×宽×高为30m×20m×6m，池壁顶面高出地表0.5m，池体位置地质分布自上而下分别为回填土（厚度2m）、粉砂土（厚度2m）、细砂土（厚度4m），地下水位于地表下4m处。

项目部编制了基坑开挖专项施工方案，在基坑开挖安全控制措施中，对水池施工期间基坑周围物品堆放做了详细规定：

（1）支护结构达到强度要求前，严禁在滑裂面范围内堆载。

（2）支撑结构上不应堆放材料和运行施工机械。

（3）基坑周边要设置堆放物料的限重牌。

问题：

施工方案中，基坑周围堆放物品的相关规定不全，请补充。

参考答案：

补充内容：

（1）基坑开挖的土方不应在周边影响范围内堆放，应及时外运。

（2）基坑周边6m以内不得堆放阻碍排水的物品或垃圾。

（3）在现场堆放物料时，需对基坑稳定性验算。

（4）基坑周边设置堆物限高、限距牌。

（5）堆放物严禁遮盖（掩埋）雨水口，测量标志，闸井，消火栓。

案例5（2022年一建案例四）

背景资料：

某公司承建一项污水处理厂工程，水处理构筑物为地下结构，底板最大埋深12m，富水地层设计要求管井降水并严格控制基坑内外水位标高变化。

在项目部编制的降水施工方案中，将降水抽排的地下水回收利用。做了如下安排：一是用于现场扬尘控制，进行路面洒水降尘；二是用于场内绿化浇灌和卫生间冲洗。另有富余水量做了溢流措施排入市政雨水管网。

问题：

补充项目部降水回收利用的用途。

参考答案：

用途：混凝土洒水养护、水池功能性试验用水、坑外回灌用水、洗车池用水、消防用水、水池抗浮备用水等。

案例6（2010年一建案例一）

背景资料：

某城镇雨水管道工程为混凝土平口管，采用抹带结构，总长900m、埋深6m，场地无需降水施工。

项目部编制的施工组织设计对原材料、沟槽开挖、管道基础浇筑制定了质量控制保证措施。其中，对平基与管座混凝土浇筑质量控制保证措施做了如下规定：

（1）平基与管座分层浇筑，混凝土强度须满足设计要求。

（2）下料高度大于2m时，采用串筒或溜槽输送混凝土。

问题：

补充完善平基与管座混凝土浇筑时的质量保证措施。

参考答案：

（1）严控混凝土原材料、配合比和坍落度。

（2）浇筑平基前确保槽底承载力、平整度和含水量符合要求。

（3）浇筑管座前平基凿毛，并将平基与管道间腋角填充同等级水泥砂浆。

（4）振捣密实、不漏振、不过振。

案例7（2011年一建案例一）

背景资料：

项目部承建的污水管道改造工程全长2km。管道位于非机动车道下方，穿越5个交通路口。管底埋深12m，设计采用顶管法施工。管道施工范围内有地下水，全线采用单侧降水，降水井间距为10m。

项目部依据设计院提供的施工图对施工现场的地下管线、地下构筑物、现场的交通状况及居民的出行路线进行了详细踏勘、调查。在此基础上编制了降水阶段、顶管阶段的交通导行方案。获得交通管理部门批准后，编制了施工组织设计。

项目部按施工组织设计搭设围挡，统一设置各种交通标志、隔离设施及夜间警示信号。为确保交通导行方案的落实，在沿线居民出入口设置足够的照明装置。

问题：

项目部为确保交通导行方案的落实，还应补充哪些措施？

参考答案：

还应补充以下措施：

（1）合理划分区域。

（2）严格控制临时占路时间和范围。

（3）在主要道路交通路口设专职交通疏导员，协助交通民警搞好社会交通的疏导工作。

（4）沿街居民出入口必要处搭设便桥，为居民出行创造必要的条件。

专题六

质量通病原因分析、预防办法、处理措施

【专题精要】

市政工程各专业施工经常会出现一些质量通病，如路基出现弹簧土现象、基层材料离析、面层出现龟裂，钻孔灌注桩施工发生堵管、钢筋笼上浮，结构混凝土拆模出现露筋、裂缝，土钉墙出现滑塌等情况。命题人经常会针对这些质量通病考核其发生原因、预防办法和处理措施。这类题目早期考核内容多为教材内知识点，但近年来考核内容多来自于现场施工质量问题，而这部分知识在教材上又鲜有介绍。应试者想要获取这类题目的分值，就需要提高运用所学知识进行分析和解决实际问题的能力。

其实任何质量通病的原因都可以从材料、施工和环境几个角度进行分析。

材料分析一般从材料本身的特点展开，主要强调其不足。例如混凝土出现质量通病，可以从原材料砂石含泥量高、配合比差、拌合不均匀、坍落度不满足使用要求等方面进行分析；如果是基坑沟槽回填或路基填筑质量问题，那么可以从土壤含水量大、颗粒过大、空隙过大、天然稠度小、液限大、塑性指数大等角度去描述。

施工原因可根据工艺去罗列，例如混凝土质量通病可从下料高度、布料集中、振捣方式、养护等各环节考虑；而焊接质量通病可以从焊接电流、焊接速度、焊接角度等几个方向去分析。

环境又可以分为自然环境和现场环境，自然环境根据工艺的不同可能会是潮湿、下雨、烈日、暴晒，温度低或有风等；现场环境也需要根据不同专业写出相应的采分点，例如焊接问题可以写母材上有水、有油、有污垢，回填土问题可能是地基处于软土或沼泽位置，施工缝出现问题可以写凿毛不彻底、原混凝土未湿润等。

这类题目的原因分析和预防办法其实采分点高度雷同，因为任何质量通病只要能分析出原因，那么针对原因的预防办法便可一一对应罗列出来。

一般质量通病的处理措施可以分为两种情况，一种是质量通病不严重的，可以进行修补或者加固；另一种质量通病较为严重的，可以将缺陷彻底清除后重新施工。

案例1（2015 年二建案例一）

背景资料：

某公司中标北方城市道路工程，道路全长 1000m。施工场地位于农田，临近城市绿地，土层以砂性粉土为主，不考虑施工降水。施工过程发生如下事件：

事件一：部分主路路基施工突遇大雨，未能及时碾压，造成路床积水、土料过湿，影响施工进度。

……

问题：

写出部分主路路基雨后土基压实的处理措施。

参考答案：

部分路基雨后土基压实的处理措施：

（1）排除路床积水。

（2）含水率较大路段进行晾晒或掺石灰。

（3）翻浆的路段进行换填。

（4）实测含水量达标后碾压。

案例2（2019 年二建案例二）

背景资料：

某公司承接给水厂升级改造工程，其中新建容积 10000m³ 清水池一座，钢筋混凝土结构，混凝土设计强度等级为 C35、P8，底板厚度 650mm、垫层厚度 100mm，混凝土设计强度等级为 C15；底板下设抗拔混凝土灌注桩，直径 800mm，满堂布置。

施工过程中发生如下事件：

事件一：桩基首个验收批验收时，发现个别桩有如下施工质量缺陷：桩基顶面设计高程以下约 1.0m 范围混凝土不够密实，达不到设计强度。监理工程师要求项目部提出返修处理方案和预防措施。项目部获准的返修处理方案所附的桩头与杯口细部做法如下图所示。

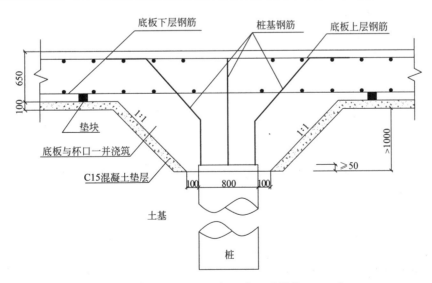

桩头与杯口细部做法示意图（尺寸单位：mm）

......

问题：

1. 分析桩基质量缺陷的主要成因，并给出预防措施。

2. 依据桩头与杯口细部做法示意图给出返修处理步骤。

参考答案：

1. 造成桩基缺陷的主要原因：超灌高度不够、混凝土浮浆太多、孔内混凝土面测定不准。

预防措施：根据现场情况灌注混凝土超灌0.5～1m；桩顶10m内的混凝土应适当调整配合比，增大碎石含量；在灌注最后阶段，孔内混凝土面测定应采用硬杆筒式取样法测定。

2.（1）按照方案高程和坡度挖出桩头、形成杯口。

（2）凿除桩身（桩头）不密实部分，将剔出主筋清理。

（3）浇筑杯口混凝土垫层。

（4）安放垫块并绑扎底板钢筋。

（5）桩头主筋按设计要求弯曲并与底板上层钢筋焊接。

（6）混凝土浇筑并养护。

案例 3（2018 年一建案例五）

背景资料：

某公司承建一座城市桥梁工程。该桥跨越山区季节性流水沟谷，上部结构为三跨式钢筋混凝土结构，重力式U形桥台，基础均采用扩大基础；桥面铺装自下而上为8cm厚钢筋混凝土整平层＋防水层＋粘层＋7cm厚沥青混凝土面层；桥面设计高程为99.630m。桥梁立面布置如下图所示。

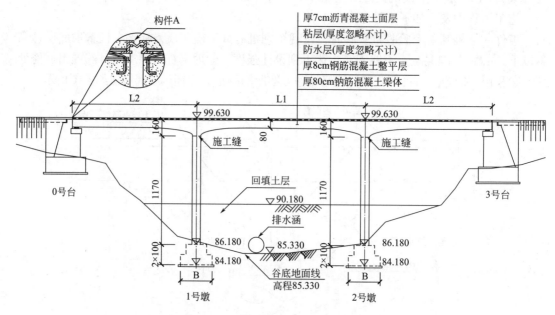

桥梁立面布置图（标高单位：m；尺寸单位：mm）

项目部编制的施工方案有如下内容：

上部结构采用碗扣式钢管满堂支架施工方案。根据现场地形特点及施工便道布置情况，采用杂土对沟谷一次性进行回填，回填后经整平碾压，场地高程为90.180m，并在其上进行支架搭设施工，支架立柱放置于20cm×20cm楞木上。支架搭设完成后采用土袋进行堆载预压。

支架搭设完成后，项目部立即按施工方案要求的预压荷载对支架采用土袋进行堆载预压，期间遇较长时间大雨，场地积水。项目部对支架顶压情况进行连续监测，数据显示各点的沉降量均超过规范规定，导致预压失败。

问题：

1. 试分析项目部支架预压失败的可能原因？

2. 项目部应采取哪些措施才能顺利地使支架预压成功？

参考答案：

1. 项目部支架预压失败的原因：

（1）采用杂土回填5m，但未分层碾压密实，造成基础承载力不足。

（2）场地未设置排水沟设施和地面未进行硬化，造成基础承载力下降。

（3）未按规范要求进行支架基础预压。

（4）未进行分级预压，或预压土袋防水效果差，造成预压荷载超重。

2.（1）支架基础用合格土方换填，分层压实。

（2）排水涵两侧用中粗砂回填。

（3）将陡于1∶5的边坡修台阶。

（4）对夯实的支架基础预压，合格后硬化。

（5）支架基础四周设置排水沟。

（6）支架基础迎水面做防渗处理。

（7）采用防水型沙袋分级预压。

解析：作答这类题目要仔细阅读背景资料，认真分析图形中给出的每个条件。例如图形中标记了排水的管涵，那么就要联想到回填土时管涵两侧要采用中粗砂人工对称分层回填夯实；管涵作为沟谷内排水设施，就要考虑为预防大雨，管涵迎水面必须进行硬化处理；图形中标记回填土位置断面有坡度，那么需要考虑填土时需留台阶；图中给出回填前沟谷谷底的标高及回填土最终搭设支架基础的标高，那么标高之差即为回填土的厚度，作答时需考虑土方回填要按设计要求分层进行；背景资料提及遇到大雨地面积水，那么必须考虑地面硬化和设置排水设施；背景资料中还交代沙袋预压，那么一定要考虑预压逐步加载，且雨期施工时沙袋用防水型材料。

案例4（2014年一建案例一）

背景资料：

A公司承建城市道路改扩建工程，其中新建设一座单跨简支桥梁。

桥台施工完成后在台身上发现较多裂纹，裂缝宽度为0.1～0.4mm，深度3～5mm，经检测鉴定这些裂缝危害性较小，仅影响外观质量，项目部按程序对裂缝进行了处理。

问题：

1. 按裂缝深度分类，背景资料中的裂缝属哪种类型？试分析裂缝形成的可能原因。

2. 给出背景资料中裂缝的处理方法。

参考答案：

1. （1）按裂缝深度分类，背景资料中的裂缝属于表面裂缝。

（2）裂缝形成的可能原因是：水泥水化热高、内外约束影响、外界气温变化影响、混凝土收缩变形、养护措施不当。

2. 缝宽不大于0.2mm时采用表面密封法：用钢丝刷清理裂缝位置混凝土、润湿、涂抹原结构混凝土等级的水泥浆、采用砂纸打磨。

缝宽大于0.2mm时采用嵌缝密闭法。

案例 5（2018 广东、海南卷案例四）

背景资料：

某公司承建某城市道路综合市政改造工程，总长2.17km，道路横断面为三幅路形式，主路机动车道为改性沥青混凝土面层，宽度18m，同期敷设雨水、污水等管线。污水干线采用HDPE双臂波纹管，管道直径 $D=600 \sim 1000$mm，雨水干线为3600mm×1800mm钢筋混凝土箱涵，底板、围墙结构厚度均为300mm。

管线设计为明开槽施工，自然放坡，雨、污水管线采用合槽方法施工，如下图所示，无地下水，由于开工日期滞后，工程进入雨期实施。

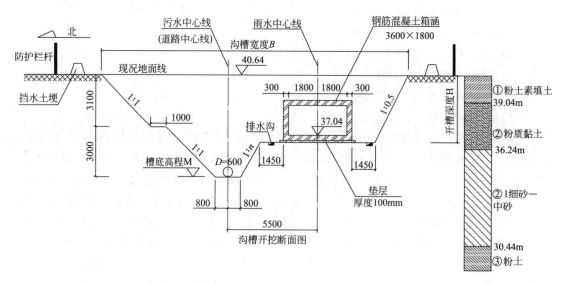

沟槽开挖断面图（标高单位：m；尺寸单位：mm）

沟槽开挖完成后，污水沟槽南侧边坡出现局部坍塌，为保证边坡稳定，减少对箱涵结构施工影响，项目部对南侧边坡采取措施处理。

问题：

试分析该污水沟槽南侧边坡坍塌的可能原因，并列出可采取的边坡处理措施。

参考答案：

（1）坍塌的原因可能有：边坡土质较差；施工进入雨期；留置坡度过陡；不同土质地层间未设置过渡平台；雨水沟槽中排水沟未设置防渗层。

（2）可采取的边坡处理措施：适当将坡度放缓，设置过渡平台，坡脚堆放沙包土袋，坡面覆盖塑料薄膜或硬化，污水南侧坡顶（或箱涵北侧）及排水沟防渗处理。

案例 6（2017 年一建案例三）

背景资料：

某公司承接一项供热管线工程，全长 1800m，直径 DN400mm，采用高密度聚乙烯外护管聚氨酯泡沫塑料预制保温管，其中 340m 管段依次下穿城市主干路、机械加工厂，穿越段地层主要为粉土和粉质黏土，有地下水，设计采用浅埋暗挖法施工隧道（套管）内敷设，其余管道采用开槽法直埋敷设。项目部进场调研后，建议将浅埋暗挖隧道法变更为水平定向钻（拉管）法施工，获得建设单位的批准，并办理了相关手续。

施工前，施工单位编制的水平定向钻专项施工方案，并针对施工中可能出现的地面开裂、冒浆、卡钻、管线回拖受阻等风险，制定了应急预案。

工程实施过程中发生了如下事件：

事件一：钻进期间，机械加工厂车间地面出现隆起、开裂，并冒出黄色泥浆，导致工厂停产。项目部立即组织人员按应急预案对冒浆事故进行处理，包括停止注浆、在冒浆点周围围挡、控制泥浆外溢面积等，直至最终回填夯实地面开裂区。

……

问题：

本工程冒浆事故的应急处理还应采取哪些必要措施？

参考答案：

（1）撤离冒浆位置设备。

（2）可用泥浆集中回收。

（3）已凝固泥浆外运集中处理。

（4）冒浆口封堵。

季节性施工

【专题精要】

市政专业的季节性施工不单单是道路冬雨期和高温施工,考试中还经常出现基坑雨期施工,甚至水池等混凝土结构的高温施工。道路季节性施工考核冬期施工的频次相对较高,并且主要集中在沥青混凝土面层,一般围绕着施工时间、材料的拌合、运输、摊铺、碾压进行考核,采分点多体现在高温时段施工、提高材料温度、运输中覆盖保温、待作业面干燥清洁、施工中工序衔接紧密等方面。道路雨期施工多考核路基和基层施工,采分点体现在避开雨天、分段快速施工、材料覆盖、现场防雨物资准备、场地排水准备等。基坑雨期施工主要考核施工前的预防工作,搞清楚基坑雨期施工时在基坑顶部、坡面、底部和整个基坑上空需要做哪些工作,即基坑顶部设置防淹墙(挡水围堰)、地面硬化并设置排水沟,放坡开挖的坡面进行硬化或覆盖,基坑底部设置排水沟、集水坑并准备水泵等抽水设施,如基坑面积较小可在基坑上方设置防雨棚。此外水池、地铁车站或综合管廊等混凝土结构高温施工也开始考核,采分点既有给水排水构筑物防裂措施部分内容,也有水泥混凝土道路高温施工内容,一般有原材料降温、加外加剂、控制坍落度、运输中喷水喷雾降温、低温时段施工、分层浇筑、合理设置后浇带、及时振捣等。

案例1(2015年一建案例一)

背景资料:

某公司承建一项道路扩建工程,长3.3km,设计宽度40m,上下行双幅路;现况路面铣刨后铺表面层形成上行机动车道,新建机动车道面层为三层热拌沥青混合料。合同要求4月1日开工,当年完工。

为保证沥青表面层的外观质量,项目部决定分幅、分段施工沥青底面层和中面层后放行交通,整幅摊铺施工表面层。施工过程中,由于拆迁进度滞后,致使表面层施工时间推迟到当年12月中旬。项目部对中面层进行了简单清理后摊铺表面层。

问题:

道路表面层施工做法有哪些质量隐患?针对隐患应采取哪些预防措施?

参考答案：

（1）质量隐患：

1）中面层清理不彻底，容易造成表面层与中面层粘结性差、结构分离，路面整体性差。

2）表面层12月中旬施工，气温低会导致沥青脆化，很难在规定温度下碾压成型。

（2）针对隐患应采取的预防措施：

措施一：对中面层要进行彻底的清理，并采取有效措施保证粘层油施工质量。

措施二：选择在温度高时段施工，并适当提高沥青混合料拌合出厂及施工温度；运输中应覆盖保温；下承层表面应干燥、清洁；摊铺碾压安排紧凑。

案例 2（2016 年一建案例一）

背景资料：

某公司承建的市政道路工程，长2km，与现况路正交，合同工期为2015年6月1日至8月31日。道路路面底基层设计为300mm水泥稳定土。

施工期间为雨期，项目部针对水泥稳定土底基层的施工制定了雨期施工质量控制措施如下：

（1）加强与气象站联系，掌握天气预报，安排在不下雨时施工。

（2）注意气象变化，防止水泥和混合料遭雨淋。

（3）做好防雨准备，在料场和搅拌站搭雨棚。

（4）降雨时应停止施工，对已摊铺的混合料尽快碾压密实。

问题：

补充和完善水泥稳定土底基层雨期施工质量控制措施。

参考答案：

（1）调整施工步序，集中力量分段施工。

（2）对基层材料，应拌多少、铺多少、压多少、完成多少。

（3）雨后摊铺时，应排除下承层表面的水，防止集料过湿。

（4）建立完善的排水系统，防排结合，发现有积水、挡水处及时疏通。

案例 3（2022 年一建案例四）

背景资料：

某公司承建一项污水处理厂工程，水处理构筑物为地下结构，底板最大埋深12m。主体结构部分按方案要求对沉淀池、生物反应池、清水池采用单元组合式混凝土结构分块浇筑工法，块间留设后浇带。

混凝土浇筑正处于夏季高温，为保证混凝土浇筑质量，项目部提前与商品混凝土搅拌站进行了沟通，对混凝土配合比、外加剂进行了优化调整。项目部针对高温现场混凝土浇筑也制定了相应措施。

问题：

写出高温时混凝土浇筑应采取的措施。

参考答案：

（1）夜间或早晚温度低时浇筑（或避开高温时段浇筑）。

（2）加罩棚防晒，将待浇筑面、钢筋、模板和泵送管洒水降温。

（3）工序衔接紧密，缩短浇筑时间。

（4）控制混凝土入模温度且分层浇筑。

（5）及时振捣，不漏振、不过振，重点部位做好二次振捣。

解析：本小问是高温时混凝土浇筑应采取的措施，切记不要将原材料降温、配合比等相关内容写进去，这些明显是不可能拿到分的。

📖 案例 4（2021 年一建案例五）

背景资料：

某公司承建一项城市主干路工程，长度2.4km，在桩号K1+180～K1+196位置与铁路斜交，采用四跨地道桥顶进下穿铁路的方案。为保证铁路正常通行，施工前由铁路管理部门对铁路线进行加固。顶进工作坑顶进面采用放坡加网喷混凝土方式支护，其余三面采用钻孔灌注桩加桩间网喷支护，施工平面及剖面图如下列图所示。

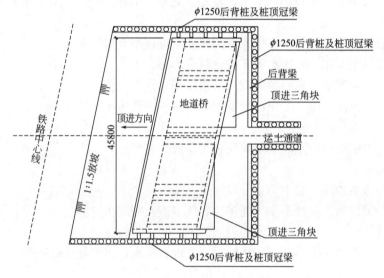

地道桥施工平面示意图（单位：mm）

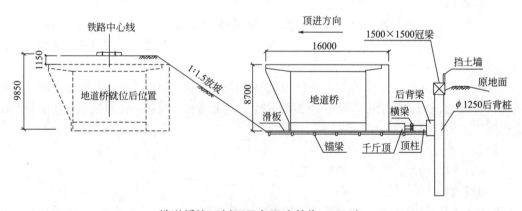

地道桥施工剖面示意图（单位：mm）

项目部编制了地道桥基坑降水、支护、开挖、顶进方案并经过相关部门审批。

问题：

地道桥顶进施工应考虑的防水排水措施是哪些？

参考答案：

（1）坑顶地面硬化并设防淹墙（挡水围堰）、排水沟（截水沟）。

（2）坑底设排水沟、集水井、水泵（排水设施）和应急供电设施。

（3）工作坑上方设置作业棚（防雨棚）。

（4）加强基坑巡视检查。

案例5（模拟题）

背景资料：

项目部承建的雨水管道工程管线总长为1000m。采用直径为 DN900mm 的 HDPE 管，柔性接口；每50m设检查井一座。管底位于地表以下4m，无地下水，土质为湿陷性黄土和粉砂土，采用挖掘机开槽施工。

工程开工30d后遇雨，停工10d。项目部决定在下管、安管工序采取措施，确保按原计划工期完成，并且本工程启动雨期施工应急预案。

问题：

项目部对本工程雨期施工编制的应急预案包括哪些内容？

参考答案：

（1）雨期安排管理人员现场值班。

（2）现场有抽水抢修的施工人员。

（3）准备沙袋水泵等物资。

（4）熟悉施工现场及周边各种地形地貌特征。

（5）对应急预案应进行演练。

专题八

支架

【专题精要】

支架考点堪称考点钉子户，是市政专业技术中考核频率最高的考点。支架考点主要集中在桥梁专业进行考核，偶尔也会出现在水池、车站、综合管廊等混凝土结构的题目中。支架的考核一般会从支架地基处理和支架搭设、支架使用及支架拆除四个方向进行。

支架地基处理一般涉及换填、夯实、预压、排水、硬化等内容。换填容易考核的内容有土质要求、分层压实处理等；预压容易考核其目的、合格标准等；排水、硬化多以工序补充题的形式出现。

支架搭设涉及的考点相对要多一些，经常出现的有搭设人员要求、支架验算、支架预压、支架搭设要求及图形改错等。搭设人员要求属于通用性考点，一般围绕着持证、培训、考试、交底和劳动保护进行考核；支架验算主要是验算承载能力、刚度和稳定性；支架预压考核内容多为预压目的、预压合格标准等；支架搭设要求多结合图形进行考核，一般多表现为支架横杆、立杆间距或安全护栏等数值错误，也可能是可调底座、可调托撑、扫地杆、剪刀撑等杆件的缺失。

支架拆除多围绕着安全展开，采分点往往有专人指挥、设置警戒区域、自上而下拆除、杆件分类码放等，若是结构内部支架拆除还可能涉及通风照明、气体检测等有限空间作业的相关知识，未来考试也可能考核图形局部名称、施工中支架出现问题分析其原因等内容。

支架的使用主要考核在混凝土浇筑过程中出现支架失稳现象应采取的措施等。

案例1（2018年二建案例二）

背景资料：

某桥梁工程项目的下部结构已全部完成，受政府指令工期的影响，业主将尚未施工的上部结构分成A、B两个标段，将B段重新招标。桥面宽度17.5m、桥下净空6m。上部结构设计为钢筋混凝土预应力现浇箱梁（三跨一联），共40联。

原施工单位甲公司承担A标段，该标段施工现场系既有废弃公路无需处理，满足支架法施工条件，甲公司按业主要求对原施工组织设计进行了重大变更调整；新中标的乙公司承担B标段，因B标施工现场地处闲置弃土场，地域宽广平坦，满足支架法施工部分条件，其中纵坡变化较大部分为跨越既有正在通行的高架桥段，新建桥下净空高度达13.3m（见下图）。

甲、乙两公司接受任务后立即组织力量展开了施工竞赛。甲公司利用既有公路作为支架基础，地基承载力符合要求。乙公司为赶工期，将原地面稍作整平后即展开支架搭设工作，很快进度超过甲公司。支架全部完成后，项目部组织了支架质量检查，并批准模板安装，模板安装完成后开始绑扎钢筋。指挥部检查中发现乙公司施工管理存在问题，下发了停工整改通知单。

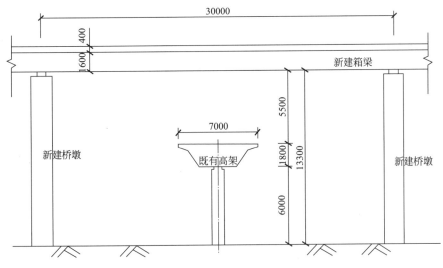

跨越既有高架桥断面示意图（单位：mm）

问题：

1. 满足支架法施工的部分条件指的是什么?

2. B标支架搭设场地是否满足支架的地基承载力? 应如何处置?

3. 支架搭设前技术负责人应做好哪些工作?

4. 支架搭设完成和模板安装后用什么方法解决变形问题? 支架拼装间隙和地基沉降在桥梁建设中属哪一类变形?

参考答案：

1.（1）地处闲置弃土场，支架法施工不受车辆通行影响。

（2）地域宽广平坦，满足搭设支架范围和支架基础纵横坡度要求。

解析： 搭设支架一般需要以下条件：场地平整，坚实，有排水设施，范围满足施工要求，搭设位置不影响交通。作答时需要将案例背景资料中的施工环境与搭设支架要求结合。

2. 不满足。

处理方式如下：

（1）对地基彻底平整后碾压。

（2）地基预压合格后硬化地面。

（3）支架基础留设横坡、留好排水沟等措施。

解析： 支架地基处理题目的采分点一般都围绕着夯实（压实）、换填、预压、硬化、排水等文字展开即可。

3.（1）验算支架及地基承载力，并核实地基预压结果。

（2）编写支架方案并送审，经批准后方可施工。

（3）进行安全技术交底。

4. 支架搭设完成和模板安装后用预压及预拱度的方法解决变形问题，支架拼装间隙和地基沉降在桥梁建设中属于非弹性变形。

案例 2（2016 年一建案例四）

背景资料：

某公司中标承建该市城郊接合部交通改扩建高架工程，该高架上部结构为现浇预应力钢筋混凝土连续箱梁，桥梁底板距地面高 15m、宽 17.5m，主线长 720m，桥梁中心轴线位于既有道路边线，在既有道路中心线附近有埋深 1.5m 的现状 DN500mm 自来水管道和光纤线缆，平面布置如下图所示。

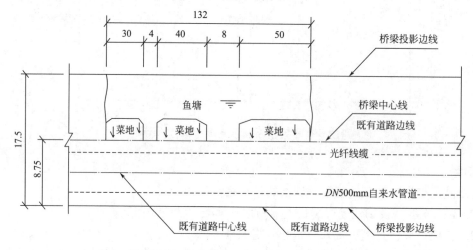

某市城郊改扩建高架桥平面布置示意图（单位：m）

高架桥跨越 132m 鱼塘和菜地，设计跨径组合为 41.5m+49m+41.5m，支架法施工，下部结构为：H 形墩身下接 10.5m×6.5m×3.3m 承台（深埋在光纤线缆下 0.5m），承台下设有直径 1.2m、深 18m 的人工挖孔灌注桩。

在"支架地基加固处理"专项方案中，项目部认为在支架地基预压时的荷载应不小于支架地基承受的混凝土结构物恒载的 1.2 倍即可。

问题：

1. 编写"支架地基加固处理"专项方案的主要因素是什么？

2. "支架地基加固处理"后的合格判定标准是什么？

3. 项目部在支架地基预压方案中，还有哪些因素应进入预压荷载计算？

参考答案：

1. 编写"支架地基加固处理"专项方案的主要因素：

（1）鱼塘和菜地的处理（抽水、清淤及回填）。

（2）光纤线缆与自来水管道的保护。

（3）桥梁中心轴线两侧支架基础承载力不对称，软硬不均匀。

2. 合格判定标准是：

（1）各监测点连续24h的沉降量平均值小于1mm。

（2）各监测点连续72h的沉降量平均值小于5mm。

（3）支架基础预压报告合格。

（4）排水系统正常。

3. 还有支架和模板自重应进入预压荷载计算。

案例3（2016年二建案例一）

背景资料：

某公司中标一座城市跨河桥梁，该桥跨河部分总长101.5m，上部结构为30m+41.5m+30m三跨预应力混凝土连续箱梁，采用支架现浇法施工。

项目部编制的支架安全专项施工方案的内容有：为满足河道18m宽通航要求，跨河中间部分采用贝雷梁－碗扣组合支架形式搭设门洞；其余部分均采用满堂式碗扣支架；满堂支架基础采用筑岛围堰，填料碾压密实；支架安全专项施工方案分为门洞支架和满堂支架两部分内容，并计算支架结构的强度和验算其稳定性。

问题：

1. 支架安全专项施工方案还应补充哪些验算？说明理由。

2. 模板施工前还应对支架进行哪些试验？主要目的是什么？

参考答案：

1. 应补充：刚度（挠度）验算；支架和地基承载力的验算。

理由：门洞贝雷梁和分配梁的最大挠度应小于允许值，以保证其上的碗扣支架的稳定性；满堂支架基础采用筑岛围堰，存在隐患。

解析：本工程支架由两部分组成，一是18m跨河部分的贝雷架，如此大的跨度必须对其挠度（刚度）进行验算。二是满堂式碗扣支架，这部分支架采用了筑岛围堰基础，搭设支架前必须对其承载力进行验算。

2. 支架试验：对支架基础和支架进行预压。

主要目的：

（1）消除压实的地基及支架结构在施工荷载作用下的非弹性变形，检验地基承载力是否满足施工荷载要求，防止由于地基不均匀沉降导致箱梁混凝土产生裂缝。

（2）为支架和模板的预留预拱度调整提供技术依据。

案例4（2022年二建案例一）

背景资料：

某工程公司承建一座城市跨河桥梁工程。河道宽36m，水深2m，流速较大，两岸平坦开阔。桥梁为三跨（35+50+35）m预应力混凝土连续箱梁，总长120m。

项目部编制了施工组织设计，内容包括：

（1）经方案比选，确定导流方案为：从施工位置的河道上下游设置挡水围堰，将河水明渠导流在桥梁施工区域外，在围堰内施工桥梁下部结构；

（2）上部结构采用模板支架现浇法施工，工艺流程为：支架基础施工→支架满堂搭设→底模安装→A→钢筋绑扎→混凝土浇筑及养护→预应力张拉→模板及支架拆除。

问题：

写出施工工艺流程中A工序名称，简述该工序的目的和作用。

参考答案：

（1）A工序的名称是支架预压。

（2）目的和作用：

1）检验支架安全性。

2）收集施工沉降数据（或收集支架、地基的变形数据）。

3）获得支架弹性变形量（预拱度设置参数）。

4）消除地基沉降（地基非弹性变形）和支架拼装间隙（支架非弹性变形）的不良影响。

案例5（2011年一建案例二）

背景资料：

某城市桥梁工程，上部结构为现浇预应力混凝土连续箱梁。

施工过程中发生以下事件：

事件一：现浇箱梁支撑体系采用重型可调门式钢管支架，支架搭设完成后铺装箱梁底模，验收时发现底模高程设置的预拱度存在少量偏差，因此要求整改。

……

问题：

1. 重型可调门式支架中，除门式钢管支架外还有哪些配件？

2. 如何利用支架体系调整高程？说明理由。

参考答案：

1. 可调底座、可调顶托、交叉（连接）拉杆、调节杆。

2. 可采用旋转可调顶托（撑）进行调整；因为预拱度偏差数值较小，只需微调即可。

案例6（2011年建筑案例）

背景资料：

某公共建筑工程，建筑面积22000m²，地下2层，地上5层，层高3.2m，钢筋混凝土框架结构。大堂一至三层中空，大堂顶板为钢筋混凝土井字梁结构。

合同履行中，发生了下列事件：

事件一：施工总承包单位根据《建筑施工模板安全技术规范》JGJ 162—2008，编制了大堂顶板模板工程施工方案，并绘制了模板及支架示意图，如下所示。监理工程师审查后要求重新绘制。

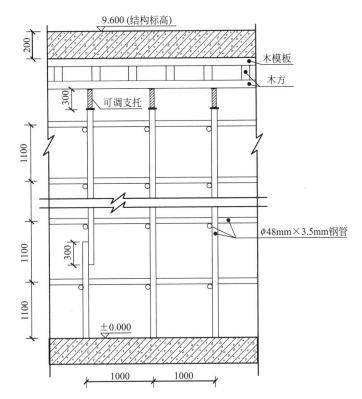

模板及支架示意图（标高单位：m；尺寸单位：mm）

......

问题：

指出模板及支架示意图中不妥之处，说明正确做法。

参考答案：

（1）支架立杆直接立在底板上不妥；应在立杆底设置可调底座和垫板。

（2）未设置扫地杆不妥；应距地面200mm高处，沿纵横水平方向设扫地杆。

（3）支架未设置剪刀撑；应设置（竖向和水平）剪刀撑。

（4）立杆采用搭接方式不对；立杆应采用对接扣件连接。

（5）螺杆伸出钢管顶部300mm不妥；螺杆伸出钢管顶部不得大于200mm。

案例7（2009年一建案例四）

背景资料：

某城市跨线桥工程，上部结构为现浇预应力混凝土连续梁，其中主跨跨径为30m并跨越一条宽20m河道；桥梁基础采用直径1.5m的钻孔桩，承台尺寸为12.0m×7.0m×2.5m（长×宽×高），承台顶标高为+7.0m，承台边缘距驳岸最近距离为1.5m；河道常水位为+8.0m，河床底标高为+5.0m，河道管理部门要求通航宽度不得小于12m。工程地质资料反映：地面以下2m为素填土，素填土以下为粉砂土，原地面标高为+10.0m。

现浇预应力混凝土连续梁在跨越河道段采用门洞支架，对通行孔设置了安全设施；在河岸两侧采用满布式支架，对支架基础按设计要求进行处理，并明确在浇筑混凝土时需派专人值守的保护措施。

问题：

浇筑混凝土时还应对支架采取什么保护措施?

参考答案：

（1）在浇筑混凝土的过程中均匀对称进行。

（2）若地基有变化时，应改变浇筑方式。

（3）对支架进行沉降观测，发现梁体支架不均匀下沉应及时采取加固措施。

（4）避免在混凝土浇筑过程中船只或者车辆对支架的撞击。

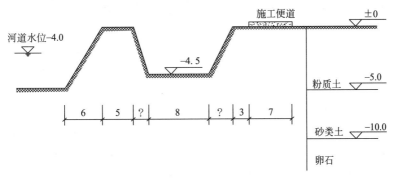

专题九

降　水

【专题精要】

降水是市政专业超高频考点，可以结合桥梁基础、地铁车站、地下给水排水构筑物、管线等很多工艺进行考核。考试内容以2013年为分水岭，2013年及以前几乎都围绕着轻型井点（真空井点）考核，形式也较为单一，一般都是降水井布置及其要求；而从2013年以后考核方式开始多元化，例如帷幕形式及作用、给水明排的相关要求、各种井点的用途、管井直径确定依据、管井滤料材料要求、降水高程计算、抽出地下水的作用等均有考核。随着考试的不断发展变化，考生需要警惕降水施工工序、降水井剖面识图以及管井或轻型井点周围滤料计算等题目的出现。

案例1（2013年一建案例二）

背景资料：

A公司承建一座桥梁工程，将跨河桥的桥台土方开挖分包给B公司。桥台基坑底尺寸为50m×8m，深4.5m，施工期河道水位为-4.0m，如下图所示。基坑顶远离河道一侧设置钢场和施工便道（用于弃土和混凝土运输及浇筑）。

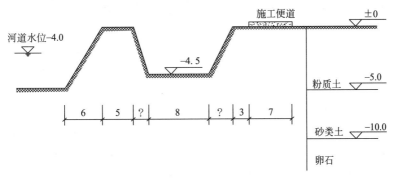

基坑开挖侧面示意图（单位：m）

问题：

依据现场条件，宜采用何种降水方式？应如何布置？

参考答案：

本工程宜采用轻型井点降水方式。

轻型井点布置成双排环形，井点管距坑壁不应小于 1.0 ~ 1.5m，井点间距一般为 0.8 ~ 1.6m，靠近河一侧适当加密。

案例 2（2018 年一建案例四）

背景资料：

某市区城市主干道改扩建工程，标段总长 1.72km。

本标段地下水位较高，属富水地层，有多条现状管线穿越地下隧道段，需进行拆改挪移。围护结构采用 U 形槽敞开段围护结构为直径 ϕ1.0m 的钻孔灌注桩，外侧桩间采用高压旋喷桩止水帷幕，内侧挂网喷浆。地下隧道段围护结构为地下连续墙及钢筋混凝土支撑。

降水措施采用止水帷幕外侧设置观察井、回灌井，坑内设置管井降水，配轻型井点辅助降水。

问题：

观察井、回灌井、管井的作用分别是什么？

参考答案：

（1）观察井用于观测围护结构外侧地下水位变化。

（2）回灌井用于通过观察井观测发现地下水位异常变化时补充地下水。

（3）管井用于围护结构内降水，利于土方开挖。

案例 3（2020 年二建案例四）

背景资料：

某公司承建一座再生水厂扩建工程。基坑开挖尺寸为 70.8m（长）×65m（宽）×5.2m（深），基坑断面如下图所示。图中可见地下水位较高，为 -1.5m，方案中考虑在基坑周边设置真空井点降水。项目部按照以下流程完成了井点布置，高压水套管冲击成孔→冲洗钻孔→A→填滤料→B→连接水泵→漏水漏气检查→试运行，调试完成后开始抽水。

问题：

补充井点降水工艺流程中 A、B 工作内容。

参考答案：

A 工作内容是安放井点管；B 工作内容是井口填黏土压实。

解析： 任何井点降水都离不开井管，降水井施工需要先将井管安装完毕，然后向井管周围填充滤料，填充滤料后要将井口距离地面 1 ~ 2m 的高度进行黏土封堵，目的是在进行井管抽真空时，不至于出现漏气现象。所以 A、B 两个工序分别为安放井点管和井口填黏土压实。

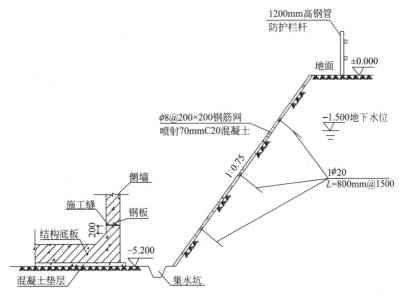

基坑断面示意图（标高单位：m；尺寸单位：mm）

案例 4（2021 年二建案例四）

背景资料：

某公司承建沿海某开发区路网综合市政工程，道路等级为城市次干路，沥青混凝土路面结构，总长度约 10km。随路敷设雨水、污水、给水、通信和电力等管线；其中污水管道为 HDPE 缠绕结构壁 B 型管（以下简称 HDPE 管），承插－电熔接口，开槽施工，拉森钢板桩支护，流水作业方式。污水管道沟槽与支护结构断面如下图所示。

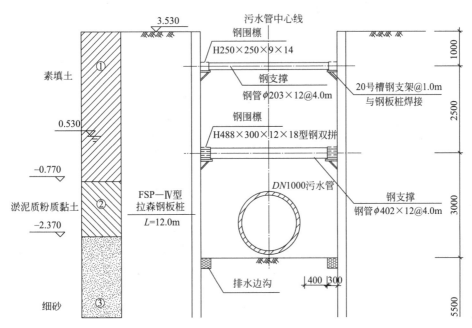

污水管道沟槽与支护结构断面图（标高单位：m；尺寸单位：mm）

问题：

根据上图列式计算地下水埋深h（单位：m），指出可采用的地下水控制方法。

参考答案：

（1）地下水埋深：h=3.530–0.530=3.000m。

（2）可采用的地下水控制方法：井点降水（真空井点、管井）辅以集水明排。

解析： 本题中地下水控制方法需要结合图形作答，图中画出了排水沟，所以答案除井点降水外还要考虑集水明排。

案例5（2020年一建案例二）

背景资料：

某公司承建一项城市污水管道工程，管道全长1.5km，采用DN1200mm的钢筋混凝土管，管道平均覆土深度约6m。

项目部编制了"沟槽支护、土方开挖"专项施工方案，经专家论证，因缺少降水专项方案被判定为"修改后通过"。项目部经计算补充了管井降水措施，方案获"通过"，项目进入施工阶段。

问题：

管井成孔时是否需要泥浆护壁？写出滤管与孔壁间填充滤料的名称，写出确定滤管内径的因素是什么？

参考答案：

（1）需要采用泥浆护壁。

（2）名称：磨圆度好的硬质岩石成分的圆砾。

（3）滤管内径应按满足单井设计流量要求而配置的水泵规格确定。

案例6（2011年建筑案例）

背景资料：

某办公楼工程，建筑面积82000m²，地下3层，地上20层，钢筋混凝土框架–剪力墙结构，距邻近6层住宅楼7m。地基土层为粉质黏土和粉细砂，地下水为潜水，地下水位–9.5m，自然地面–0.5m。基础为筏板基础，埋深14.5m，基础底板混凝土厚度1500mm，水泥采用普通硅酸盐水泥，采取整体连续分层浇筑方式施工。

基坑支护工程委托有资质的专业单位施工，降、排的地下水用于现场机具、设备清洗。

问题：

降、排的地下水还可用于施工现场哪些方面？

参考答案：

降、排的地下水还可用于：①经检测符合要求后可用于浇筑混凝土（砂浆）的拌合与养护。②用于中水。③消防用水。④现场道路降尘。⑤绿化用水。⑥井点回灌。

功能性试验

一、给水排水构筑物功能性试验

【专题精要】

给水排水构筑物功能性试验属于市政专业高频考点，考试主要围绕着试验条件、注水要求、注水次数、浸湿面积计算等内容展开。当前考试往往会结合图形进行浸湿面积计算，或者通过试验中水位下降数值计算渗水量，来判定满水试验是否合格。本专题的特色是能够将规范规定的内容在考试的案例中进行具体地应用。

案例1（2015 年一建案例四）

背景资料：

某公司中标污水处理厂升级改造工程，处理规模为70万 m³/d，其中包括中水处理系统的配水井为矩形钢筋混凝土半地下室结构，平面尺寸17.6m×14.4m，高11.8m，设计水深9m；底板、顶板厚度分别为1.1m、0.25m，如下图所示。

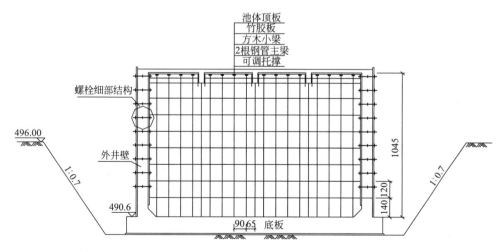

配水井顶板支架剖面示意图（标高单位：m；尺寸单位：cm）

问题：

配水井满水试验注水至少应分几次？分别列出每次注水的绝对高程。

参考答案：

注水至少应分3次进行。每次注水为设计水深的1/3。

（1）第一次充水高度：距池内底3m，即490.6+3=493.6m；

（2）第二次充水高度：距池内底6m，即493.6+3=496.6m；

（3）第三次充水高度：距池内底9m，即496.6+3=499.6m。

案例2（2017年一建案例四）

背景资料：

某城市水厂改扩建工程，内容包括多个现有设施改造和新建系列构筑物。新建的一座半地下式混凝沉淀池，池壁高度为5.5m，设计水深4.8m，容积为中型水池（见下图）。钢筋混凝土薄壁结构，混凝土设计强度C35、防渗等级P8。池体地下部分处于用硬塑状粉质黏土层和夹砂黏土层，有少量浅层滞水，无需考虑降水施工。

依据厂方意见，所有改造和新建的给水构筑物进行单体满水试验。

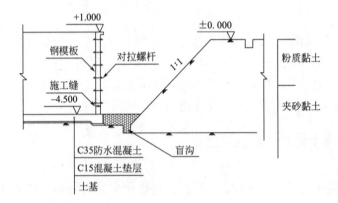

混凝沉淀池施工横断面示意图（单位：m）

问题：

写出满水试验时混凝沉淀池注水次数和高度。

参考答案：

注水次数为4次，最终注水高度为4.8m。

第一次注水高度为施工缝以上；

第二次注水高度为底板以上1.6m，即注水至-2.900m；

第三次注水高度为底板以上3.2m，即注水至-1.300m；

第四次注水高度为底板以上4.8m，即注水至0.300m。

解析： 关于满水试验注水要求，在教材和《给水排水构筑物工程施工及验收规范》GB 50141—2008第9.2.2条中规定："向池内注水应分3次进行，每次注水为设计水深的1/3。对大、中型池体，可先注水至池壁底部施工缝以上，检查底板抗渗质量，当无明显渗漏时，再继续注水至第一次注水深度"。所以不同水池满水试验的注水次数是不一样的，大、中型水池注水次数为4次，否则注水次数就是3次。本题背景资料中特别强调本工程

"容积为中型水池"，所以采分点为注水4次符合题意。

本题目中还有一个小的细节，就是图上给出的标高是小数点后面三位，那么在作答时最好也这样写一下，也许不一定有分值，但是注意一些细节还是有好处。

案例3（2022年二建案例二）

背景资料：

某市政公司承建水厂升级改造工程，其中包括新建容积1600m³的清水池等构筑物，采用整体现浇钢筋混凝土结构，混凝土设计等级为C35、P8，如下图所示。

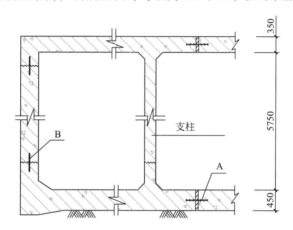

清水池断面示意图（单位：mm）

施工过程中发生下列事件：

事件一：清水池满水试验时，建设方不认同项目部制定的三次注水方案，主张增加底板部位试验，双方协商后达成一致。

……

问题：

分析建设方主张的意图，简述正确做法。

参考答案：

（1）建设方主张的意图是：关注水池底板缝部的施工质量。

（2）正确做法：设计容积1600m³的水池属于大、中型蓄水构筑物，应采用四次注水试验；第一次注水应至池壁施工缝以上，检查底板抗渗质量；如果出现渗漏应尽快处理，合格后方可继续进行试验。

解析： 水池的容积1600m³到底是不是属于大中型水池其实并不重要，考核案例题主要是看案例背景资料，既然是背景资料中提到建设方不认同项目部制定的三次注水方案，也就是说，建设单位认为满水试验三次注水是错误的，那么只需要将三次注水改为四次注水即可，四次注水的依据只能先认定水池为大、中型水池，那么底板施工缝以上为一次注水。

案例4（2020年一建案例五）

背景资料：

A公司承建某地下水池工程，为现浇钢筋混凝土结构。混凝土设计强度为C35。水池结构内设三道钢筋混凝土隔墙，水池结构如下列图所示。

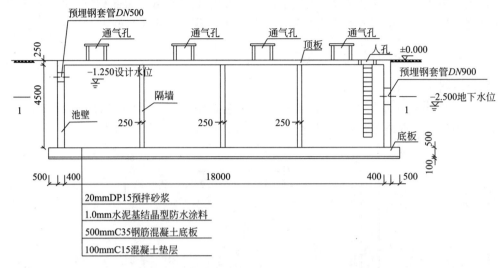

水池剖面图（标高单位：m；尺寸单位：mm）

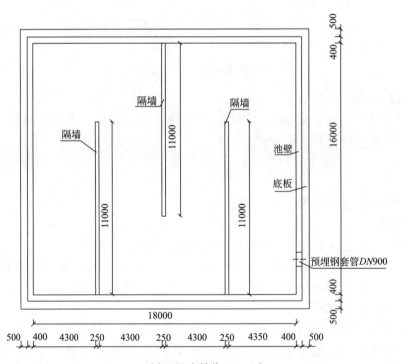

1-1剖面图（单位：mm）

项目部计划在顶板模板拆除后，进行底板防水施工，然后再进行满水试验，被监理工程师制止。

项目部编制了水池满水试验方案，方案中对试验流程、试验前准备工作、注水过程、水位观测、质量、安全等内容进行了详细的描述，经审批后进行了满水试验。

2023年版全国一级建造师市政公用工程管理与实务专题聚焦

问题：

1. 请说明监理工程师制止项目部施工的理由。

2. 满水试验前，需要对哪个部位进行压力验算？水池注水过程中，项目部应关注哪些易渗漏水部位？除了对水位观测外，还应进行哪个项目的观测？

3. 请说明满水试验水位观测时，水位测针的初读数与末读数的测读时间；计算池壁和池底的浸湿面积（单位：m²）。

参考答案：

1. 理由：按规范要求，现浇混凝土水池满水试验在主体结构防水层施工前进行（应在满水试验合格后再进行防水作业）。

2. （1）对预埋钢套管的临时封堵部位进行压力验算。

（2）应关注池壁与底板相接处施工缝部位，预埋钢套管外侧与混凝土接触位置，钢套管内部封堵位置，外墙对拉螺栓锥形孔封堵位置，闸门。

（3）水池沉降量的观测、外观渗水观测。

3. （1）初读数时间：注水至设计水深24h后；末读数时间：测读初读数24h后。

（2）池壁和池底的浸湿面积：

满水试验设计水位高度：（4.5+0.25）−1.25=3.5m；

池壁浸湿面积：（18+16）×2×3.5=238m²；

池底浸湿面积：18×16−11×0.25×3=288−8.25=279.75m²。

二、管线功能性试验

【专题精要】

管线功能性试验包括给水排水管线、热力管线和燃气管线的功能性试验，其中燃气管线功能性试验考核频次稍高一些，考试形式涉及试验流程、准备工作、试验要求、试验结果判定（注意单位换算）及试验合格数值等，有时命题人也会将功能性试验作为管道施工的一个工序在排序题中进行考核。本专题多为记忆性知识点。

案例1（2011年二建案例三）

背景资料：

某排水管道工程采用承插式混凝土管道。管道基础为混凝土平基加180°管座，地基为湿陷性黄土。项目部的施工组织设计确定采用机械从上游向下游开挖沟槽，用起重机下管、安管，安管时管道承口面向施工方向。

项目部考虑工期紧，对已完成的主干管道边回填、边做闭水试验，闭水试验在灌满水后12h进行；对暂时不接支线的管道预留孔未进行处理。

问题：

改正项目部闭水试验做法中的错误之处。

参考答案：

应先做闭水试验再回填。闭水试验应在灌满水后24h进行。对暂时不接支线的预留孔应做封闭抹面处理。

案例2（2020年一建案例二）

背景资料：

某公司承建一项城市污水管道工程，管道全长1.5km，采用$DN1200mm$的钢筋混凝土管，管道平均覆土深度约6m。

在完成下游3个井段管道安装及检查井砌筑后，抽取其中1个井段进行了闭水试验，实测渗水量为0.0285L/（min·m）[规范规定$DN1200mm$钢筋混凝土管合格渗水量不大于43.30m³/（24h·km）]。

问题：

列式计算该井段闭水试验渗水量结果是否合格？

参考答案：

实际渗水量可换算为：

0.0285L/（min·m）=24×60×0.0285m³/（24h·km）=41.04m³/（24h·km）；

41.04m³/（24h·km）＜43.30m³/（24h·km）；

实际渗水量小于规范规定的渗水量，所以该井段闭水试验渗水量合格。

或

合格渗水量：

43.30m³/（24h·km）=43.30÷（24×60）L/（min·m）=0.030L/（min·m）；

0.0285L/（min·m）＜0.030L/（min·m）；

实测渗水量小于合格渗水量，所以该井段闭水试验渗水量合格。

解析：注意这类题目计算时尽量将实际渗水量换算，再与规范标准进行对比，因为规范规定的数值作为定值更合理一些。

案例3（2010年一建案例二）

背景资料：

某公司中标一项直埋热力管道工程。

为保证供暖时间要求，工程完工后，即按1.25倍设计压力进行强度和严密性试验，试验后连续试运行48h后投入供热运行。

问题：

指出功能性试验存在的问题，说明正确做法。

参考答案：

存在的问题：①按1.25倍设计压力进行强度和严密性试验；②试验后连续试运行48h后投入供热运行。

正确做法：按照1.5倍设计压力（且不低于0.6MPa）进行强度试验；按照1.25倍设计压力（且不低于0.6MPa）进行严密性试验。试验后连续试运行72h后投入供热运行。

案例4（2014年一建案例三）

背景资料：

A公司承接一项$DN1000mm$天然气管线工程，管线全长4.5km，设计压力4.0MPa，材质L485，除穿越一条宽度为50m的不通航河道采用泥水平衡法顶管施工外，其余均采用开槽明挖施工。

项目部按所编制的穿越施工专项方案组织施工，施工完成后在投入使用前进行了管道功能性试验。

问题：

本工程管道功能性试验如何进行？

参考答案：

（1）采用清管球分段吹扫试验管道。

（2）除管道焊口外，回填土至管上方0.5m以后进行强度试验，试验压力不低于1.5倍设计压力（6MPa），介质为清洁水。

（3）强度试验合格、管线全线回填后，进行严密性试验，试验压力为1.15倍设计压力（4.6MPa），介质为空气。

（4）穿越段试验按相关要求单独进行。

案例5（模拟题）

背景资料：

甲公司中标一综合管线工程，包括给水管线、热力管线、雨水管线和污水管线，给水管线1800m，管材为DN400mm球墨铸铁管，密封橡胶圈接口。

给水管线的功能性试验如下图所示。

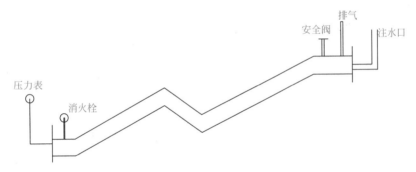

给水管线功能性试验图示

问题：

改正上图的给水管线功能性试验的错误之处。

参考答案：

（1）压力表应设在两端。

（2）消火栓与安全阀不应安装。

（3）在管道中间高点也要安装排气。

（4）注水位置应该在低点进行。

（5）在最低端应设泄水管。

专题十一

管线调查保护

【专题精要】

市政工程大多处于市区，基坑或管线开挖都会受到既有管线的影响，每个专业工程不可避免地会涉及既有管线的调查、拆改、保护和监测，因此市政专业考试也经常会通过案例考核相关内容。关于这部分知识点在考点聚焦篇有相应总结，在考试中我们只需要搞清楚命题人具体想考核哪个方面，是考核管线调查、办理手续还是应急预案，是考核对管线的拆改、加固还是施工过程中的监测，只要清楚命题人的考核意图，还是比较容易获取相应分数的。

案例1（2018年一建案例三）

背景资料：

A公司承接一城市天然气管道工程，全长5.0km，设计压力0.4MPa，钢管直径DN300mm，均采用成品防腐管。设计采用直埋和定向钻穿越两种施工方法，其中，穿越现状道路路口段采用定向钻方式敷设，穿越段土质主要为填土、砂层和粉质黏土。

定向钻施工前，项目部技术人员进入现场踏勘，利用现状检查井核实地下管线的位置和深度，对现状道路开裂、沉陷情况进行统计。项目部根据调查情况编制定向钻专项施工方案。

问题：

为保证施工和周边环境安全，编制定向钻专项方案前还需做好哪些调查工作？

参考答案：

编制定向钻专项方案前还需做好下列调查工作：

（1）施工现场地层土质类别和厚度。

（2）道路基层材料、厚度和交通状况。

（3）地下水分布情况。

（4）管线的类别、使用年限、管材等情况。

（5）现场周边的建（构）筑物的位置、基础及使用年限等。

解析：水平定向钻专项方案编制前的调查目的是在定向钻钻进过程中不影响到道路、建筑物、管线、地下水等。所以调查也需要围绕着施工现场的水、土、管、路、建筑物等相关内容展开。题干中已经调查了管道的位置和深度，那么管线的类别、管材、年限等也需进行调查；道路的开裂、沉陷已经统计，那么面层下的基层材料和厚度以及路基土质类别和厚度也需要考虑，另外，交通状况、地下水位和周边建（构）筑物也需要进行调查，这些都是定向钻施工过程中容易相互影响或出现问题的地方。

案例 2（2011 年一建案例一）

背景资料：

项目部承建的污水管道改造工程全长 2km。管道位于非机动车道下方，穿越 5 个交通路口。管底埋深 12m，设计采用顶管法施工。

项目部依据设计院提供的施工图对施工现场的地下管线、地下构筑物、现场的交通状况及居民的出行路线进行了详细踏勘、调查。

施工过程中发生下列事件：

事件一：降水井施工时，在埋设护筒时发现钻孔部位有过路电缆管，项目部及时调整了降水井位置。

……

问题：

事件一中，反映出项目部管线调查可能存在哪些不足？

参考答案：

项目部管线调查可能存在以下不足：

（1）未对现况管线进行坑探，或调查有遗漏。

（2）未对资料反映不详、与实际不符的管线进一步与有关单位核实。

（3）未将调查的管线的位置、埋深等实际情况标注在施工平面图上。

（4）未在现场管线实际位置做出醒目标志。

案例 3［2020 年（12 月）二建案例二］

背景资料：

某公司中标一条城市支路改扩建工程。工程内容包括：红线内原道路破除，新建道路长度 900m。扩建后道路横断面宽度为 4m（人行道）+16m（车行道）+4m（人行道），新敷设一条长度为 900m 的 $DN800mm$ 钢筋混凝土雨水管线。改扩建道路平面示意如下图所示。

项目部进场后，对标段内现况管线进行调查，既有一组通信光缆横穿雨水管线上方。雨水沟槽内既有高压线需要改移，由业主协调完成。

问题：

项目部开挖时需采取何种措施保证地下管线安全？

参考答案：

（1）光缆 2m 范围采用人工开挖。

（2）既有光缆采用支架、吊架、托架加固，并设专人检查。

（3）对线缆进行沉降、变形观测并记录。

（4）建立应急预案并进行演练。

（5）遇到异常情况及时通知管理单位人员到场处理、抢修。

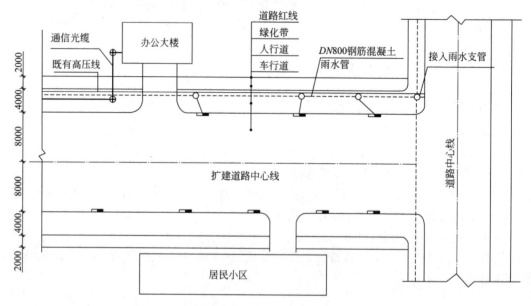

改扩建道路平面示意图（单位：mm）

案例 4（2018 年二建案例一）

背景资料：

某公司承包一座雨水泵站工程，泵站结构尺寸为23.4m（长）×13.2m（宽）×9.7m（高），地下部分深度5.5m，位于粉土、砂土层，地下水位为地面下3.0m。设计要求基坑采用明挖放坡，每层开挖深度不大于2.0m，坡面采用锚杆喷射混凝土支护，基坑周边设置轻型井点降水。

基坑周边地下管线比较密集，项目部针对地下管线距基坑较近的现况制定了管理保护措施，设置了明显的标识。

问题：

项目部除了编制地下管线保护措施外，在施工过程中还需具体做哪些工作？

参考答案：

（1）挖探坑，并将管线信息在图纸上标记。

（2）对可以改移的管线进行改移。

（3）派专人随时检查地下管线，维护加固设施。

（4）观测管线沉降和变形并做好记录。

案例 5（2006 年一建案例五）

背景资料：

某大型顶进箱涵工程为三孔箱涵，箱涵总跨度22m、高5m、总长度33.66m，共分三节，需穿越 5 条既有铁路站场线；采用钢板桩后背，箱涵前设钢刃脚，箱涵顶板位于地面以下 1.6m，顶板上方有一既有自来水管线，埋深 1.2m，与箱涵呈 90° 交叉，在顶进过程中需要对管道进行保护。

问题：

箱涵穿越自来水管线时可采用哪些保护方法？

参考答案：

箱涵穿越前将自来水管线开挖暴露，并将其进行悬吊加固，箱涵穿越过程中对自来水管线实时监测，如有沉降或变形及时采取措施。

安全防护

【专题精要】

安全防护这类题型可以考核两个方向，第一类是安全设施，第二类是人员安全防护。

安全设施又可以分为高空作业和地下施工两种情况，高空作业一般会借助门洞支架、高空或水上作业平台进行考核，而地下部分一般指泥浆池、顶管坑、污水井、挖孔桩周边等。采分点也往往分为通用、专用两部分，通用的有防护栏杆、密目式安全网、踢脚板、警示标志、夜间警示红灯、防撞设施、照明设施等，高空作业专用的有防坠落的水平安全网等，地下施工专用的如供人员上下的安全梯等。

人员安全防护往往根据不同的岗位分类考核，例如电焊工的劳动保护有防护面罩、防护手套、焊接防护服、绝缘防护鞋、护目镜等；架子工的劳动保护有安全帽、安全带、防滑鞋等；进入污水井的人员劳动保护有安全帽、安全带、防护靴、防毒面具及通信设备等。当然，如果考核操作人员的劳动保护，往往还会涉及持证、培训、考试、交底等采分点，而有限空间作业则会涉及强制通风、气体检测等采分点。

📖 案例 1（2022 年一建案例一）

背景资料：

某公司承建一项城市主干道改扩建工程，全长 3.9km，建设内容包含：道路工程、排水工程、杆线入地工程等。道路工程将既有 28m 路幅的主干道向两侧各拓宽 13.5m，建成 55m 路幅的城市中心大道。排水工程将既有车行道下 $D1200mm$ 的合流管作为雨水管，西侧非机动车道下新建一条 $D1200mm$ 的雨水管，两侧非机动车道下各新建一条 $D400mm$ 的污水管，并新建接户支管及接户井，将周边原接入既有合流管的污水就近接入，实现雨污分流。

工程进行中发生了以下事件：

事件一：将用户支管接入新建接户井时，项目部安排的作业人员缺少施工经验，打开既有污水井的井盖稍作散味处理就下井作业，致使下井的一名工人在井内当场昏倒，被救上时已无呼吸。

……

问题：

写出事件一中下井作业前应采取的安全措施。

参考答案：

（1）工人培训上岗并进行安全技术交底。

（2）打开井盖强制通风，检测气体（有害气体及氧气含量）。

（3）现场配备照明设施、警示红灯、急救器材，井周边设反光锥桶。

（4）下井人员配备防毒面具、通信设备，井上安排专人看护。

案例2（2022年一建案例五）

背景资料：

某公司承建一座城市桥梁工程，双向六车道，桥面宽度36.5m。主桥设计为T形刚构，跨径组合为50m+100m+50m；上部结构采用C50预应力混凝土现浇箱梁；下部结构采用实体式钢筋混凝土墩台，基础采用ϕ200cm钢筋混凝土钻孔灌注桩。桥梁立面构造如下图所示。

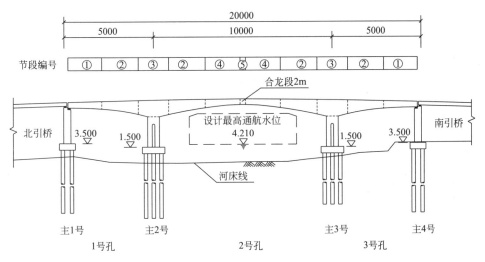

桥梁立面构造及上部结构箱梁节段划分示意图
（标高单位：m；尺寸单位：cm）

施工过程中发生如下事件：

事件一：施工期间，河道通航不中断。箱梁施工时，为防止高空作业对桥下通航的影响，项目部按照施工安全管理相关规定，在高空作业平台上采取了安全防护措施。

……

问题：

分别指出箱梁施工时高空作业平台及作业人员应采取哪些安全防护措施？

参考答案：

（1）作业平台上满铺（密铺）脚手板和防护栏杆，作业平台下设置水平安全网（或脚手架防护层），设置限高牌（架）、防撞设施、安全警示标志、夜间警示灯及照明设施。

（2）作业人员：佩戴安全防护用品（安全带、安全帽，穿防滑鞋）；准备好救生设备（救生衣、救生圈）。

解析：在河道上面高空作业平台的安全防护措施需要从两个角度回答：一是保证上方作业人员不会坠落的设施，如铺板、挂网、护栏；二是对于平台本身的保护，主要是防止被撞击，采分点主要在防撞设施、限高设施及警示标志、照明设施、夜间警示灯这几个角度展开。

作业人员安全防护主要是安全防护用品和万一坠入河中应配备的救生用品。

案例3（2019年一建案例四）

背景资料：

某公司承建一座城市快速路跨河桥梁，该桥由主桥、南引桥和北引桥组成，分东、西双幅分离式结构，主桥中跨下为通航航道，施工期间航道不中断。桥梁立面布置如下图所示。

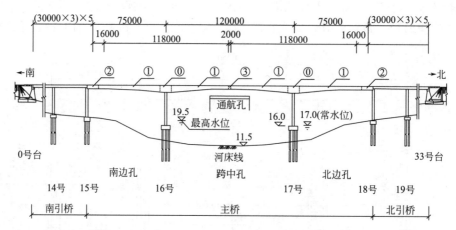

桥梁立面布置及主桥上部结构施工区段划分示意图（标高单位：m；尺寸单位：mm）

项目部编制的施工方案有如下内容：由于河道有通航要求，在通航孔施工期间采取安全防护措施，确保通航安全。

问题：

施工方案中，在通航孔施工期间应采取哪些安全防护措施？

参考答案：

应采取的安全防护措施有：

（1）设置限高、限宽、限速及其他安全警示标志。

（2）通航孔的两边应加设护桩及防撞设施。

（3）夜间设照明设施、反光标志、警示红灯。

（4）挂篮作业平台上必须满铺（密铺）脚手板，平台下应设置水平安全网。

（5）专人巡视检查，定期维护。

案例4（2020年一建案例三）

背景资料：

某公司承建一座跨河城市桥梁。基础均采用ϕ1500mm钢筋混凝土钻孔灌注桩。

项目部编制的桩基施工方案明确如下内容：

下部结构施工采用水上作业平台施工方案。水上作业平台结构为φ600mm钢管桩＋型钢＋人字钢板搭设。水上作业平台如下图所示。

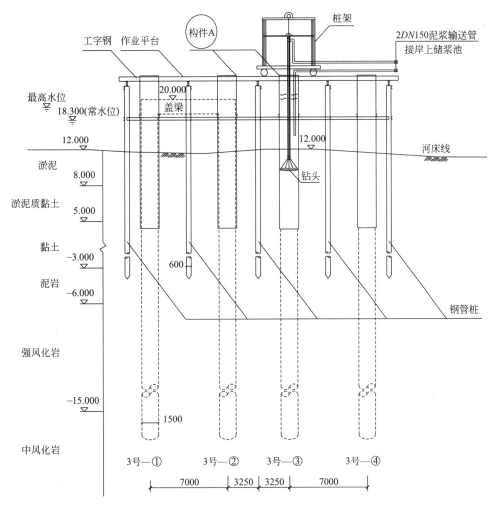

3号墩水上作业平台及桩基施工横断面布置示意图（标高单位：m；尺寸单位：mm）

问题：

结合背景资料及上图，指出水上作业平台应设置哪些安全设施？

参考答案：

水上作业平台上应设置：周边设置护栏及防撞设施；警示标志、警示灯及照明设施；防触电设施；台面防滑设施；护筒孔口加盖；救生衣及救生圈等。

解析： 本题除了一些通用考点以外，注意钢制水上作业平台在施工中会涉及用电，所以需要考虑到防触电设施；平台面采用人字钢板，那么施工中需要考虑平台的防滑设施（铺橡胶垫）；图形中有护筒，而护筒直径一定大于桩基直径（1500mm），施工中需要有防止坠落到孔内的设施，即护筒孔口加盖；另外水上作业平台施工中还需要考虑到救生衣和救生圈等设施。

案例 5（2013 年二建案例一）

背景资料：

某市政供热管道工程，供回水温度为95℃/70℃，主体采用直埋敷设，管线经过公共绿地和A公司场院，A公司院内建筑密集，空间狭窄。

供热管线局部需穿越道路，道路下面敷设有多种管道。项目部拟在道路两侧各设置1个工作坑。采用人工挖土顶管施工，先顶入DN1000mm混凝土管作为过路穿越套管，并在套管内并排敷设2根DN200mm保温供热管道（保温后的管道外径为320mm）。

问题：

本工程的工作坑土建施工时，应设置哪些主要安全设施？

参考答案：

防护栏杆及安全网，警示标志及夜间警示红灯，漏电保护装置，供人员上下的安全梯。

专题十三

质量检查验收（主控项目）

【专题精要】

　　质量检查验收（主控项目）是近年出现的新题型，备考过程中需要注意两点：第一，教材中每个专业中收录的主控项目都要作为重点知识储备。第二，教材中着重介绍的工艺工法，虽然没有收录其主控项目，但本书标准规范篇做了部分收录，对此也应同等重视。

案例 1（2019 年一建案例一）

　　背景资料：

甲公司中标某城镇道路工程，设计道路等级为城市主干路，全长560m。路面面层结构设计采用沥青混凝土，上面层为40mm厚SMA-13，中面层为60mm厚AC-20，下面层为80mm厚AC-25。

　　施工过程中发生如下事件：

　　事件一：确定了路面施工质量检验的主控项目及检验方法。

　　……

　　问题：

写出沥青混凝土路面面层施工质量检验的主控项目（原材料除外）及检验方法。

　　参考答案：

主控项目：压实度、面层厚度、弯沉值。

压实度检验方法：查试验记录（马歇尔击实试件密度，试验室标准密度）。

面层厚度检验方法：钻孔或刨挖，用钢尺量。

弯沉值检验方法：弯沉仪检测。

案例 2（2018 年一建案例一）

　　背景资料：

某公司承建一段新建城镇道路工程。

　　施工前，项目部对分部分项工程验收内容规定如下：

管道验收合格后转入道路路基分部工程施工，该分部工程包括挖填土、整平、压实等工序，其质量检验的主控项目有压实度和D。

问题：

根据背景资料写出最适合题意的D的内容。

参考答案：

D的内容是弯沉值。

案例3（2021年一建案例一）

背景资料：

某公司承接一项城镇主干道新建工程，全长1.8km，勘察报告显示K0+680～K0+920为暗塘，其他路段为杂填土且地下水丰富。设计单位对暗塘段采用水泥土搅拌桩方式进行处理，杂填土段采用改良土换填的方式进行处理。

项目部确定水泥掺量等各项施工参数后进行水泥搅拌桩施工，质检部门在施工完成后进行了单桩承载力、水泥用量等项目的质量检验。

问题：

补充水泥搅拌桩地基质量检验的主控项目。

参考答案：

水泥搅拌桩地基质量检验的主控项目：复合地基承载力、桩长、桩身强度、搅拌叶回转直径。

解析： 本小问考核的内容在教材上没有相应介绍，考核的知识点在《建筑地基基础工程施工质量验收标准》GB 50202—2018中。此规范第4.11.4条中水泥土搅拌桩地基质量检验标准的主控项目中有6项：复合地基承载力、单桩承载力、水泥用量、搅拌叶回转直径、桩长、桩身强度，而背景资料中已有单桩承载力、水泥用量两项，所以只需要补齐其他4项即可。

案例4（2021年二建案例一）

背景资料：

某公司承建一座城郊跨线桥工程，双向四车道，桥面宽度30m，上部结构为$5 \times 20m$预制预应力混凝土简支空心板梁；下部结构为盖梁及$\phi 130cm$圆柱式墩，基础采用$\phi 150cm$钢筋混凝土钻孔灌注桩；重力式U形桥台。

空心板梁安装前，对支座垫石进行检查验收。

问题：

写出支座垫石验收的质量检验主控项目。

参考答案：

支座垫石验收的质量检验主控项目：顶面高程、平整度、坡度、坡向、位置、混凝土强度。

解析： 按照规范，支座垫石的主控项目只有"顶面高程、平整度、坡度、坡向"这几项，不过在规范和教材中也有关于支座施工的一般规定："墩台帽、盖梁上的支座垫石和挡块宜二次浇筑，确保其高程和位置的准确。垫石混凝土的强度必须符合设计要求。"所以在答题的时候也可以将位置和混凝土强度写出来。

案例 5（2020 年一建案例二）

背景资料：

某公司承建一项城市污水管道工程，管道全长 1.5km，采用 *DN*1200mm 的钢筋混凝土管，管道平均覆土深度约 6m。

在沟槽开挖到槽底后进行了分项工程质量验收，槽底无水浸、扰动，槽底高程、中线、宽度符合设计要求。项目部认为沟槽开挖验收合格，拟开始后续垫层施工。

问题：

写出项目部"沟槽开挖"分项工程质量验收中缺失的项目。

参考答案：

缺失的项目有：地基承载力、槽底土质及平整度符合要求。

案例 6［2020 年（12 月）二建案例三］

背景资料：

项目部承建郊外新区一项钢筋混凝土排水箱涵工程，全长 800m。

项目部制定的每段 20m 箱涵施工流程为：沟槽开挖→坑底整平→垫层施工→钢筋绑扎→架设模板→浇筑箱涵混凝土→回填。

问题：

本工程沟槽回填的质量验收主控项目有哪些？

参考答案：

（1）回填土质、含水率及回填碾压密实度。

（2）分层、分段回填，接槎处挖台阶要求，水平机械压实后厚度。

（3）结构两侧水平、对称同时填压。

专题十四

办理手续

【专题精要】

教材中相关法律法规章节只介绍了占用或挖掘城市道路的管理规定，强调占用或挖掘城市道路必须到相关部门办理手续，但考试中涉及占用城市绿地、与铁路或河道交叉施工，以及施工现场雨污水向社会管网排放、非开挖施工时涉及与其他既有构筑物、管线的交叉的情形也均应办理相关手续。办理手续的部门及要求可以总结如下（见下表）：

办理手续的部门及要求一览表

占用或者交叉	办理手续单位	备注
河道	河道管理部门、航运部门、海事部门	提前办理、严格按照手续规定时间和范围占用，不能延期或者扩大范围，否则要重新办理手续
铁路	铁路管理部门、铁路运输部门	
市政道路	市政工程行政主管部门、公安交通管理部门	
绿地	城市人民政府城市绿化行政主管部门	

案例1（2012年一建案例四）

背景资料：

A公司中标某市污水管工程，总长1.7km。采用直径为1.6～1.8m的混凝土管，其管顶覆土为4.1～4.3m，各井间距80～100m。项目部确定采用两台顶管机同时作业，一号顶管机从8号井作为始发井向北顶进，二号顶管机从10号井作为始发井向南顶进。

施工过程中发生如下事件：

事件一：因拆迁原因，使9号井不能开工。第二台顶管设备放置在项目部附近小区绿地暂存28d。

……

问题：

占小区绿地暂存设备，应履行哪些程序或手续？

参考答案：

应与小区物业（绿地权属部门）签订租赁协议，约定费用支付和双方责任。

解析： 本题考点为施工过程合同管理，不能照搬占用绿地的管理规定，因为背景资料中强调是小区绿地，物业才是权属部门，项目部必须与其签订租赁协议，约定费用支付和双方责任。

案例 2（2018 年一建广东、海南试卷案例二）

背景资料：

某市区新建道路上跨一条运输繁忙的运营铁路，需设置一处分离式立交，铁路与新建道路交角 $\theta=44°$，该立交左右幅错孔布设，两幅间设 50cm 缝隙。

邻近铁路埋有现状地下电缆管线，埋深 50cm，施工中将有大型混凝土送运车、钢筋运输车辆通过。

问题：

大型施工机械通过施工范围现状地下电缆管线上方时，应与何单位取得联系？需要完成的手续是什么？

参考答案：

单位：建设单位；铁路管理单位；电缆管线的产权单位、管理单位和使用单位。

手续：办理电缆上方场地交接和线缆损坏赔偿协议等手续。

案例 3（2015 年一建案例二）

背景资料：

某公司中标一座跨河桥梁工程，所跨河道流量较小，水深超过 5m，河道底土质为黏土。项目部编制了围堰施工专项方案，监理审批时认为方案中部分内容描述存在问题。

项目部接到监理部发来的审核意见，对方案进行了调整，在围堰施工前，项目部向当地住建局报告，征得同意后开始围堰施工。

问题：

围堰施工前还应征得哪些部门同意。

参考答案：

围堰施工前还应该征得河道（水利）管理部门、航运部门的同意。

案例 4（2022 年一建案例四）

背景资料：

某公司承建一项污水处理厂工程，水处理构筑物为地下结构，底板最大埋深 12m，富水地层设计要求管井降水并严格控制基坑内外水位标高变化。

在项目部编制的降水施工方案中，将降水抽排的地下水回收利用。做了如下安排：一是用于现场扬尘控制，进行路面洒水降尘；二是用于场内绿化浇灌和卫生间冲洗。另有富余水量做了溢流措施排入市政雨水管网。

问题：

请完善降水排放的手续。

参考答案：

手续：排入市政管网前必须经排水主管部门批准。

案例 5（2022 年一建案例一）

背景资料：

某公司承建一项城市主干道改扩建工程，全长 3.9km，建设内容包含：道路工程、排水工程、杆线入地工程等。道路工程将既有 28m 路幅的主干道向两侧各拓宽 13.5m，建成 55m 路幅的城市中心大道。排水工程将既有车行道下 $D1200mm$ 的合流管作为雨水管，西侧非机动车道下新建一条 $D1200mm$ 的雨水管，两侧非机动车道下各新建一条 $D400mm$ 的污水管，并新建接户支管及接户井，将周边原接入既有合流管的污水就近接入，实现雨污分流。

工程进行中发生了以下事件：

事件一：将用户支管接入新建接户井时，项目部安排的作业人员缺少施工经验，打开既有污水井的井盖稍作散味处理就下井作业，致使下井的一名工人在井内当场昏倒，被救上时已无呼吸。

……

问题：

写出事件一中下井作业前需办理的相关手续。

参考答案：

办理有限空间安全作业审批手续；向城镇污水处理主管部门申请办理污水排入排水管网许可。

解析： 背景资料中工人进入使用中的污水井，属于有限空间作业，必须办理作业审批手续。另外，依据《城镇污水排入排水管网许可管理办法》第二条：在中华人民共和国境内申请污水排入排水管网许可（以下称排水许可），对从事工业、建筑、餐饮、医疗等活动的企业事业单位、个体工商户（以下称排水户）向城镇排水设施排放污水的活动实施监督管理，适用本办法。

案例 6（2017 年一建案例五）

背景资料：

某公司承建城区防洪排涝应急管道工程，受环境条件限制，其中一段管道位于城市主干路机动车道下，垂直穿越现状人行天桥，采用浅埋暗挖隧道形式。施工过程中，在沿线 3 座检查井位置施作工作竖井，井室平面尺寸长 6.0m、宽 5.0m。

施工前，项目部编制了浅埋暗挖隧道下穿道路专项施工方案，拟在工作竖井位置占用部分机动车道，搭建临时设施，进行工作竖井施工和出土。

问题：

工作竖井施工前，项目部应向哪些部门申报、办理哪些报批手续。

参考答案：

（1）向市政工程行政主管部门和公安交通管理部门申报交通导行方案、规划审批文件、设计文件等，办理临时占用道路和挖掘城市道路的报批手续。

（2）向道路管理部门申报下穿道路专项施工方案（经专家论证会通过）和应急预案。

（3）向城管部门申报办理渣土运输手续；向环保部门申报办理夜间施工手续。

第三篇 能力提升篇

一、选择题

选择题内容有99%都是来源于教材，所以选择题想要拿到理想的分数，一定要对教材达到一定的熟悉程度。但随着考试年份的增加，选择题考点也经常涉及教材中不容易引起关注的地方，或者应试者对教材熟悉程度欠佳，在这种情况下有没有办法提升正确率呢？答案是可以的，这就要求应试者在考试中具备对题干和选项的剖析能力，毕竟选择题是将正确答案写在那里，考生只需将正确选项挑出来即可，下面我们通过20道单选题和10道多选题的分析，得出正确选项。

1. 基层是路面结构中的承重层，主要承受车辆荷载的（　　），并把面层下传的应力扩散到路基。

A. 竖向力 　　　　　　　　　B. 冲击力

C. 水平力 　　　　　　　　　D. 剪切力

答案：A

解析：本题可用排除法去掉不合理的选项。道路的作用是行驶车辆，承受车辆产生的荷载，而基层在面层以下，与车辆荷载的水平力是完全风马牛不相及的关系。冲击力虽然主要也是向下的，但是题干描述的是"车辆荷载的……"，不管车辆运行速度快与慢，向下的力基本上都是持续的，而不是像夯机或者夯锤一样的砸击，所以冲击力的选项也可以排除。相对而言，剪切力比较容易和竖向力混淆，可以通过分析桥梁受力做出甄别，例如现浇梁中某一跨现满堂支架施工，在没有拆除支架前，整个荷载是均布在支架上，但是支架拆除以后，荷载就全部落在支座上，此时在支座附近的剪切力达到最大，而基层下面的路基相当于桥梁下面的支架，不会使基层局部承受荷载，所以剪切力也不是最符合本题题意的选择。综上所述，A竖向力是本题最恰当的选项。

2. 当水泥土强度没有充分形成时，表面遇水会软化，导致沥青面层（　　）。

A. 横向裂缝 　　　　　　　　B. 纵向裂缝

C. 龟裂破坏 　　　　　　　　D. 泛油破坏

答案：C

解析：从题干可以分析出水泥土是指道路基层，基层软化会造成道路结构层承载力严重下降，路面失去支撑，从而导致沥青面层破坏。沥青路面泛油破坏一般是由于沥青含量过大，压实度不够，级配不合适造成的，与基层无关，首先可以排除掉。其余三个选项都是裂缝，而纵向裂缝和横向裂缝属于一个类别，只是方向不一样，而龟裂是沥青面层上的不规则裂缝，既有纵横向裂缝也有斜向或者环形的裂缝，包括范围更广，所以选择C选项。

3. 行车荷载和自然因素对路面结构的影响，随着深度的增加而（　　）。

A. 逐渐增强 　　　　　　　　B. 逐渐减弱

C. 保持一致 　　　　　　　　D. 不相关

答案：B

解析：从逻辑上讲，两个因素在一个特定变量持续发展下，其结果也是一个发展的变量。本题四个选项中有两个选项是变量且方向相反，另外两个选项是不因特定变量而发生任何变化的，并且两个选项是同一个意思的不同表达方式，所以不符合题意。其次假设D

选项为正确答案，那么将其带入题干会发现语法错误，属于病句。

要判别行车荷载和自然因素对路面结构的影响，随着深度的增加到底是逐渐增强还是逐渐减弱可以通过以下假设来区分。假如在道路以下进行暗挖施工，隧道顶部距离路面4～5m和隧道顶部距离路面40～50m这两种情况下，道路上行驶的车辆对哪一个隧道施工影响更大呢？显而易见是前者，所以不难判断B选项最符合题意。

4. 关于混凝土路面模板安装的说法，正确的是（　　）。

A. 使用轨道摊铺机浇筑混凝土时应使用专用钢制轨模

B. 为保证模板的稳固性应在基层挖槽嵌入模板

C. 钢模板应顺直、平整，每2m设置1处支撑装置

D. 支模前应核对路基平整度

答案：A

解析：本题可以采用逐个排除法找到正确选项。B选项采用的陈述方式为：是为了一个结果采取的方法，分析这类选项是否正确，主要看描述的施工方法是否会给其他结果造成不利影响。本题中为保证模板的稳固性应在基层挖槽嵌入模板，但是在基层挖槽会造成模板下面的基层出现一定范围的松散，拆模以后混凝土道路的边缘会因为基层的松散而破坏，所以B选项是错误的。D选项读起来感觉十分有道理，但注意本题的题干是"关于混凝土路面模板安装的说法……"，而混凝土路面是在基层上进行施工，并不是在路基上施工，所以D选项不符合题意。针对A、C两个选项进行筛选时，可以从选项核心表达中进行鉴别，A选项表达的核心词是"钢制轨模"，结合前面"使用轨道摊铺机浇筑混凝土时"完全可以自洽，非要说这个A选项是错误的，那么也只能"欲加之罪，其无辞乎"，给出的理由就是"莫须有"。而C选项表达的核心词是"每2m设置1处支撑装置"，而数字是最有可能被命题人"偷梁换柱"的，所以风险很大，大量的真题也可得出结论，即：题干中问到正确做法，有数字的选项很少有正确的，如果对数字记忆不清，就不要轻易去选择带有数字的选项，C选项的正确做法应该是：钢模板应顺直、平整，每1m设置1处支撑装置。

5. 有大漂石及坚硬岩石的河床不宜使用（　　）。

A. 土袋围堰　　　　　　　　　　B. 堆石土围堰

C. 钢板桩围堰　　　　　　　　　D. 双壁围堰

答案：C

解析：围堰施工分为三大类，第一类是围堰材料堆积在河床底以上，堰体与河床是紧贴状态，这类围堰代表土围堰、土袋围堰、堆石土围堰、无底套箱围堰等；第二类围堰是部分打入河床底以下，也就是说堰体需要在河床底生根；第三类围堰是那种有底套箱围堰，与河床底保持一定的净空，围堰卡在河底外露的桩基础上面。四个选项中最容易排除的是B选项的堆石土围堰，因为其本身的围堰材料就是堆砌石头与土体混合在一起进行围堰，可以适合各种河床。而A选项的土袋围堰也可以采用，虽然河床底有石头，但是土袋装载不会过满，有一定柔韧性，并且土袋围堰的形式是双层围堰中间还会填充黏土的土芯，不会出现漏水现象。相对不好选择的是C和D，不过双壁围堰属于无底套箱围堰的升级版，在下放围堰前可以将堰体位置下方大石头清理，着床后将堰体与和床底的空隙进行密封。综上所述，四个选项中只有C选项钢板桩围堰不适合本工程。

关于钢板桩围堰的适用条件教材写法给考生们造成了一定的困惑，在"围堰类型及适

用条件"的表格中，钢板桩围堰的使用范围是"深水或深基坑，流速较大的砂类土、黏性土、碎石土及风化岩等坚硬河床"，但是在"钢板桩围堰施工要求"中也有"有大漂石及坚硬岩石的河床不宜使用钢板桩围堰"的介绍，很多考生都一头雾水，不明白钢板桩围堰到底是不是适合坚硬的河床。其实这两个地方并不矛盾，仔细地阅读这两句话，表格中的适用条件是："流速较大的砂类土、黏性土、碎石土及风化岩等坚硬河床"，这里的坚硬河床是有前提的，即砂类土、黏性土、碎石土、风化岩等几种材质的河床，这里的"坚硬"并非是"硬"到了钢板都打不进去的程度。而在钢板桩围堰施工要求中的叙述"有大漂石及坚硬岩石的河床不宜使用钢板桩围堰"，这个河床是坚硬岩石，这种河床比砂类土、黏性土、碎石土、风化岩的河床要坚硬得多。将两段话反复阅读、对比，即可对钢板桩到底适用于何种条件准确把控。

6. 关于混凝土连续梁合龙的说法，错误的是（　　）。

A. 合龙顺序一般是先边跨，后次跨，再中跨

B. 合龙段长度宜为2m

C. 合龙宜在一天中气温最高时进行

D. 合龙段的混凝土强度宜提高一级

答案：C

解析：本题很难用排除法去选择答案，但是可以通过每一个选项本身是否合理做出判断，首先D选项叙述没任何问题，因为只要是两边有混凝土，中间在浇筑混凝土的情况，几乎都是提高一个强度等级。而A、B两个选项如对教材不熟，不易做出合理分析，因不像D选项那样属于施工常识，所以可以避开这两个选项，先对C选项进行分析。合龙段混凝土是两侧混凝土已经浇筑，最后浇筑中间部分的混凝土，由于热胀冷缩的原理，气温最高时合龙段间隙最小，如果此时合龙，当温度降低时，混凝土收缩将使合龙处受拉而产生裂缝；而气温最低时合龙段间隙最大，此时合龙，待温度升高后，合龙处会结合得更加紧密。所以本题正确答案应为C。

7. 下列基坑围护结构中，采用钢支撑时可以不设置围檩的是（　　）。

A. 钢板桩　　　　　　　　　B. 钻孔灌注桩

C. 地下连续墙　　　　　　　D. SMW桩

答案：C

解析：首先需要清楚围檩的作用，围檩是将基坑围护结构连接成整体，并将围护结构承受的土压力传递给支撑，那么本题中的钻孔灌注桩首先排除，因为钻孔灌注桩是完全独立的，必须靠围檩连接。虽然钢板桩之间有相互的连接，但期间的连接方式为柔性连接，如果没有围檩，支撑直接支在钢板上，势必会造成钢板锁扣之间的破坏。SMW桩水泥土是连接成为整体，但是其中的骨架H形钢是相对独立的，如果不通过围檩连成一个整体，在外部压力作用下也会出现支撑点以外型钢之间的受力不均而出现剪切变形。只有地下连续墙，钢筋骨架是连续的，支撑在墙体的任何位置，都可以使得围护结构整体受力，所以本题正确答案应为C。

8. 喷射混凝土应采用（　　）混凝土，严禁选用具有碱活性集料。

A. 早强　　　　　　　　　　B. 高强

C. 低温　　　　　　　　　　D. 负温

答案：A

解析：本题即使没有复习到，通过对题干和选项本身进行分析找到正确选项。在建造师各个专业学习中几乎很难遇到低温混凝土、负温混凝土这些叫法，所以考试中首先可以将C、D选项排除。由于暗挖隧道内喷射混凝土的目的是给地下结构提供初期支护，确保围岩稳定，所以强调混凝土是否可以尽早达到一定的强度，而混凝土本身的强度等级并非是其核心。所以本题正确答案应为A。

9. 下列燃气和热水管网附属设备中，属于燃气管网独有的是（　　）。

A. 阀门　　　　　　　　　　B. 补偿装置

C. 凝水缸　　　　　　　　　D. 排气装置

答案：C

解析：题目问的是"属于燃气管道独有的设备"，也就是燃气管线存在而其他管线不存在的附属设备，那么首先可以将A选项阀门排除，因为不管是热力管线还是给水、中水管线当中，都会有阀门。因热力管线输送介质温度变化较大，所以补偿装置在热力管线中使用量远远大于燃气管道，所以也可以将B选项排除。输送液体的管道为排除管道中的气体均应设置排气装置，所以也可以将D选项排除，所以本题答案为C选项凝水缸。

10. 水池施工中，橡胶止水带的接头方法是（　　）。

A. 热接　　　　　　　　　　B. 粘接

C. 搭接　　　　　　　　　　D. 叠接

答案：A

解析：塑料或橡胶止水带接头应采用热接，不得采用叠接。

依据橡胶止水带的名称可以分析出其作用止水，保证变形缝（沉降缝）或施工缝不会出现漏水现象，这里搭接和叠接的意思是一回事，只是直接把混凝土挤压在一起，但是其本身没有任何连接，这样的接头注定会出现漏水现象的。所以直接排除C、D两个选项。B选项是粘接，虽然粘接是将止水带的接头连接到了一起，但是其强度远不及热接，所以本题选A。

本题也可以通过分析作答。橡胶止水带的作用是止水，在施工中采用热接以保证接头的牢固性；如果采用叠接或搭接的话，在后期浇筑混凝土时，会造成橡胶止水带偏移或渗漏，从而达不到止水效果；而粘接的强度牢固性远不如热接。

11. 市政公用工程施工中，每一个单位（子单位）工程完成后，应进行（　　）测量。

A. 竣工　　　　　　　　　　B. 复核

C. 校核　　　　　　　　　　D. 放灰线

答案：A

解析：测量工作分为施工测量、监控测量和竣工测量，凭着常识也可以判别出来竣工测量应该在施工完成后，而施工测量在施工前和施工过程中，监控测量一般始于施工过程，有的监控测量会持续到工程竣工以后一定时间以内。本题选项中的复核（测量）、校核（测量）以及放灰线均属于施工测量过程。放灰线也叫测量放线，是工程最初的工作，例如准备基坑或者沟槽开挖的时候，需要施放开挖上口线；校核（测量）一般是对施工当中容易出现的问题进行校正和核对，一般属于测量班组自查过程；复核（测量）一般是针对测量成果的检验，判定其是否达到要求，一般为质检或监理方的检查过程。

本题的核心词是单位（子单位）工程完成后，所以与这些施工过程中的测量无关，当然选择竣工测量。

12. 水平定向钻第一根钻杆入土钻进时，应采取（　）方式。

A. 轻压慢转　　　　　　　　B. 中压慢转

C. 轻压快转　　　　　　　　D. 中压快转

答案：A

解析：本题只要清楚水平定向钻的一些常识即可分析出正确选项。题干的意思非常明显是进行定向钻导向孔施工，而导向孔施工也是整个定向钻施工的关键之一，要求在钻进的入土点位置和角度尽量精准，那么钻进的方式一定是慢而不是快，同理钻进的压力也应该是轻压，待按照正确的角度钻进一定距离后再恢复正常的压力和转速。所以正确答案应为A。

13. 先简支后连续梁的湿接头设计要求施加预应力时，体系转换的时间是（　）。

A. 应在一天中气温较低的时段　　B. 湿接头浇筑完成时

C. 预应力施加完成时　　　　　　D. 预应力孔道浆体达到强度时

答案：D

解析：本题只要清楚先简支后连续梁的原理，就可得出正确选项，体系转换是将临时支座拆除，连接到一起的梁落在永久支座上。这里A选项首先可以排除，在如果是梁与梁之间的湿接头浇筑，时间尽量安排在温度较低的时候。B选项是湿接头刚刚浇筑完成，此时混凝土都没有达到强度，显而易见也是不可能的。将C选项预应力施加完与D选项预应力孔道浆体达到强度进行对比，自然也可以分析出，是在预应力孔道压浆后且将要达到强度才代表湿接头施工的完成，才可以进行受力体系转换。

14. 重载交通、停车场等行车速度慢的路段，宜选用（　）的沥青。

A. 针入度大、软化点高　　　　B. 针入度小、软化点高

C. 针入度大、软化点低　　　　D. 针入度小、软化点低

答案：B

解析：只要知道针入度和软化点的最基本意思即可得出正确选项，直白地讲，针入度指金属圆锥体在相等的温度和时间条件下沉入到不同沥青的深度，所以针入度大的沥青软，反之则硬；软化点从字面上就可以理解，是指沥青开始变软时的温度。题干中的条件是重载交通、停车场等行车速度慢的路段，车辆荷载对面层的压力大，持续时间长，所以需要针入度小、软化点高的沥青，以避免路面出现车辙现象。

15. 关于预应力混凝土水池无粘结预应力筋布置安装的说法，正确的是（　）。

A. 应在浇筑混凝土过程中，逐步安装、放置无粘结预应力筋

B. 相邻两环无粘结预应力筋锚固位置应对齐

C. 设计无要求时，张拉段长度不超过50m，且锚固肋数量为双数

D. 无粘结预应力筋中的接头采用对焊焊接

答案：C

解析：本题首先应该排除D选项，不管是有粘结还是无粘结预应力，与焊接是老死不相往来的，在任何情况下，预应力都不可能允许进行焊接。其次通过常识分析也可排除A选项，因为无粘结预应力筋在池壁的侧墙中，安装固定很繁琐，不可能在浇筑混凝土过程

中才进行安装。如果将相邻两环无粘结预应力筋的锚固位置对齐会产生什么结果呢？会造成应力集中，显然是违背施工常识，所以本题选C。不过本题C选项是一个数值，很容易让人产生一种错觉，在选择题中数字一般都是错误的，在很多选择题中确有这种情况，尤其题干要求找出叙述错误的情况时，尤为明显。

16. 关于燃气管网附属设备安装要求的说法，正确的是（   ）。

A. 阀门手轮安装向下，便于启阀

B. 可以用补偿器变形调整管位的安装误差

C. 凝水缸和放散管应设在管道高处

D. 燃气管道的地下阀门宜设置阀门井

答案：D

解析：本题A选项阀门手轮安装向下，属于常识性错误，阀门手轮向上才是便于开启。补偿器的作用是调整因管道热胀冷缩而出现长度的变化，所以补偿器安装时将其调整到补偿零点时所在位置，因此B选项错误。燃气管道输送的是可燃气体，即便不清楚凝水缸为何物，但顾名思义也知道大概率是汇集水的，水往低处流是生活中的常识，所以C选项错误。所以本题应该选择D选项。

17. 排水管道开槽埋管工序包括：①沟槽支撑与沟槽开挖、②砌筑检查井及雨水口、③沟槽内排水沟和管道基础、④稳管、⑤下管、⑥接口施工、⑦沟槽回填、⑧管道安装质量检查与验收，正确的施工工艺顺序是（   ）。

A. ②→①→⑤→④→③→⑥→⑦→⑧

B. ①→②→③→④→⑤→⑥→⑦→⑧

C. ②→①→③→④→⑤→⑥→⑧→⑦

D. ①→③→⑤→④→⑥→②→⑧→⑦

答案：D

解析：很多人对于管道工序了解较少，并且教材中也没有相应工序介绍，但是本题可以通过基本常识进行分析。题干提出的工序是排水管道开槽埋管工序，那么第一个工序为①沟槽支撑与沟槽开挖，最后一个工序为⑦沟槽回填应该没有什么异议，这样就可以直接排除了A、B、C三个选项，因为A、C选项这两个选项未将开挖放在第一位，而A、B两个选项未将回填放在最后一位，通过这种常识的判断直接选出本题答案为D。

18. 城市污水处理方法与工艺中，属于化学处理法的是（   ）。

A. 混凝法   B. 生物膜法

C. 活性污泥法   D. 筛滤截流法

答案：A

解析：城市污水处理方法与工艺并非是案例题考点，所以很多人只是简单地记得处理方法中有化学处理法、物理处理法和生物处理法这三种情况。但是每一种处理方法都包括什么没有任何印象，这种情况就要对选项本身从字面意思展开剖析。B.生物膜法，顾名思义应该是生物处理法的代表之一，首先排除。C.活性污泥法，当中的"活性"两个字，也应该与生物处理法相关。D.筛滤截流法，字面意思都体现出一种物理处理方式。所以即便不清楚混凝法的原理，也可通过排除法得到这个答案。

19. 下列分项工程中，应进行隐蔽验收的是（   ）工程。

A．支架搭设   B．基坑降水

C．基础钢筋   D．基础模板

答案：C

解析：隐蔽工程验收是指建筑物、构筑物在施工期间将建筑材料或构配件埋于物体之中，前一工序中的工程实体被后一工序所覆盖，外表看不见的实物，通俗地说就是前面做完的被后项工作掩盖了。对隐蔽工程大体有一个基本了解以后再看本题的四个选项，只有基础钢筋在浇筑混凝土以后会被隐蔽，而支架、模板这些辅助设施自始至终不会被隐蔽，而且将来要拆除，基坑降水也是一样，不管是井点还是水泵在施工过程中都是暴露状态，后期跟模板支架一样要进行拆除，所以本题的正确选项为基础钢筋。

20．主要材料可反复使用，止水性好的基坑围护结构是（   ）。

A．钢管桩   B．灌注桩

C．SMW工法桩   D．型钢桩

答案：C

解析：本题首先从"主要材料可以反复使用"这一点来讲，灌注桩先被排除，因为灌注桩是将钢筋和混凝土浇筑在一起，主要材料都不可能进行反复使用。其余三种围护结构的钢材都可以回收利用，那么这种情况就需要参考另外一个条件，即谁的止水性能好，型钢桩的型钢之间没有连接，止水效果不符合要求，钢板桩之间相互咬合，比型钢柱的止水效果好很多，但与SMW工法桩相比要差很多了。本题是单选题，单选题是最符合题意的选项，所以选择SMW工法桩。

21．预制桩接头一般采用的连接方式有（   ）。

A．焊接   B．硫磺胶泥

C．法兰   D．机械连接

E．搭接

答案：A、C、D

解析：本题即使没有阅读教材，也可以通过分析作答出来。预制桩施工时，接头是在沉桩过程中实施的，不管用什么方法沉桩，桩身都必须在同一中心线上，所以搭接是绝对不行的；而硫磺胶泥连接的牢固程度又达不到要求，所以B、E两项均不正确。正确答案应为A、C、D。

22．石灰稳定土集中拌合时，影响拌合用水量的因素有（   ）。

A．施工压实设备变化   B．施工温度的变化

C．原材料含水量变化   D．集料的颗粒组成变化

E．运输距离变化

答案：B、C、D、E

解析：影响拌合用水量的因素，其实也就是混合料中水分的变化受什么影响，那么首先是含水量变化，这个任何人都能选出来。施工温度升高，水分蒸发会使含水量减少；运输距离增加，混合料放置时间过长也会使水分流失；而集料的颗粒组成发生变化即原材料发生变化，则需要重新进行试验，确定混合料配合比，那么含水量相应就会有变化；至于施工压实设备变化，只能影响混合料最终的压实度，并不能影响到混合料中的水分，相反地，只有在混合料达到最佳含水量时，压实施工才能达到最佳效果。本题正确答案应为

B、C、D、E。

23. 关于盾构壁后注浆的说法，正确的是（　　）。

A. 同步注浆可填充盾尾间隙

B. 同步注浆通过管片的吊装孔对管片背后注浆

C. 二次注浆对隧道周围土体起到加固止水作用

D. 二次注浆通过注浆系统及盾尾内置注浆管注浆

E. 在富水地区若前期注浆效果受影响时，在二次注浆结束后进行堵水注浆

答案：A、C、E

解析：假如对盾构的最基本的原理清楚，即可通过分析得出答案，在盾构机盾尾拼装管片，盾构机推动管片前行，管片从盾尾逐渐露出，此时管片与周围土体之间产生的空隙要用浆液填充，这个时候的注浆为同步注浆，而盾构机前行一定距离，因为浆液体积收缩和向土体中的渗透，会再次出现空隙，此时可以通过二次注浆弥补。本题中B、D两个选项描述反了，应该是同步注浆通过注浆系统及盾尾内置注浆管注浆，二次注浆通过管片的吊装孔对管片背后注浆。

24. 当基坑底有承压水时，应进行坑底突涌验算，必要时可采取（　　）保证坑底土层稳定。

A. 截水　　　　　　　　　　B. 水平封底隔渗

C. 设置集水井　　　　　　　D. 钻孔减压

E. 回灌

答案：B、D

解析：当基坑底为隔水层且层底作用有承压水时，应进行坑底突涌验算，必要时可采取水平封底隔渗或钻孔减压措施，保证坑底土层稳定。

采取截水方法控制地下水，适用于降水对基坑周边建（构）筑物、地下管线、道路等造成危害或对环境造成长期不利影响时采用；而回灌是为了控制和提高地下水水位，对于坑底有承压水的情况，无异于雪上加霜；至于设置集水井，只能收集基坑中的水，对防止坑底承压水突涌起不到作用。所以本题A、C、E选项都不正确。

25. 在采取套管保护措施的前提下，地下燃气管道可穿越（　　）。

A. 加气站　　　　　　　　　B. 商场

C. 高速公路　　　　　　　　D. 铁路

E. 化工厂

答案：C、D

解析：本题考核的完全是常识内容，加气站、化工厂这些危险场所不可能允许有燃气管道从地下穿越，所以可以排除A、E两个选项。商场属于人员密集区域，安全处于首要地位，也一定会限制燃气管道穿越，B选项也可以排除。高速公路和铁路绵延成百上千公里，各种管线不可避免地会与之交叉，只要保证燃气管道从高速公路和铁路下面穿越时，加套管即可。所以本题选C、D两个选项。

26. 测量工作属于工程关键岗位之一，从事施工测量的作业主要人员应（　　）。

A. 经专业培训　　　　　　　B. 参加过相应考试

C. 持证上岗　　　　　　　　D. 体检合格

E. 取得过行业获奖证书

答案：A、C

解析：对于施工现场人员的要求一般离不开培训、考试、持证这些基本要求，所以本题A、C选项是没有任何问题。B选项描述的有一些问题，因为参加过相应考试，并不代表考试合格，所以不能作为本题的答案。D体检合格是对架子工等高处作业的指定要求，施工人员都应该进行体检，但是并不是说没有经过体检就并不能进行测量工作，否则哪里会有那么多因公殉职的建筑行业精英呢，所以D选项也不能作为本题的答案。而E选项取得过行业获奖证书的人更是寥寥无几，不会成为一个市政测量人员的硬性条件。

27. 现浇混凝土水池满水试验应具备的条件有（　　）。

A．混凝土强度达到设计强度的75%　　　B．池体防水层施工完成后

C．池体抗浮稳定性满足要求　　　D．试验仪器已检验合格

E．预留孔洞进出水口等已封堵

答案：C、D、E

解析：本题亦可通过常识选出正确的选项。顾名思义，水池满水试验就是将水池灌满水以后经过一定的时间测定混凝土结构的渗漏量，所以预留孔洞进出水口封堵是试验的一个必要条件；当然在试验过程中需要的仪器也必须检验合格，否则不能保证仪器的精准；在满水试验时，有可能赶在雨期施工，注水前后很可能遇到下雨，此时对于水池抗浮稳定一定要满足要求，以免在试验过程中下雨造成水池漂浮事故。所以可以确定的是本题答案中会有C、D、E三个选项。B选项池体防水层施工完成后这个条件不符合题意，因为水池满水试验是测试水池本身的混凝土抗渗漏性能，如果将防水层施工了，会掩盖结构混凝土自身存在的问题。A选项是混凝土的强度为设计强度的75%，应为达到设计强度。如果在考场中遇到这种多选题的数字问题尽量不去选择，因为已经确定了三个答案，这时切不可冒险。这也是作答多选题的一个基本原则。

28. 新建市政公用工程不开槽成品管的常用施工方法有（　　）。

A．顶管法　　　B．夯管法

C．裂管法　　　D．沉管法

E．盾构法

答案：A、B

解析：本题目可通过分析得出正确答案，题干提出的是新建市政工程的不开槽成品管施工方法，那么首先可以排除的是C选项裂管法，裂管法又称破管外挤，是管道更换时采用的一种方法，而新建管道不会采用这种工法。D选项沉管法是在水底建筑隧道的一种施工方法，不适合城市管道施工。盾构法施工的确是当前市政不开槽施工的常用方式，但是题干中还有另外一个条件"成品管"，而盾构是管片拼接成环的，从这个意义上讲，不属于成品管，所以不符合题意，所以本题正确选项为A、B选项。

29. 垃圾填埋场选址应考虑（　　）等因素。

A．地质结构　　　B．地理水文

C．运距　　　D．风向

E．垃圾填埋深度

答案：A、B、C、D

解析：本题可以通过生活常识分析得出答案，例如备选答案中的地理水文，我们知道

垃圾填埋场是在地下的，并且有可能造成渗沥液渗漏，那么在地下水位很高的地方尽可能地不建立垃圾填埋场。风向是避免垃圾气味影响到附近居民，运距属于经济考虑的范畴，地质结构是考虑到开挖的因素，例如岩体地质就很难开挖。至于说垃圾填埋场的深度，与选址并无太多的关系。所以本题正确答案为A、B、C、D。

30. 在施工合同风险防范措施中，工程项目常见的风险有（　　）。

A. 质量　　　　　　　　　B. 安全

C. 技术　　　　　　　　　D. 经济

E. 法律

答案：C、D、E

解析：现代工程规模大，功能要求高，如果承包商技术力量、施工力量、装备水平、工程管理水平不足，会在投标报价和工程实施过程中存在一些失误，面临技术风险；承包商资金供应不足，周转困难会面临经济风险；在国际工程中还常常出现对当地法律、语言不熟悉，对技术文件、工程说明和规范理解不正确或误解，从而面临法律风险。至于质量和安全，只要施工中保证措施到位，是可以避免的。本题正确答案为C、D、E。

二、案例题

建造师专业考试160分中有120分是案例题，案例答案的正确率是决定考试成败的关键。但很多应试者没有弄清案例题的原理，错误地认为案例答案不过是将教材原文搬到答题卡上的一个过程，案例背景资料也不过是一个摆设而已，所以作答时往往忽略掉案例背景资料提供的有效信息，满脑子都是这一问我该用教材中的哪句话来回答，而如果想顺利通过考试取得证书，首先就必须纠正这种错误的认知。

案例背景资料是命题人为应试者构建的一个虚拟施工现场，一般会通过文字描述和一些图形来展示施工中经常出现的错误，不完整的工序或方案，需要通过计算得到的数字结果等，也可能是材料验收或存储要求、施工机械的选择或补充等内容，很多时候答案就隐藏在背景资料提供的要素里面。所以，在有限时间内高效地捕获案例背景资料信息是作答案例题最关键的一步，下面通过10道案例题的背景资料剖析，帮助应试者如何精准获取案例背景资料中的有效信息，并通过对信息的分析解读，探寻命题人拟考核的内容。

案例1（2012年一建案例四）

背景资料：

A公司中标某市污水管工程，总长1.7km。采用直径为1.6~1.8m的混凝土管，其管顶覆土为4.1~4.3m，各井间距80~100m。地质条件为黏性土层，地下水位置在距离地面3.5m。项目部确定采用两台顶管机同时作业，一号顶管机从8号井作为始发井向北顶进，二号顶管机从10号井作为始发井向南顶进。工作井直接采用检查井位置（施工位置如下图所示），编制了顶管工程施工方案，并已经通过专家论证。

施工过程中发生如下事件：

事件一：因拆迁原因，使9号井不能开工。第二台顶管设备放置在项目部附近小区绿地暂存28d。

事件二：在穿越施工条件齐全后，为了满足建设方要求，项目部将10号井作为第二台顶管设备的始发井，向原8号井顶进。施工方案经项目经理批准后实施。

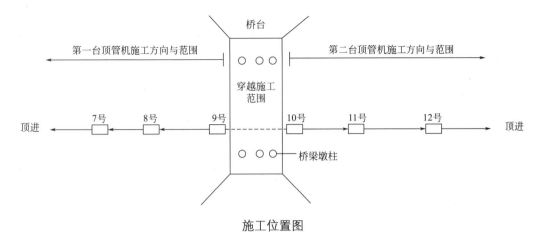

施工位置图

问题：

10号井改为向8号井顶进的始发井，应做好哪些技术准备工作？

参考答案：

应做的技术准备工作：

（1）进行检查井增减及始发井变更手续。

（2）计算因顶管长度增加而加大的顶力。

（3）重新进行顶管后背强度和刚度的验算。

（4）调转顶进方向时，做好后背加固设计。

（5）编制10号井和已完成管道周围土体加固保护方案。

（6）重新组织专家论证并按照新方案交底。

背景资料剖析：

首先需要清楚顶管施工布置情况，在顶管施工中，一般偶数为始发井，而奇数为接收井。例如本工程中，8号井向北（7号井）顶进完成后，需要掉转方向向着9号井顶进；同理10号井向南（11号）顶进完成后，也需要掉转方向向着9号井顶进。在始发井中向着一个方向顶进完成后，需将已完成顶进方向的洞口封闭，作为对向顶进的后背，并把原后背墙拆除，将顶进设备掉转180°，开凿洞口再次进行顶进。

本工程因为拆迁原因，9号井不能开工，而后决定从10号井直接向8号井顶进，最终结果导致此段顶管的距离为原设计长度的2倍，因此顶管的顶力也势必加大。而原设计中后背、顶进设备、管材的管口、10号始发井、作为后背的已完成管段与土体摩擦力等均应重新进行验算、设计和加固。

顶管长度增加一倍，并不代表着顶力也随着顶程成倍增加，同理后背墙的强度和刚度、管口强度等与顶程也并非呈简单的倍数关系。所以在技术准备中需要对顶程增加后的顶力进行计算，对后背的强度、刚度及被顶管道管口强度进行验算，编制检查井和已顶进管道（10号井~11号井）周围土体加固的方案。

另外"9号井不开工，改由10号井直接向8号井顶进"，属于设计变更，需要履行变更手续，而本顶管工程已经过专家论证，那么设计变更后应重新组织专家论证。

最后需要明确一点，就是题目问的是技术准备工作有哪些，作答时需要清楚"后背加固、更换顶进设备、检查井和已完成管道周围土体的加固等"是具体做法，而"后背加固前强度、刚度的验算，后背的设计，顶力的计算，已完成管道周围土体和检查井的加固方案等"才是技术准备，采分点是针对这些工作的前期计算、验算、方案等。

案例 2（2013 年一建案例四）

背景资料：

某公司中标修建城市新建主干道，全长 2.5km，双向四车道，其结构从下至上为 20cm 厚石灰稳定碎石底基层，38cm 厚水泥稳定碎石基层，8cm 厚粗粒式沥青混合料底面层，6cm 厚中粒式沥青混合料中面层，4cm 厚细粒式沥青混合料表面层。

项目部将 20cm 厚石灰稳定碎石底基层、38cm 厚水泥稳定碎石基层、8cm 厚粗粒式沥青混合料底面层、6cm 厚中粒式沥青混合料中面层、4cm 厚细粒式沥青混合料表面层等五个施工过程分别用：Ⅰ、Ⅱ、Ⅲ、Ⅳ、Ⅴ表示，并将Ⅰ、Ⅱ两项划分成①、②、③、④四个施工段。Ⅰ、Ⅱ两项在各施工段上持续时间见下表。而Ⅲ、Ⅳ、Ⅴ不分施工段连续施工，持续时间均为一周。

各施工段的持续时间

施工过程	持续时间（单位：周）			
	①	②	③	④
Ⅰ	4	5	3	4
Ⅱ	3	4	2	3

项目部按各施工段持续时间连续、均衡作业，不平行、搭接施工的原则安排了施工进度计划（表型见下表）。

施工进度计划表

施工过程	施工进度（单位：周）																					
	1	2	3	4	5	6	7	8	9	10	11	12	13	14	15	16	17	18	19	20	21	22
Ⅰ		①					②															
Ⅱ								①														
Ⅲ																						
Ⅳ																						
Ⅴ																						

问题：

请按背景资料中要求和施工进度计划表形式，用横道图表示，画出完整的施工进度计划表，并计算工期。

参考答案：

完整的施工进度计划表如下所示。

施工进度计划表

施工过程	施工进度（单位：周）																					
	1	2	3	4	5	6	7	8	9	10	11	12	13	14	15	16	17	18	19	20	21	22
I		①					②				③			④								
II									①			②			③			④				
III																				▬		
IV																					▬	
V																						▬

计算工期：$T=7+12+1+1+1=22$ 周。

背景资料剖析：

本题是一道简单的横道图补充题，因试卷给出施工进度计划表（横道图）中已有部分图示［已确定了 I（底基层）、II（基层）两项工作的间隔时间］，所以应试人员只要了解工序顺序、持续时间和安排的原则，即可补全施工进度计划表（横道图），并计算工期。按照背景资料中的工期绘制完横道图后发现，其实进度计划表截止时间即为工期答案。

当然本题完全可能在背景资料中不给出任何提示，直接让应试人员自己通过背景资料给出的工作持续时间计算出 I（底基层）、II（基层）两项工作之间的步距（间隔时间）。

$$
\begin{array}{r}
\text{I（底基层）}\quad 4 \quad\ \ 9 \quad\ \ 12 \quad\ 16 \\
-\text{II（基层）}\qquad\ \ \ 3 \quad\ \ 7 \quad\ \ 9 \quad\ 12 \\
\hline
4 \quad\ \ 6 \quad\ \ 5 \quad\ \ 7 \quad -12
\end{array}
$$

计算完全可以验证命题人给出的 I（底基层）、II（基层）两项工作之间的步距（间隔时间）7周是正确的。

很多考生将简单的问题复杂化了，认为案例背景资料中给出的基层厚度是38cm，而基层施工的最大压实厚度是20cm，换言之，基层必须分两次施工，而基层在两次施工中间还需要养护一周，而基层的第三段本身就只有两周的时间，认为题目出得有问题，另外就是基层施工完成后也应该养护一周，所以背景资料中给出的截止时间也向后推迟。

那么我们到底如何看待道路施工中基层或者底基层施工的养护问题呢？这需要从施工工艺上进行分析。在道路施工中，因路基施工需要分层填筑碾压和检验，所以所占用的时间最久，而基层和面层的施工时间基本相当，但是在很多施工安排中都会显示面层施工的时间要明显少于基层的施工时间是怎么回事呢？例如本工程中基层四个施工段总计用了12周的时间，而底面层、中面层和表面层均各用1周时间。出现这种情况最主要的原因就是基层其实每一段摊铺碾压可能只有0.1-0.2周（1-2d），而其余时间全部是养护时间，即便基层分两层进行摊铺，那么下层施工1-2d，养护7d以后继续施工上层也是完全可以的。例如第④段基层施工时间是3周，分为两层施工，总的摊铺和碾压时间不会超过1周，再加上养护时间也不会超过第④段的3周时间。也有人质疑③段的施工，因为第三段基层施工总共就是2周时间，其实原理是一样的，1-2d摊铺碾压基层的第一层，养护1周，再继续摊铺碾压第二层的基层，后期施工第④段的时候，可以完成对第③段的第二层养护。所以这类题目切不要再单独考虑基层的养护问题。

背景资料：

某施工单位中标承建过街地下通道工程，周边地下管线较复杂，设计采用明挖顺作法施工。通道基坑总长 80m，宽 12m，开挖深度 10m；基坑围护结构采用 SMW 工法桩，基坑沿深度方向设有 2 道支撑，其中第一道支撑为钢筋混凝土支撑，第二道支撑为（$\phi609 \times 16$）mm 钢管支撑。基坑场地地层自上而下依次为：2m 厚素填土、6m 厚黏质粉土、10m 厚砂质粉土，地下水埋深约 1.5m，在基坑内布置了 5 口管井降水。

问题：

列出基坑围护结构施工的大型工程机械设备。

参考答案：

本工程基坑围护结构施工的大型机械设备包括：三轴搅拌桩机，吊车（吊机），挖掘机，混凝土泵车、罐车，工法桩拔桩机。

背景资料剖析：

本工程是地下通道工程，围护结构是 SMW 工法桩，表面上考核的是围护结构施工中使用哪些大型的机械设备，其实考核核心是本工法的工艺，因为只有知道工艺才可以写出具体会用到哪些设备。

SMW 工法桩作为基坑的围护结构，其施工原理是利用搅拌设备就地切削土体，然后注入水泥类混合液搅拌形成均匀的水泥土搅拌墙，最后在墙中插入型钢，即形成一种劲性复合围护结构，当地下主体结构施工完成，基坑进行回填后可以用工法桩拔桩机将型钢拔出进行回收。根据工艺可以分析出每一施工步骤中涉及的机械。首先是搅拌设备就地切削土体注入水泥类浆液搅拌这个环节，需要三轴搅拌桩机，当然对 SMW 工法桩不是十分了解的考生很难精准写出设备名称，遇到这种情况也可以采用一些模糊的描述方式，例如可以写水泥土搅拌设备。其次由于基坑深度 10m，而 SMW 工法桩围护结构需要在基底以下有一定的深度，那么 H 形钢插入环节必然要用吊车（吊机）将型钢吊起，型钢在进入拌合物之后可以依靠自身重力下行到设计高程，遇到型钢不能自行下沉到设计高程的情况，可以施加辅助外力，例如用挖掘机将型钢压入到位。另外本工程的 SMW 工法桩需要设置冠梁，以满足混凝土支撑的衔接，那么必然要涉及混凝土泵车、罐车等机械设备。最后，当 SMW 工法桩围护结构完成使命后，需要将型钢拔出，所以工法桩拔桩机也可以作为一个采分点。

需要格外注意的是本题要求"列出基坑围护结构施工的大型工程机械设备"，那么在施工中那些有可能涉及的型钢除锈工具、电焊机等小型机械设备就不必要在这里写出来，因为不合题意的答案，虽然不会被扣分，但也绝不会得分。

背景资料：

某公司承建的市政道路工程，长 2km，与现况路正交，合同工期为 2015 年 6 月 1 日—8 月 31 日。道路路面底基层设计为 300mm 水泥稳定土；道路下方设计有一条 DN1200mm 钢筋混凝土雨水管道，该管道在道路交叉口处与现状道路下的现有 DN300mm 燃气管道正交。

施工前，项目部踏勘现场时，发现雨水管道上部外侧管壁与现况燃气管道底部间距小于规范要求，并向建设单位提出变更设计的建议。经设计单位核实，同意将道路交叉口处的Y1～Y2井段的雨水管道变更为双排$DN800$mm双壁波纹管，设计变更后的管道平面位置与断面布置如图下列图所示。项目部接到变更后提出索赔申请，经计算，工程变更需要增加造价10万元。

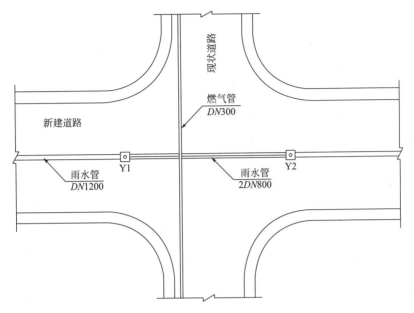

设计变更后的管道平面位置布置图（单位：mm）

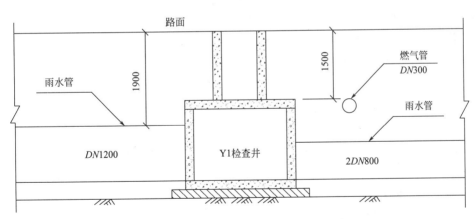

设计变更后的管道断面示意图（单位：mm）

问题：
排水管在燃气管道下方时，其最小垂直距离应为多少米？
参考答案：
排水管道在燃气管道下方时最小垂直距离应为0.15m。
背景资料剖析：
背景资料中介绍新建道路与现况道路正交，道路交叉口正交情况是一种理想状态。所谓正交就是新建道路与现况道路呈90°交叉，这种情况较为少见，因为实际在道路施工中，涉及地形、环境等复杂因素，一般绝大多数道路都属于斜交，只不过有的斜交的道路接近90°，但很少有正好是正交的情况。如果是斜交，那么道路路口的转弯半径也就不可能是完全一样，施工难度也会比正交大一些。

背景资料中另外一个信息是道路下面新建雨水管线与现况燃气管线交叉位置设计高程有冲突，所以施工单位将交叉位置的施工进行了设计变更，当然最后的问题变成了对教材上数字的考核。

本案例背景资料陈述有一些瑕疵。

第一，为控制燃气管道与雨水管道之间的净距，在Y1~Y2之间将$DN1200$mm的管道更换成2根$DN800$mm管道。在实际施工中这种更换管道的情况经常出现，需要注意更换管道时首先要考虑高程问题，其次还要考虑原设计管线的过水面积问题，$DN1200$mm管线的截面积是0.36π（$0.6^2\pi$），而采用双排$DN800$mm管线截面积0.32π（$2\times0.4^2\pi$），这种情况下过水面积就会有损失。未来考试很可能以此案例为原型，并且给出各种管道壁厚，最后让考生选用哪一直径的管道，并说明理由。

第二，命题人描述雨水管线的设计直径是$DN1200$mm的钢筋混凝土管，后将Y1~Y2之间的管线更换为2根$DN800$mm的双壁波纹管。首先在《给水排水管道工程施工及验收规范》GB 50268—2008中规定，排水管线的内径用D_i表示，外径用D_o表示，因为大管径管道管壁较厚，管道需要考虑壁厚问题；而DN一般多表示金属管线直径，且金属管线一般用公称直径表示，他既不是外径，也不是内径，例如管道以丝扣方式进行连接，公称直径相当于丝扣与丝扣之间的这个距离；现在PE管也用DN表示公称外径。当然混凝土管线也有个别采用DN作为管道直径的，不过按照行业潜规则，此时的DN应该表示管道的内径，而本题图示中命题人显然将管道的这个DN又给作为管道的外径了，没有考虑管道壁厚的问题。在考试中遇到这种情况一定要牢记考试规则——背景资料优先。

第三，图形中给出的是管顶到路面的距离，这里给出的应该是路面设计高程（标高）和此里程的管线设计高程，因为道路和管线在实际施工中都是有坡度的，并且道路的坡度和管线的坡度很难相同，坡向也有可能不一致。再出现类似题目的时候，很可能给出的条件与本题不一样。

本案例中管道位置示意图如下所示

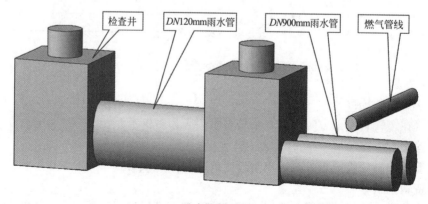

案例示意图

背景资料：

某公司承建一座城市互通工程，工程内容包括①主线跨线桥（Ⅰ、Ⅱ）、②左匝道跨线桥、③左匝道一、④右匝道一、⑤右匝道二五个子单位工程，平面布置如下图所示。两座跨线桥均为预应力混凝土连续箱梁桥，其余匝道均为道路工程。主线跨线桥跨越左匝道一；左匝道跨线桥跨越左匝道一及主线跨线桥；左匝道一为半挖半填路基工程，挖方除就地利用外，剩余土方用于右匝道一；右匝道一采用混凝土挡墙路堤工程，欠方需要外购解决；右匝道二为利用原有道路路面局部改造工程。

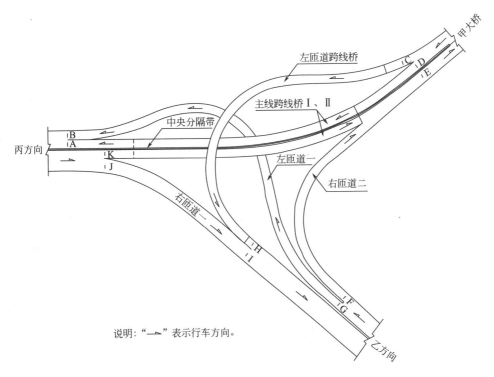

说明："➔"表示行车方向。

互通工程平面布置示意图

该工程位于城市交通主干道，交通繁忙，交通组织难度大，因此建设单位对施工单位提出总体施工要求如下：

（1）总体施工组织设计安排应本着先易后难的原则，逐步实现互通的各向交通通行任务。

（2）施工期间尽量减少对交通的干扰，优先考虑主线交通通行。

根据工程特点，施工单位编制的总体施工组织设计中，除了按照建设单位的要求确定了五个子单位工程的开工和完工的时间顺序外，还制定了如下事宜：

事件一：为限制超高车辆通行，主线跨线桥和左匝道跨线桥施工期间，在相应的道路上设置车辆通行限高门架，其设置的位置选择在图中所示的 A~K 的道路横断面处。

事件二：两座跨线桥施工均在跨越道路的位置采用钢管–型钢（贝雷桁架）组合门式

支架方案，并采取了安全防护措施。

问题：

写出五个子单位工程符合交通通行条件的先后顺序（用背景资料中各个子单位工程的代号"①~⑤"及"→"表示）。

参考答案：

⑤→③→④→①→②。

背景资料剖析：

本题是要求写出五个子单位符合通行条件的先后顺序，也就是五个子单位工程的完工顺序。题目信息量较大，关键是要将背景资料中的各种条件要素前后串联起来综合分析才可以得出正确顺序。

本工程既有现浇跨线桥，又有道路工程，而道路工程包括新建道路和现有道路改建两类。依据题意"总体施工安排应本着先易后难的原则，逐步实现互通的各向交通通行任务"，相较而言道路工程施工难度明显小于桥梁施工，所以③、④、⑤施工应在①、②之前。另外施工组织设计中制定的事宜有："为限制超高车辆通行，主线跨线桥和左匝道跨线桥施工期间，在相应的道路上设置车辆通行限高门架"及"两座跨线桥施工均在跨越道路的位置采用钢管-型钢（贝雷桁架）组合门式支架方案"，这两项皆可说明在桥梁施工时道路已施工完毕，否则不必制定以上相关事宜。

三个道路工程中的⑤是利用原有道路路面局部改造工程，比新建道路难度小。比较而言应该给⑤（右匝道二）排在第一位。对于另外两个子单位③（左匝道一）和④（右匝道一）的焦点是其之间的"土方纠纷"，因为③为半填半挖路基，施工多余的土方要运送至④作为路基填方所用，且强调"欠方需要外购解决"，换言之，④要在③的路基施工完成后不再有土方输入后进行欠方计算，之后再购买土方填筑，而此时③已经进行到了基层和面层的施工。综上所述，从完工角度，④在③之后。从背景资料中"施工期间尽量减少对交通的干扰，优先考虑主线交通通行"这个信息，可以确定两座桥梁先施工主线跨线桥后施工匝道跨线桥，即①排列在②前面。

当年考后针对本题产生过较大争议，有考生认为背景资料中"（1）总体施工组织设计安排应本着先易后难的原则，逐步实现互通的各向交通通行任务。"和"（2）施工期间尽量减少对交通的干扰，优先考虑主线交通通行。"两个条件互斥，事实真的如此吗？难道当年的案例真题真的会出现这种明显的漏洞吗？这种情况显然是不可能的。因为命题人构建的背景资料与最终答案一定是自洽的，如果你觉得条件本身是矛盾的，有可能是你对条件本身没有充分理解。本题背景资料中的两个条件具有主次关系，而并非平行并列关系，也就是说，有一个条件是解决全局的纲领性文件，而另一个条件则是解决局部难题的补充文件。第一个条件核心是先易后难，根据这个原则，完全可以确定先路后桥，并且道路也可以分析出来先后。而到了两座跨线桥的施工孰先孰后很难达成统一，所以才出现了第二个条件，因此第二个条件只不过是针对桥梁施工而设立的，不能将这个条件设置于条件一之上。就像我们这个时代要求公民"遵纪守法、弘扬个性"一个道理，谁也不会认为在生活和工作中弘扬个性可以凌驾于遵纪守法之上吧。

案例6（2016年二建案例三）

背景资料：

某公司承建城市道路改扩建工程，工程内容包括：①在原有道路两侧各增设隔离带、非机动车道及人行道；②在北侧非机动车道下新增一条长800m直径为DN500mm的雨水主管道，雨水口连接支管直径为DN300mm，管材均采用HDPE双壁波纹管，胶圈柔性接口；主管道两端接入现状检查井，管底埋深为4m，雨水口连接管位于道路基层内；③在原有机动车道上加铺50mm厚改性沥青混凝土上面层，道路横断面布置如下图所示。

施工范围内土质以硬塑粉质黏土为主，土质均匀，无地下水。

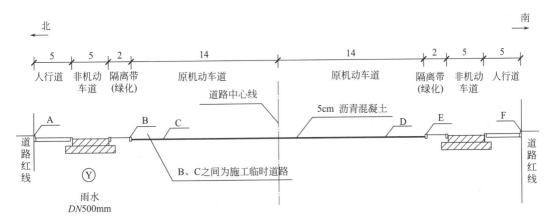

道路横断面布置示意图（单位：m）

问题：

本工程雨水口连接支管施工应有哪些技术要求？

参考答案：

（1）定位放线后破除道路结构层、开挖沟槽后铺砂基础。

（2）管口涂抹润滑剂后安装，并保证其直顺、稳定。

（3）承口朝向雨水口（来水）方向且坡度符合设计要求。

（4）支管采用混凝土全包封，且包封混凝土达到设计强度前不得进行碾压作业。

背景资料剖析：

本工程中非机动车道、隔离带、人行步道及雨水主管道均为新增工程，而原机动车道为既有工程，只需最后在其表面加铺50mm改性沥青混凝土面层。正常的道路断面形式皆是中间高两边低，所以雨水口的位置都设在道路两边的路缘石根部，而本工程中原机动车道未设置雨水主管线和雨水口及连接管，在增设雨水主管线后也需在原机动车道两边对应位置增加雨水口及连接支管，由图可知，雨水口位置需设置在B、E位置，所以本次施工的雨水口连接支管需修建在原机动车道下面。对于雨水口连接支管施工的技术要求需从支管上面的道路破除、开挖、垫层、安管、管道保护几个方向简述。

因为案例背景资料中特意强调"雨水口连接管位于道路基层内"，且原机动车道为既有道路，所以雨水口定位进行测量放线后，需要对原道路结构层（沥青混凝土面层和基层）进行破除，开挖连接管的沟槽。背景资料中的雨水口连接管管材为HDPE双壁波纹管，胶圈柔性接口，而化学管材施工需要对其进行保护，所以管道基础应为砂基础。胶圈柔性接口应注意两个常识，第一是需要将管口涂抹润滑剂，第二是排水管道的承插口需要将承口对向来水方向，本工程中的来水方向是雨水口方向。另外管道安装的通用知识点为管道安装应平稳、直顺、牢固且坡度符合设计要求。背景资料介绍雨水口连接支管处于道路基层内，也就是说管线距离道路面层的距离有限，若管道施工后按照正常的方式回填，那么在后期回填碾压中，很可能会对新增的雨水口连接支管造成破坏，所以雨水口连接管施工后，一般都会对管道采取保护措施，例如在管道周围浇筑混凝土（包封），并要求包封混凝土达到设计强度前不能使用压路机碾压，而包封混凝土达到设计强度后，它会将承受的荷载直接传递给道路的路基。

本题内容教材中未曾涉及，但属于施工常识内容。另外正常的道路施工，也是先施工道路的基层，基层施工完成后进行路缘石和雨水口施工，雨水口定位后再放线开挖雨水口连接管，并且为防止面层施工对雨水连接管造成损伤，也需要将雨水口连接管浇筑混凝土包封进行保护，雨水口及其连接管开挖、安装如下列图所示。

雨水口及其连接管开挖

雨水口连接管（HDPE）安装

案例 7（2018 年二建案例四）

背景资料：

某公司项目部施工的桥梁基础工程，灌注桩混凝土强度为 C25，直径 1200mm，桩长 18m，承台、桥台的位置如下图所示。

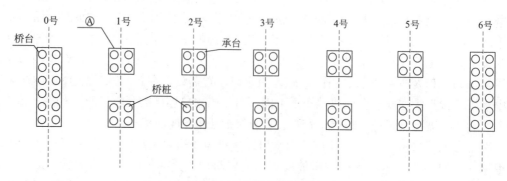

承台、桥台位置示意图

承台的桩位编号如下图所示。

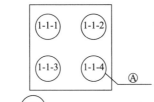

注：(1-1-4) 表示1轴-1号承台-4号桩

承台桩位编号图

项目部依据工程地质条件，安排4台反循环钻机同时作业，钻机工作效率（1根桩／2d）。在前12d，完成了桥台的24根桩，后20d要完成10个承台的40根桩。承台施工前项目部对4台钻机作业划分了区域，如下图所示，并提出了要求：①每台钻机完成10根桩；②一座承台只能安排1台钻机作业；③同一承台两桩施工间隙时间为2d。1号钻机工作进度安排及2号钻机部分工作进度安排如下图所示。

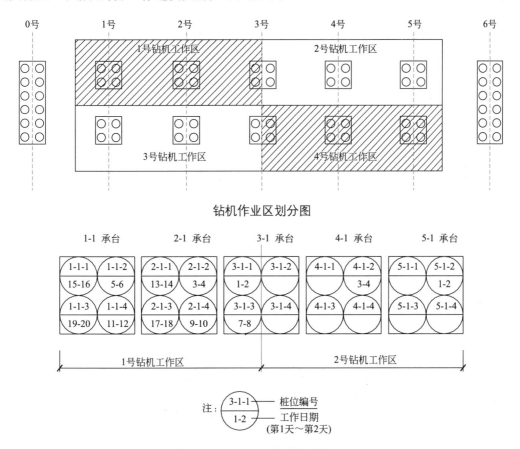

钻机作业区划分图

注：
3-1-1 —— 桩位编号
1-2 —— 工作日期
（第1天～第2天）

1号钻机、2号钻机工作进度安排示意图

问题：

补全2号钻机工作区作业计划，用1号钻机、2号钻机工作进度安排示意图的形式表示。

参考答案：

补全后的1号钻机、2号钻机工作进度安排示意图见下：

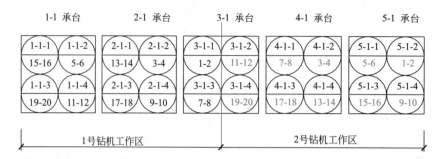

背景资料剖析：

首先需要将本题案例背景资料简单化，桥台桩基施工以及3号、4号钻机在承台的施工与本题没有直接关系，只需注意1号、2号钻机在1-1、2-1、3-1、4-1、5-1承台施工的相互关系。背景资料中已经明确：1号钻机施工1-1、2-1承台的全部桩基和3-1承台的两根桩，而2号钻机施工4-1、5-1承台的全部桩基和3-1承台的另外两根桩；施工要求是"一座承台只能安排1台钻机作业"，这个条件是针对3-1承台的，因为只有3-1承台涉及1号、2号两台钻机施工，由于1号钻机1~2d和7~8d在3-1承台施工，所以这4d中2号钻机不能施工。另外一个要求是"同一承台两桩施工间隙时间为2d"，这个条件对1-1、2-1、3-1承台都有影响，首先3-1承台受1~2d和7~8d的条件制约，所以2号钻机在3~4d、5~6d、9~10d都不能到3-1承台施工，换言之，在前10d时间内，2号钻机只能在4-1和5-1承台进行交替施工，决不允许出现一个承台连续施工4d的情况。而到了11~12d的时候，2号钻机可以到3-1承台上施工，然后再回到4-1或5-1承台继续施工，从第13天以后就有三个承台可以选择，按照此规律施工直至完成最后一根桩基。

本题答案有几十种排列方式，只要排列顺序满足背景资料中条件即可。例如3-1承台和4-1承台安排时间不变，5-1承台的打桩时间可以将5-1-1与5-1-4对调，也可以将5-1-1与5-1-3对调，还可以将5-1-3与5-1-4对调。当然也可以3-1与5-1承台不变，4-1承台每根桩施工时间进行更换。考试只要回答出符合条件的一种形式即可。

案例8（2019年二建案例二）

背景资料：

某公司承接给水厂升级改造工程，其中新建容积$10000m^3$清水池一座，钢筋混凝土结构，混凝土设计强度等级为C35P8，底板厚度650mm，垫层厚度100mm，混凝土设计强度等级为C15；底板下设抗拔混凝土灌注桩，直径$\phi800mm$，满堂布置。

施工过程中发生如下事件：

事件一：桩基首个验收批验收时，发现个别桩有如下施工质量缺陷：桩基顶面设计高程以下约1.0m范围混凝土不够密实，达不到设计强度。监理工程师要求项目部提出返修处理方案和预防措施。项目部获准的返修处理方案所附的桩头与杯口细部做法如下图所示。

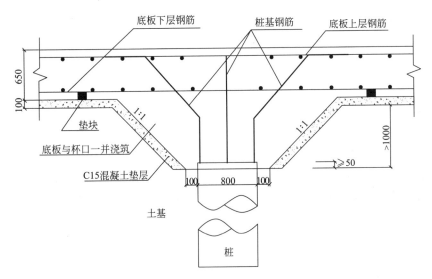

底板下层钢筋　桩基钢筋　底板上层钢筋

650

100

垫块

底板与杯口一并浇筑

C15混凝土垫层

1:1 1:1

≥1000

100 800 100

≥50

土基

桩

桩头与杯口细部做法示意图（尺寸单位：mm）

......

问题：

依据桩头与杯口细部做法示意图给出返修处理步骤。（请用文字叙述）

参考答案：

（1）按照方案高程和坡度挖出桩头，形成杯口。

（2）凿除桩身（桩头）不密实部分，将剔出主筋清理。

（3）浇筑杯口混凝土垫层。

（4）安放垫块并绑扎底板钢筋。

（5）桩头主筋按设计要求弯曲并与底板上层钢筋焊接。

（6）混凝土浇筑并养护。

背景资料剖析：

市政专业有一个考核频率非常高的考点：质量通病的原因分析、预防办法和处理措施，这个考点可以在每个施工工艺中考核，但是内容不一定在教材上，例如教材中只介绍了桩顶混凝土不密实的原因分析、预防办法，并没有介绍处理措施，而考试却在这种地方进行考核。虽然本次考核的是水池的抗拔桩，不过对于桥梁桩基础和围护桩的施工依然适用。

本题问题是"依据桩头与杯口细部做法示意图给出返修处理步骤"，相当于是看图说话，作答这种题目时，绝不能放过图形中的任何蛛丝马迹。处理桩头的第一步是开挖工作，这里需要注意的细节是杯口有坡度，桩头开挖有深度，所以在罗列采分点的时候，要强调是"按照方案高程和坡度挖出桩头、形成杯口"；第二步是针对桩头不密实混凝土的处理工作，凿除混凝土并对主筋进行清理；第三步是将整个杯口浇筑垫层、安放垫块、绑扎钢筋的工作，需要注意垫块等细节；第四步是处理工作的重点，图形中桩头主筋经过弯曲后与底板钢筋进行了焊接，一定要注意的细节是与底板的上层钢筋进行焊接；最后一步工作是浇筑混凝土并进行养护。

从这道题中可以得到一个启示，就是案例背景资料中图纸的细节一定不能忽视，命题人的采分点很可能都是依据这些细节得出的，例如本题中的挖深数值、杯口坡度、垫块和垫层、主筋的弯曲、主筋与底板上层钢筋的焊接等。另外需要注意，施工中很多常规工序一定要熟悉。

📖 案例 9（2019 年二建案例四）

背景资料：

A公司中标承建一项热力站安装工程，该热力站位于某公共建筑物的地下一层，一次给回水设计温度为125℃/65℃，二次给回水设计温度为80℃/60℃，设计压力为1.6MPa；热力站主要设备包括板式换热器、过滤器、循环水泵、补水泵、水处理器、控制器、温控阀等；采取整体隔声降噪综合处理。热力站系统工作原理如下图所示。

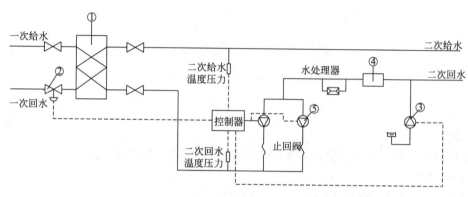

热力站系统工作原理图

问题：

写出图中编号为①、②、③、④、⑤的设备名称。

参考答案：

图中编号为①、②、③、④、⑤的设备名称分别为：

①的名称是板式换热器；②的名称是温控阀；③的名称是补水泵；④的名称是过滤器；⑤的名称是循环水泵。

背景资料剖析：

按照分值分布，本小问应该为5分题目，每写对一个设备名称，得1分。可能很多考生都未曾接触过热力站设备图纸，对于各种设备名称以及图例更是知之甚少，所以在考试中见到这种案例题目，必须坚信命题人想考核的绝不是应试者知识的储备，而最有可能考核的是你的分析能力、理解能力和判别能力。案例背景资料只给出了图形和设备名称这些信息，那么我们就从这些点着手分析。

在案例背景资料中罗列出来七个设备：板式换热器、过滤器、循环水泵、补水泵、水处理器、控制器、温控阀，其中水处理器和控制器两个设备已经在图上进行了标记，剩下的五个设备与①~⑤一一对应。

在背景资料中的设备名称中有循环水泵和补水泵，属于同类，这时可以在设备图形中找到相同的图例③和⑤（圆圈中带着三角），所以可以将③和⑤与循环水泵和补水泵绑定。此时如果想保守地拿分，可以拿到2分，即将③和⑤都写补水泵，将①、②、④都写过滤器即可。当然按照上述思路进一步分析，还可以得到更多的分数。图形中③和⑤虽然都是水泵，那么到底哪个是循环水泵哪个是补水泵呢？我们还可以从水泵所处的位置进行分析，⑤是在一个闭路系统当中，而③所处的位置是系统末端，是一个敞口位置，从常理上也可以分析得出⑤是循环水泵，而③是补水泵。

对于板式换热器这个设备所有考生都会感觉到陌生，安装过热力站设备的更是寥寥无几，所以想要找出这个设备对应图上哪一个图例只能靠文字分析。顾名思义，板式换热器是热交换装置，这里的②和④有一个共同的特点，都单一地处在一次回水或二次回水管线上，显然与换热器名称不相符。而这里的①处一次给、回水和二次给、回水都有通过，符合"换"这个最核心文字的意思。另一个佐证是，板式换热器应该是一个"板子"的形状，所以①是最合理的。

剩下②和④是温控阀和过滤器，管道施工中用得最多的就是阀门，图中与②相同的形状有4个，所以②是温控阀最合理。最后④只能是过滤器了。退一步讲，即便不能分辨出最后两个设备名称，也可以将②和④全部写成过滤器或温控阀，这样也完全可以拿到2分中的1分。

案例 10（2021 年一建案例二）

背景资料：

某区养护管理单位在雨期到来之前，例行城市道路与管道巡视检查，在 K1+120 和 K1+160 步行街路段沥青路面发现多处裂纹及路面严重变形。经 CCTV 影像显示，两井之间的钢筋混凝土平接口抹带脱落，形成管口漏水。

养护单位经研究决定，对两井之间的雨水管采取开挖换管施工，如下图所示。管材仍采用钢筋混凝土平口管。开工前，养护单位用砖砌封堵上下游管口，做好临时导水措施。

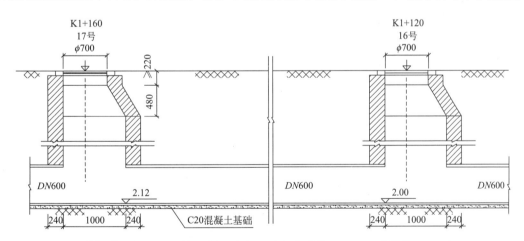

更换钢筋混凝土平口管纵断面示意图（标高单位：m；尺寸单位：mm）

问题：

两井之间实铺管长为多少？铺管应从哪号井开始？

参考答案：

（1）实铺管长为：0.7÷2=0.35m；1−0.35=0.65m；1160−1120−0.35−0.65=39m。

（2）铺管应从 16 号井开始。

背景资料剖析：

本案例背景资料中图形里检查井的直径为1000mm，且为收口式检查井，所以为圆形检查井，题目要求计算本工程实铺管道的长度。背景资料中16号检查井的井盖中心里程桩号为K1+120，17号检查井的井盖中心里程桩号为K1+160，检查井中心之间的距离是40m。需要注意背景资料中的检查井图形是偏心收口检查井，井盖（井筒）的直径为700mm，那么检查井的直墙距离井盖中心的距离应该是350mm，而直墙对侧井壁到井盖中心的距离就是1000−350=650mm，由此结合图形计算可得本工程实铺管距离为：40−0.35−0.65=39m。

当年考试时，很多做过管道的专业人士将这个题目做错了，为什么呢？主要是没有掌握考试规则。

实际施工中的检查井和在考试中的检查井是不一样的，实际施工中的圆形偏心收口检查井的井盖中心里程桩号就是井室中心的里程桩号，也就是说实际图集、图纸中的检查井直墙不能在上、下游的管道上方，而是应该位于垂直于检查井流槽位置，一般要求是面向下游，向着左手方向收口。另外，由于检查井为圆形检查井，而管道的管口是平的，为了保证不出现检查井漏水情况，需要将管道伸进检查井一定距离，如下列图所示。

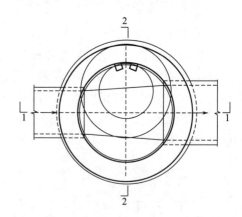

检查井内部　　　　　　　　　　　　平面图

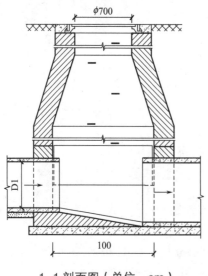

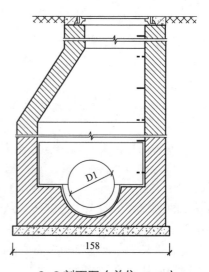

1−1剖面图（单位：cm）　　　　　　2−2剖面图（单位：cm）

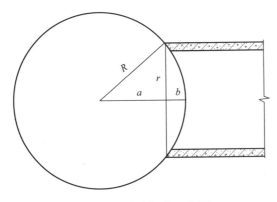

管道进入井室长度示意图

在当年考试中，很多有管道施工经验的考生，依据平时的施工图纸和图集经验，在计算时将管道必须深入检查井的长度与管道长度相加得出答案。深入检查井长度 $b=R-a$，而 $a=\sqrt{R^2-r^2}$，在考试中也有很多考生的答案也考虑了这部分内容，最后得到实铺管长度为39.2m。

近年来这类问题在案例考试中经常出现，但是大家需要掌握一个最主要的考试规则，那就是"案例背景资料优先"。实际施工的图纸和图集中偏心收口圆形检查井的确没有此案例背景资料描述的情况，但是命题人的答案一定是与案例背景资料自洽，不可能出现与背景资料完全矛盾的情形。所以不管命题人是在出题时没有考虑太多还是有意为之，我们在遇到这类题目的时候，一定要按照案例背景资料给出的条件和图形进行分析和作答。

另外，本案例中管道漏水的原因是抹带脱落，其实在进行案例题学习的时候，可以完全将这种知识点做一个延伸，抹带为什么会脱落？或者抹带脱落的原因是什么（管口未凿毛、抹带强度不合格、养护时间不够、回填土过程中夯实机械撞击、基础的不均匀沉降等）。

第四篇　标准规范篇

一、《中华人民共和国招标投标法》

第六条　依法必须进行招标的项目，其招标投标活动不受地区或者部门的限制。任何单位和个人不得违法限制或者排斥本地区、本系统以外的法人或者其他组织参加投标，不得以任何方式非法干涉招标投标活动。

第二十八条　投标人应当在招标文件要求提交投标文件的截止时间前，将投标文件送达投标地点。招标人收到投标文件后，应当签收保存，不得开启。投标人少于三个的，招标人应当依照本法重新招标。在招标文件要求提交投标文件的截止时间后送达的投标文件，招标人应当拒收。

第二十九条　投标人在招标文件要求提交投标文件的截止时间前，可以补充、修改或者撤回已提交的投标文件，并书面通知招标人。补充、修改的内容为投标文件的组成部分。

第三十条　投标人根据招标文件载明的项目实际情况，拟在中标后将中标项目的部分非主体、非关键性工作进行分包的，应当在投标文件中载明。

第三十七条　评标由招标人依法组建的评标委员会负责。依法必须进行招标的项目，其评标委员会由招标人的代表和有关技术、经济等方面的专家组成，成员人数为五人以上单数，其中技术、经济等方面的专家不得少于成员总数的三分之二。与投标人有利害关系的人不得进入相关项目的评标委员会；已经进入的应当更换。评标委员会成员的名单在中标结果确定前应当保密。

第四十六条　招标人和中标人应当自中标通知书发出之日起三十日内，按照招标文件和中标人的投标文件订立书面合同。招标人和中标人不得再行订立背离合同实质性内容的其他协议。招标文件要求中标人提交履约保证金的，中标人应当提交。

二、《房屋建筑和市政基础设施工程施工招标投标管理办法》

第二十七条　招标人可以在招标文件中要求投标人提交投标担保。投标担保可以采用投标保函或者投标保证金的方式。投标保证金可以使用支票、银行汇票等，一般不得超过投标总价的2%，最高不得超过50万元。

投标人应当按照招标文件要求的方式和金额，将投标保函或者投标保证金随投标文件提交招标人。

第四十四条　招标人应当在投标有效期截止时限30日前确定中标人。投标有效期应当在招标文件中载明。

三、《建设工程质量管理条例》

第二十五条　施工单位应当依法取得相应等级的资质证书，并在其资质等级许可的范围内承揽工程。禁止施工单位超越本单位资质等级许可的业务范围或者以其他施工单位的名义承揽工程。禁止施工单位允许其他单位或者个人以本单位的名义承揽工程。施工单位不得转包或者违法分包工程。

第七十八条 本条例所称肢解发包，是指建设单位将应当由一个承包单位完成的建设工程分解成若干部分发包给不同的承包单位的行为。

本条例所称违法分包，是指下列行为：

（一）总承包单位将建设工程分包给不具备相应资质条件的单位的。

（二）建设工程总承包合同中未有约定，又未经建设单位认可，承包单位将其承包的部分建设工程交由其他单位完成的。

（三）施工总承包单位将建设工程主体结构的施工分包给其他单位的。

（四）分包单位将其承包的建设工程再分包的。

本条例所称转包，是指承包单位承包建设工程后，不履行合同约定的责任和义务，将其承包的全部建设工程转给他人或者将其承包的全部建设工程肢解以后以分包的名义分别转给其他单位承包的行为。

四、《建设工程安全生产管理条例》

第二十四条 建设工程实行施工总承包的，由总承包单位对施工现场的安全生产负总责。总承包单位应当自行完成建设工程主体结构的施工。总承包单位依法将建设工程分包给其他单位的，分包合同中应当明确各自的安全生产方面的权利、义务。总承包单位和分包单位对分包工程的安全生产承担连带责任。分包单位应当服从总承包单位的安全生产管理，分包单位不服从管理导致生产安全事故的，由分包单位承担主要责任。

第二十五条 垂直运输机械作业人员、安装拆卸工、爆破作业人员、起重信号工、登高架设作业人员等特种作业人员，必须按照国家有关规定经过专门的安全作业培训，并取得特种作业操作资格证书后，方可上岗作业。

第二十七条 建设工程施工前，施工单位负责项目管理的技术人员应当对有关安全施工的技术要求向施工作业班组、作业人员作出详细说明，并由双方签字确认。

第二十八条 施工单位应当在施工现场入口处、施工起重机械、临时用电设施、脚手架、出入通道口、楼梯口、电梯井口、孔洞口、桥梁口、隧道口、基坑边沿、爆破物及有害危险气体和液体存放处等危险部位，设置明显的安全警示标志。安全警示标志必须符合国家标准。施工单位应当根据不同施工阶段和周围环境及季节、气候的变化，在施工现场采取相应的安全施工措施。施工现场暂时停止施工的，施工单位应当做好现场防护，所需费用由责任方承担，或者按照合同约定执行。

五、《城镇道路工程施工与质量验收规范》CJJ 1—2008

分部（子分部）、分项、检验批工程划分如下表所示：

城镇道路分部（子分部）工程与相应的分项工程、检验批

分部工程	子分部工程	分项工程	检验批
路基	—	土方路基	每条路或路段
		石方路基	每条路或路段

分部工程	子分部工程	分项工程	检验批
路基	—	路基处理	每条处理段
		路肩	每条路肩
基层	—	石灰土基层	每条路或路段
		石灰粉煤灰稳定砂砾（碎石）基层	每条路或路段
		石灰粉煤灰钢渣基层	每条路或路段
		水泥稳定土类基层	每条路或路段
		级配砂砾（砾石）基层	每条路或路段
		级配碎石（碎砾石）基层	每条路或路段
		沥青碎石基层	每条路或路段
		沥青贯入式基层	每条路或路段
面层	沥青混合料面层	透层	每条路或路段
		粘层	每条路或路段
		封层	每条路或路段
		热拌沥青混合料面层	每条路或路段
		冷拌沥青混合料面层	每条路或路段
	沥青贯入式与沥青表面处治面层	沥青贯入式面层	每条路或路段
		沥青表面处治面层	每条路或路段
	水泥混凝土面层	水泥混凝土面层（模板、钢筋、混凝土）	每条路或路段
	铺砌式面层	料石面层	每条路或路段
		预制混凝土砌块面层	每条路或路段
广场与停车场	—	料石面层	每个广场或划分的区段
		预制混凝土砌块面层	每个广场或划分的区段
		沥青混合料面层	每个广场或划分的区段
		水泥混凝土面层	每个广场或划分的区段
人行道	—	料石人行道铺砌面层（含盲道砖）	每条路或路段
		混凝土预制块铺砌人行道面层（含盲道砖）	每条路或路段
		沥青混合料铺筑面层	每条路或路段
人行地道结构	现浇钢筋混凝土人行地道结构	地基	每座通道
		防水	每座通道
		基础（模板、钢筋、混凝土）	每座通道
		墙与顶板（模板、钢筋、混凝土）	每座通道
	预制安装钢筋混凝土人行地道结构	墙与顶部构件预制	每座通道
		地基	每座通道
		防水	每座通道

分部工程	子分部工程	分项工程	检验批
人行地道结构	预制安装钢筋混凝土人行地道结构	基础（模板、钢筋、混凝土）	每座通道
		墙板、顶板安装	每座通道
	砌筑墙体、钢筋混凝土顶板人行地道结构	顶部构件预制	每座通道
		地基	每座通道
		防水	每座通道
		基础（模板、钢筋、混凝土）	每座通道
		墙体砌筑	每座通道或分段
		顶部构件、顶板安装	每座通道或分段
		顶部现浇（模板、钢筋、混凝土）	每座通道或分段
挡土墙	现浇钢筋混凝土挡土墙	地基	每道挡土墙地基或分段
		基础	每道挡土墙基础或分段
		墙（模板、钢筋、混凝土）	每道墙体或分段
		滤层、泄水孔	每道墙体或分段
		回填土	每道墙体或分段
		帽石	每道墙体或分段
		栏杆	每道墙体或分段
	装配式钢筋混凝土挡土墙	挡土墙板预制	每道墙体或分段
		地基	每道挡土墙地基或分段
		基础（模板、钢筋、混凝土）	每道基础或分段
		墙板安装（含焊接）	每道墙体或分段
		滤层、泄水孔	每道墙体或分段
		回填土	每道墙体或分段
		帽石	每道墙体或分段
		栏杆	每道墙体或分段
	砌筑挡土墙	地基	每道墙体地基或分段
		基础（砌筑、混凝土）	每道基础或分段
		墙体砌筑	每道墙体或分段
		滤层、泄水孔	每道墙体或分段
		回填土	每道墙体或分段
		帽石	每道墙体或分段
	加筋土挡土墙	地基	每道挡土墙地基或分段
		基础（模板、钢筋、混凝土）	每道基础或分段
		加筋挡土墙砌块与筋带安装	每道墙体或分段
		滤层、泄水孔	每道墙体或分段

分部工程	子分部工程	分项工程	检验批
挡土墙	加筋土挡土墙	回填土	每道墙体或分段
		帽石	每道墙体或分段
		栏杆	每道墙体或分段
附属构筑物	—	路缘石	每条路或路段
		雨水支管与雨水口	每条路或路段
		排（截）水沟	每条路或路段
		倒虹管及涵洞	每座结构
		护坡	每条路或路段
		隔离墩	每条路或路段
		隔离栅	每条路或路段
		护栏	每条路或路段
		声屏障（砌体、金属）	每处声屏障墙
		防眩板	每条路或路段

六、《城市桥梁工程施工与质量验收规范》CJJ 2—2008

1. 城市桥梁分部（子分部）工程与相应的分项工程、检验批对照表（见下表）

城市桥梁分部（子分部）工程与相应的分项工程、检验批对照表

序号	分部工程	子分部工程	分项工程	检验批
1	地基与基础	扩大基础	基坑开挖、地基、土方回填、现浇混凝土（模板与支架、钢筋、混凝土）、砌体	每个基坑
		沉入桩	预制桩（模板、钢筋、混凝土、预应力混凝土）、钢管桩、沉桩	每根桩
		灌注桩	机械成孔、人工挖孔、钢筋笼制作与安装、混凝土灌注	每根桩
		沉井	沉井制作（模板与支架、钢筋、混凝土、钢壳）、浮运、下沉就位、清基与填充	每节、座
		地下连续墙	成槽、钢筋骨架、水下混凝土	每个施工段
		承台	模板与支架、钢筋、混凝土	每个承台
2	墩台	砌体墩台	石砌体、砌块砌体	每个砌筑段、浇筑段、施工段或每个墩台、每个安装段（件）
		现浇混凝土墩台	模板与支架、钢筋、混凝土、预应力混凝土	
		预制混凝土柱	预制柱（模板、钢筋、混凝土、预应力混凝土）、安装	
		台背填土	填土	
3		盖梁	模板与支架、钢筋、混凝土、预应力混凝土	每个盖梁

序号	分部工程	子分部工程	分项工程	检验批
4		支座	垫石混凝土、支座安装、挡块混凝土	每个支座
5		索塔	现浇混凝土索塔（模板与支架、钢筋、混凝土、预应力混凝土）、钢构件安装	每个浇筑段每根钢构件
6		锚锭	锚固体系制作、锚固体系安装、锚碇混凝土（模板与支架、钢筋、混凝土）、锚索张拉与压浆	每个制作件、安装件、基础
7	桥跨承重结构	支架上浇筑混凝土梁（板）	模板与支架、钢筋、混凝土、预应力钢筋	每孔、联、施工段
		装配式钢筋混凝土梁（板）	预制梁（板）（模板与支架、钢筋、混凝土、预应力混凝土）、安装梁（板）	每片梁
		悬臂浇筑预应力混凝土梁	0号段（模板与支架、钢筋、混凝土、预应力混凝土）、悬浇段（挂篮、模板、钢筋、混凝土、预应力混凝土）	每个浇筑段
		悬臂拼装预应力混凝土梁	0号段（模板与支架、钢筋、混凝土、预应力混凝土）、梁段预制（模板与支架、钢筋、混凝土）、拼装梁段、施加预应力	每个拼装段
		顶推施工混凝土梁	台座系统、导梁、梁段预制（模板与支架、钢筋、混凝土、预应力混凝土）、顶推梁段、施加预应力	每节段
		钢梁	现场安装	每个制作段、孔、联
		结合梁	钢梁安装、预应力钢筋混凝土梁预制（模板与支架、钢筋、混凝土、预应力混凝土）、预制梁安装、混凝土结构浇筑（模板与支架、钢筋、混凝土、预应力混凝土）	每段、孔
		拱部与拱上结构	砌筑拱圈、现浇混凝土拱圈、劲性骨架混凝土拱圈、装配式混凝土拱部结构、钢管混凝土拱（拱肋安装、混凝土压注）、吊杆、系杆拱、转体施工、拱上结构	每个砌筑段、安装段、浇筑段、施工段
		斜拉桥的主梁与拉索	0号段混凝土浇筑、悬臂浇筑混凝土主梁、支架上浇筑混凝土主梁、悬臂拼装混凝土主梁、悬拼钢箱梁、支架上安装钢箱梁、结合梁、拉索安装	每个浇筑段、制作段、安装段、施工段
		悬索桥的加劲梁与缆索	索鞍安装、主缆架设、主缆防护、索夹和吊索安装、加劲梁段拼装	每个制作段、安装段、施工段
8		顶进箱涵	工作坑、滑板、箱涵预制（模板与支架、钢筋、混凝土）、箱涵顶进	每坑、每制作节、顶进节
9		桥面系	排水设施、防水层、桥面铺装层（沥青混合料铺装、混凝土铺装—模板、钢筋、混凝土）、伸缩装置、地袱和缘石与挂板、防护设施、人行道	每个施工段、每孔
10		附属结构	隔声与防眩装置、梯道（砌体、混凝土—模板与支架、钢筋、混凝土，钢结构）、桥头搭板（模板、钢筋、混凝土）、防冲刷结构、照明、挡土墙▲	每砌筑段、浇筑段、安装段、每座构筑物
11		装饰与装修	水泥砂浆抹面、饰面板、饰面砖和涂装	每跨、侧、饰面
12		引道▲		

注：表中"▲"项应符合《城镇道路工程施工与质量验收规范》CJJ 1—2008 的有关规定。

2. 质量验收主控项目

（1）混凝土灌注桩：

10.7.4 混凝土灌注桩质量检验应符合下列规定：

1 成孔达到设计深度后，必须核实地质情况，确认符合设计要求。

2 孔径、孔深应符合设计要求。

3 混凝土抗压强度应符合设计要求。

4 桩身不得出现断桩、缩径。

（2）预应力混凝土：

8.5.1 混凝土质量检验应符合规范有关规定。

8.5.2 预应力筋进场检验应符合规范规定。

8.5.3 预应力筋用锚具、夹具和连接器进场检验应符合规范规定。

8.5.4 预应力筋的品种、规格、数量必须符合设计要求。

8.5.5 预应力筋张拉和放张时。混凝土强度必须符合设计规定。设计无规定时，不得低于设计强度的75%。

8.5.6 预应力筋张拉允许偏差应分别符合规范规定。

8.5.7 孔道压浆的水泥浆强度必须符合设计规定，压浆时排气孔、排水孔应有水泥浓浆溢出。

8.5.8 锚具的封闭保护应符合规范规定。

（3）支座：

12.5.1 支座应进行进场检验。

12.5.2 支座安装前，应检查跨距、支座栓孔位置和支座垫石顶面高程、平整度、坡度、坡向，确认符合设计要求。

12.5.3 支座与梁底及垫石之间必须密贴，间隙不得大于0.3mm。垫层材料和强度应符合设计要求。

12.5.4 支座锚栓的埋置深度和外露长度应符合设计要求。支座锚栓应在其位置调整准确后固结，锚栓与孔之间隙必须填捣密实。

12.5.5 支座的粘结灌浆和润滑材料应符合设计要求。

（4）桥面防水：

20.8.2 桥面防水层质量检验应符合下列规定：

1 防水材料的品种、规格、性能、质量应符合设计要求和相关标准规定。

2 防水层、粘结层与基层之间应密贴，结合牢固。

（5）伸缩装置：

20.8.4 伸缩装置质量检验应符合下列规定：

1 伸缩装置的形式和规格必须符合设计要求，缝宽应根据设计规定和安装时的气温进行调整。

2 伸缩装置安装时焊接质量和焊缝长度应符合设计要求和规范规定，焊缝必须牢固，严禁用点焊连接。大型伸缩装置与钢梁连接处的焊缝应做超声波检测。

3 伸缩装置锚固部位的混凝土强度应符合设计要求，表面应平整，与路面衔接应平顺。

七、《给水排水构筑物工程施工及验收规范》GB 50141—2008

1. 给水排水构筑物单位工程、分部工程、分项工程划分表（见下表）

给水排水构筑物单位工程、分部工程、分项工程划分表

分部（子分部）工程	单位（子单位）工程 分项工程	构筑物工程或按独立合同承建的水处理构筑物、管渠、调蓄构筑物、取水构筑物、排放构筑物	
		分项工程	验收批
地基与基础工程	土石方	围堰、基坑支护结构（各类围护）、基坑开挖（无支护基坑开挖、有支护基坑开挖）、基坑回填	
	地基基础	地基处理、混凝土基础、桩基础	
主体结构工程	现浇混凝土结构	底板（钢筋、模板、混凝土）、墙体及内部结构（钢筋、模板、混凝土）、顶板（钢筋、模板、混凝土）、预应力混凝土（后张法预应力混凝土）、变形缝、表面层（防腐层、防水层、保温层等的基面处理、涂衬）、各类单体构筑物	1.按不同单体构筑物分别设置分项工程（不设验收批时）；2.单体构筑物分分项工程视需要可设验收批；3.其他分项工程可按变形缝位置、施工作业面、标高等分为若干个验收批
	装配式混凝土结构	预制构件现场制作（钢筋、模板、混凝土）、预制构件安装、圆形构筑物缠丝张拉预应力混凝土、变形缝、表面层（防腐层、防水层、保温层等的基面处理、涂衬）、各类单体构筑物	
	砌体结构	砌体（砖、石、预制砌体）、变形缝、表面层（防腐层、防水层、保温层等的基面处理、涂衬）、护坡与护坦、各类单体构筑物	
	钢结构	钢结构现场制作、钢结构预拼装、钢结构安装（焊接、栓接等）、防腐层（基面处理、涂衬）、各类单体构筑物	
附属构筑物工程	细部结构	现浇混凝土结构（钢筋、模板、混凝土）、钢制构件（现场制作、安装、防腐层）、细部结构	
	工艺辅助构筑物	混凝土结构（钢筋、模板、混凝土）、砌体结构、钢结构（现场制作、安装、防腐层）、工艺辅助构筑物	
	管渠	同主体结构工程的"现浇混凝土结构、装配式混凝土结构、砌体结构"	
进、出水管渠	混凝土结构	同附属构筑物工程的"管渠"	
	预制管铺设	同现行国家标准《给水排水管道工程施工及验收规范》GB 50268—2008	

2. 质量验收主控项目

（1）模板：

6.8.1 模板应符合下列规定：

1 模板及其支架应满足浇筑混凝土时的承载能力、刚度和稳定性要求，且应安装牢固。

2 各部位的模板安装位置正确、拼缝紧密不漏浆。对拉螺栓、垫块等安装稳固。模板上的预埋件、预留孔洞不得遗漏，且安装牢固。

3 模板清洁、脱模剂涂刷均匀，钢筋和混凝土接槎处无污渍。

（2）混凝土结构水处理构筑物：

6.8.7 混凝土结构水处理构筑物应符合下列规定：

1 水处理构筑物结构类型、结构尺寸以及预埋件、预留孔洞、止水带等规格、尺寸应符合设计要求。

2 混凝土强度符合设计要求；混凝土抗渗、抗冻性能符合设计要求。

3 混凝土结构外观无严重质量缺陷。

4 构筑物外壁不得渗水。

5 构筑物各部位以及预埋件、预留孔洞、止水带等的尺寸、位置、高程、线形等的偏差，不得影响结构性能和水处理工艺平面布置、设备安装、水力条件。

（3）沉井：

7.4.4 沉井制作应符合下列规定：

1 所用工程材料的等级、规格、性能应符合国家有关标准的规定和设计要求。

2 混凝土强度以及抗渗、抗冻性能应符合设计要求。

3 混凝土外观无严重质量缺陷。

4 制作过程中沉井无变形、开裂现象。

7.4.5 沉井下沉及封底应符合下列规定：

1 封底所用工程材料应符合国家有关标准规定和设计要求。

2 封底混凝土强度以及抗渗、抗冻性能应符合设计要求。

3 封底前坑底标高应符合设计要求；封底后混凝土底板厚度不得小于设计要求。

4 下沉过程及封底时沉井无变形、倾斜、开裂现象；沉井结构无线流现象，底板无渗水现象。

八、《给水排水管道工程施工及验收规范》GB 50268—2008

1. 给水排水管道工程分项、分部、单位工程划分表（见下表）

给水排水管道工程分项、分部、单位工程划分表

单位工程（子单位工程）	开（挖）槽施工的管道工程，大型顶管工程、盾构管道工程、浅埋暗挖管道工程、大型沉管工程、大型桥管工程		
分部工程（子分部工程）		分项工程	验收批
土方工程		沟槽土方（沟槽开挖、沟槽支撑、沟槽回填）、基坑土方（基坑开挖、基坑支护、基坑回填）	与下列验收批对应
管道主体工程	预制管开槽施工主体结构 金属类管、混凝土类管、预应力钢筒混凝土管、化学建材管	管道基础、管道接口连接、管道铺设、管道防腐层（管道内防腐层、钢管外防腐层）、钢管阴极保护	可选择下列方式划分：①按流水施工长度；②排水管道按井段；③给水管道按一定长度连续施工段或自然划分段（路段）；④其他便于过程质量控制的方法

单位工程（子单位工程）		开（挖）槽施工的管道工程，大型顶管工程、盾构管道工程、浅埋暗挖管道工程、大型沉管工程、大型桥管工程	
分部工程（子分部工程）		分项工程	验收批
管道主体工程	管渠（廊）	现浇钢筋混凝土管渠、装配式混凝土管渠、砌筑管渠	管道基础、现浇钢筋混凝土管渠（钢筋、模板、混凝土、变形缝）、装配式混凝土管渠（预制构件安装、变形缝）、砌筑管渠（砖石砌筑、变形缝）、管道内防腐层、管廊内管道安装	每节管渠（廊）或每个流水施工段管渠（廊）
	不开槽施工主体结构	工作井	工作井围护结构、工作井	每座井
		顶管	管道接口连接、顶管管道（钢筋混凝土管、钢管）、管道防腐层（管道内防腐层、钢管外防腐层）、钢管阴极保护、垂直顶升	顶管顶进：每100m；垂直顶升：每个顶升管
		盾构	管片制作、掘进及管片拼装、二次内衬（钢筋、混凝土）、管道防腐层、垂直顶升	盾构掘进：每100环；二次内衬：每施工作业断面；垂直顶升：每个顶升管
		浅埋暗挖	土层开挖、初期支砌衬、防水层、二次内衬、管道防腐层、垂直顶升	暗挖：每施工作业断面；垂直顶升：每个顶升管
		定向钻	管道接口连接、定向钻管道、钢管防腐层（内防腐层、外防腐层）、钢管阴极保护	每100m
		夯管	管道接口连接、夯管管道、钢管防腐层（内防腐层、外防腐层）、钢管阴极保护	每100m
	沉管	组对拼装沉管	基槽浚挖及管基处理、管道接口连接、管道防腐层、管道沉放、稳管及回填	每100m（分段拼装按每段，且不大于100m）
		预制钢筋混凝土沉管	基槽浚挖及管基处理、预制钢筋混凝土管节制作（钢筋、模板、混凝土）、管节接口预制加工、管道沉放、稳管及回填	每节预制钢筋混凝土管
	桥管		管道接口连接、管道防腐层（内防腐层、外防腐层）、桥管管道	每跨或每100m；分段拼装按每跨或每段，且不大于100m
附属构筑物工程			井室（现浇混凝土结构、砖砌结构、预制拼装结构）、雨水口及支连管、支墩	同一结构类型的附属构筑物不大于10个

2. 质量验收主控项目

（1）顶管：

6.7.3 顶管管道应符合下列规定：

1 管节及附件等工程材料的产品质量应符合国家有关标准规定和设计要求。

2 接口橡胶圈安装位置正确，无位移、脱落现象；钢管的接口焊接质量应符合规范相关规定，焊缝无损探伤检验符合设计要求。

3 无压管道的管底坡度无明显反坡现象；曲线顶管的实际曲率半径符合设计要求。

4 管道接口端部应无破损、顶裂现象，接口处无滴漏。

（2）定向钻：

6.7.12 定向钻施工管道应符合下列规定：

1　管节、防腐层等工程材料的产品质量应符合国家相关标准规定和设计要求。

2　管节组对拼接、钢管外防腐层（包括焊口补口）的质量经检验（验收）合格。

3　钢管接口焊接、聚乙烯管接口熔焊检验符合设计要求，管道预水压试验合格。

4　管节回拖后的线形应平顺、无突变、变形现象，实际曲率半径符合设计要求。

（3）夯管：

6.7.13　夯管施工管道应符合下列规定：

1　管节、焊材、防腐层等工程材料的产品应符合国家相关标准规定和设计要求。

2　钢管组对拼接、外防腐层（包括焊口补口）的质量经检验（验收）合格；钢管接口焊接检验符合设计要求。

3　管道线形应平顺、无变形、裂缝、突起、突弯、破损现象；管道无明显渗水现象。

【经典案例】

例题1

背景资料：

某市为了交通发展，需修建一条双向快速环线（如下图所示），里程桩号为K0+000～K19+998.984。建设单位将该建设项目划分为10个标段，项目清单如下表所示，当年10月份进行招标，拟定工期为24个月，同时成立了管理公司，由其代建。

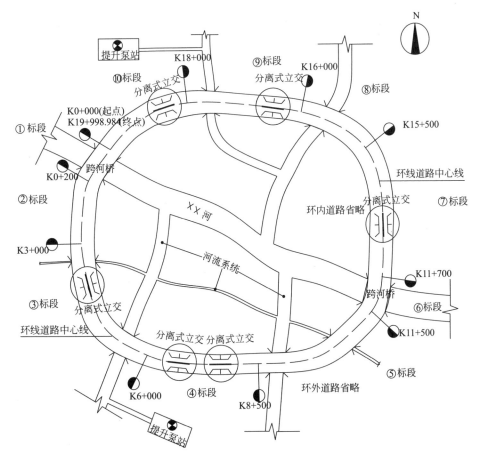

某市双向快速环线平面示意图

某市快速环路项目清单表

标段号	里程桩号	项目内容
①	K0+000 ~ K0+200	跨河桥
②	K0+200 ~ K3+000	排水工程、道路工程
③	K3+000 ~ K6+000	沿路跨河中小桥、分离式立交、排水工程、道路工程
④	K6+000 ~ K8+500	提升泵站、分离式立交、排水工程、道路工程
⑤	K8+500 ~ K11+500	A
⑥	K11+500 ~ K11+700	跨河桥
⑦	K11+700 ~ K15+500	分离式立交、排水工程、道路工程
⑧	K15+500 ~ K16+000	沿路跨河中小桥、排水工程、道路工程
⑨	K16+000 ~ K18+000	分离式立交、沿路跨河中小桥、排水工程、道路工程
⑩	K18+000 ~ K19+998.984	分离式立交、提升泵站、排水工程、道路工程

问题：

按上表所示，根据各项目特征，该建设项目有几个单位工程？写出其中⑤标段A的项目内容？

参考答案：

（1）该建设项目有10个单位工程。

（2）⑤标段A的项目内容有：沿路跨河中小桥、排水工程、道路工程。

例题2

背景资料：

某公司承建一座城市桥梁。该桥上部结构为6×20m简支预制预应力混凝土空心板梁，每跨设置边梁2片，中梁24片；下部结构为盖梁及ϕ1000mm圆柱式墩，重力式U形桥台，基础均采用ϕ1200mm钢筋混凝土钻孔灌注桩。

开工前，项目部对该桥划分了相应的分部、分项工程和检验批，作为施工质量检查、验收的基础。划分后的分部（子分部）、分项工程及检验批对照表如下所示。

桥梁分部（子分部）、分项工程及检验批对照表（节选）

序号	分部工程	子分部工程	分项工程	检验批
1	地基与基础	灌注桩	机械成孔	54（根桩）
			钢筋笼制作与安装	54（根桩）
			C	54（根桩）
		承台	……	……
2	墩台	现浇混凝土墩台	……	……
		台背填土	……	……
3	盖梁		D	E
			钢筋	E
			混凝土	E
……	……	……	……	……

问题：

写出上表中C、D和E的内容。

参考答案：

上表中C的名称是混凝土灌注。

D的名称是模板与支架。

E的内容是5（个盖梁）。

例题3

背景资料：

某市政工程公司承建城市主干道改造工程标段，工程主要内容为：主线高架桥梁、匝道桥梁、挡土墙及引道，如下图所示。桥梁基础采用钻孔灌注桩；上部结构预应力混凝土连续箱梁，采用满堂支架法现浇施工；边防撞护栏为钢筋混凝土结构。

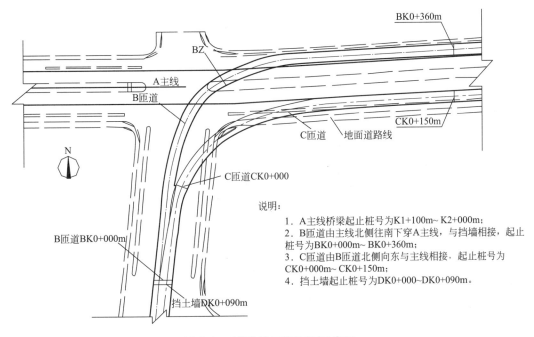

说明：
1．A主线桥梁起止桩号为K1+100m～K2+000m；
2．B匝道由主线北侧往南下穿A主线，与挡墙相接，起止桩号为BK0+000m～BK0+360m；
3．C匝道由B匝道北侧向东与主线相接，起止桩号为CK0+000m～CK0+150m；
4．挡土墙起止桩号为DK0+000～DK0+090m。

城市主干道改造工程平面示意图

施工期间发生如下事件：

事件一：在工程开工前，项目部会同监理工程师，根据《城市桥梁工程施工与质量验收规范》CJJ 2—2008等确定和划分了本工程的单位工程（子单位工程）、分部分项工程及检验批。

……

问题：

事件一中，本工程的单位（子单位）工程有哪些？指出钻孔灌注桩验收的分项工程和检验批。

参考答案：

（1）本工程的单位（子单位）工程有：A主线高架桥梁、B匝道桥梁、C匝道桥梁、道路工程。

（2）钻孔灌注桩验收的分项工程和检验批为：

分项工程：成孔；钢筋笼制作安装；灌注混凝土。

检验批：一根桩。

解析：《城市桥梁工程施工与质量验收规范》CJJ 2—2008中第23.0.1条规定：开工前，施工单位应会同建设单位、监理单位将工程划分为单位、分部、分项工程和检验批，作为施工质量检查、验收的基础，并应符合下列规定：

1　建设单位招标文件确定的每一个独立合同应为一个单位工程。当合同文件包含的工程内容较多，或工程规模较大，或由若干独立设计组成时，宜按工程部位或工程量、每一独立设计将单位工程分成若干子单位工程。

2　单位（子单位）工程应按工程的结构部位或特点、功能、工程量划分分部工程。分部工程的规模较大或工程复杂时宜按材料种类、工艺特点、施工工法等，将分部工程划为若干子分部工程。

3　分部工程（子分部工程）中，应按主要工种、材料、施工工艺等划分分项工程。分项工程可由一个或若干检验批组成。

4　检验批应根据施工、质量控制和专业验收需要划定。

5　各分部（子分部）工程相应的分项工程宜按表23.0.1的规定执行。本规范未规定时，施工单位应在开工前会同建设单位、监理单位共同研究确定。

从规范可以看出，本工程中的A主线高架桥，B、C匝道桥梁以及引道的道路工程都是独立的，需要划分成单位工程，本工程也可以将匝道桥梁划分成为一个单位工程，那么B、C匝道桥梁就是两个子单位工程。

另外，大家需要明白分项工程和检验批的关系：检验批是分项工程的一个批次，他们之间只是量的区别。

例题4

背景资料：

项目部承建的雨水管道工程管线总长为1000m。采用直径为 $DN900$mm的HDPE管，柔性接口；每50m设检查井一座。管底位于地表以下4m，无地下水，土质为湿陷性黄土和粉砂土，采用挖掘机开槽施工。

问题：

本工程的分部、分项工程有哪些？检验批如何划分？

参考答案：

本工程的分部、分项工程和检验批划分如下表所示：

分部、分项工程和检验批划分表

分部工程	分项工程	检验批
土方工程	沟槽开挖、沟槽支撑、沟槽回填	50m
管道主体工程	管道基础、管道铺设、接口连接	50m
附属构筑物	井室	1座